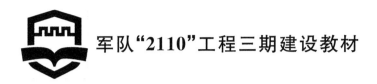

军队"2110"工程三期建设教材

光纤通信

李云霞　蒙文　康巧燕　徐志燕　马丽华　石磊　李凡　编著

北京航空航天大学出版社

内 容 简 介

本书涵盖了光纤通信专业的相关内容,包括光纤通信系统、光纤通信传输技术、分组传送网(PTN)技术和光传送网(OTN)技术。作者在编写过程中结合了光纤通信的最新发展及实际应用情况,精选了部分思考与练习题,为学生自主学习提供了方便。

本书内容系统全面,材料充实丰富,可供通信工程专业本科生及相关专业的高年级学生使用,也可作为通信专业的技术人员和通信管理干部的参考书。

图书在版编目(CIP)数据

光纤通信 / 李云霞等编著. -- 北京 ：北京航空航天大学出版社,2016.8

ISBN 978 - 7 - 5124 - 2205 - 6

Ⅰ. ① 光… Ⅱ. ①李… Ⅲ. ①光纤通信—教材 Ⅳ. ①TN929.11

中国版本图书馆 CIP 数据核字(2016)第 179912 号

光纤通信

李云霞 蒙文 康巧燕 徐志燕 马丽华 石磊 李凡 编著

责任编辑 刘晓明 王实

*

北京航空航天大学出版社出版发行

北京市海淀区学院路 37 号(邮编 100191) http://www.buaapress.com.cn

发行部电话:(010)82317024 传真:(010)82328026

读者信箱：goodtextbook@126.com 邮购电话:(010)82316936

北京兴华昌盛印刷有限公司印装 各地书店经销

*

开本:787×1 092 1/16 印张:14.75 字数:378 千字

2016 年 9 月第 1 版 2016 年 9 月第 1 次印刷 印数:2 000 册

ISBN 978 - 7 - 5124 - 2205 - 6 定价:36.00 元

前　　言

　　信息传输是信息社会发展的重要支柱,而光纤传输技术的发展决定着整个通信网络的发展。光纤通信经过短短几十年的发展,在扩大网络传输容量方面起到了其他方式不可替代的作用。在当今信息高速网络的发展中,光纤通信又一次进入了现代光纤传输网络的建设高潮。展望未来,光纤通信仍将一如既往地向前发展,把通信网从电到光推向更高的台阶;不仅在传输,而且在网络核心、网络边缘,都将引入光纤通信,最终把光纤送到千家万户。

　　为了适应光纤通信技术发展的快速性、知识更新强烈的需求性,作者融合了光纤通信系统、光纤通信传输技术和光传送网技术的精华内容,特别结合了最新发展,加强了光纤通信系统应用、分组传送网(PTN)技术和光传送网(OTN)技术等内容,力求给读者一个全面、系统,从理论到实际应用的光纤通信的完整框架。

　　本书共分7章,前3章为光纤通信系统的基本原理,第4章则从系统角度解读光纤通信的应用,最后3章侧重光传输技术及最新光网络技术,紧跟光纤通信最新成果,使读者感知光纤通信的飞速发展。其中,第1章介绍光纤通信的基本概念、特点,光纤通信系统的基本组成和发展趋势等;第2章论述光纤结构、光纤导光原理等;第3章论述光无源器件和光放大器等器件;第4章从典型光纤通信系统及系统的性能指标与设计出发,重点介绍光波分复用系统、ROF系统等应用实例;第5章详细介绍同步数字传输体系(SDH)的基本构成、帧结构、复用和映射、指针等技术,并介绍多业务传送平台(MSTP)技术;第6章主要介绍分组传送网(PTN)的基本概念、结构及技术应用等;第7章系统介绍光传送网(OTN)的概念。

　　本书由李云霞和蒙文策划、主编并统稿,康巧燕、徐志燕、马丽华、石磊、李凡参与了全书内容的编写工作,蒙雨茜和李慧敏对本书的编写做了大量的工作。在此,对同事们的大力支持和帮助表示衷心的感谢。本书参考了相关专业现已出版的部分教材和著作(详见参考文献),在此对相关作者一并表示诚挚的谢意。

　　由于作者水平所限,书中难免存在疏漏、错误和不足之处,恳请读者批评指正。

作　者

2016年4月

目　　录

第1章 概　论

作为现代通信的主要传输手段,光纤通信在现代通信网中起着不可替代的重要作用。光纤通信具有巨大的信息传输容量,特别是光放大技术和波分复用技术的应用,使得信息传输容量飞速增加,光纤通信也从最初的点到点系统逐步向全光网络发展和演进。本章介绍了光纤通信系统的基本组成、特点、应用以及光纤通信的发展演进等。

1.1　光纤通信的基本概念

光纤通信是以光波为载波、以光纤为传输媒质的一种通信方式。光纤通信与其他通信方式的主要差异有两点:一是以光频作为载频,二是用光纤作为传输线。因此,低损耗光纤和室温下连续输出的小型半导体光源是实现光纤通信实用化的关键技术基础。

光波是一种电磁波,电磁波按照波长或频率不同可分为如图 1.1.1 所示的种类。其中,紫

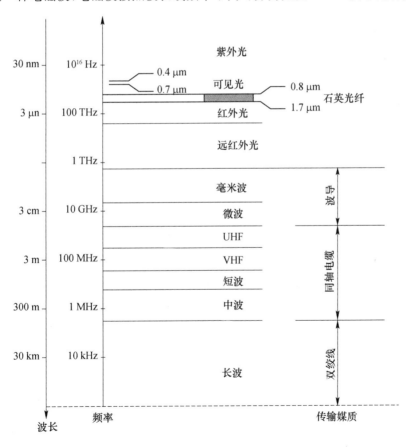

图 1.1.1　电磁波谱

外光、可见光、红外光都属于光波。光纤通信是工作在近红外区的，即波长是 $0.8 \sim 1.8\ \mu m$，对应的频率为 $167 \sim 375\ THz$。

1.2　光纤通信系统的基本组成

典型的光纤通信系统组成框图如图 1.2.1 所示。图中仅表示了一个方向的传输，反方向的传输结构是相同的。从图 1.2.1 可以看出，光纤通信系统由电端机、光发送机、光纤光缆、光中继器与光接收机五部分组成。

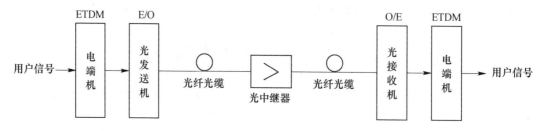

图 1.2.1　光纤通信系统组成框图

1. 电端机

电端机的作用是对来自信源的信号进行处理，例如进行模/数（A/D）转换、多路复用等处理，它是一般的电通信设备。信息源把用户信息转换为原始电信号，这种信号称为基带信号。电端机把基带信号转换为适合信道传输的信号，这个转换如果需要调制，则其输出信号称为已调信号。对于数字电话传输，电话机把话音转换成频率范围为 $0.3 \sim 3.4\ kHz$ 的模拟基带信号，电端机把这种模拟信号转换为数字信号，并把多路数字信号组合在一起。模/数转换目前普遍采用脉冲编码调制（PCM）方式，这种方式是通过对模拟信号进行抽样、量化和编码而实现的。一路话音转换成传输速率为 $64\ kb/s$ 的数字信号，然后用数字复接器把 24 路或 30 路 PCM 信号组合成 $1.544\ Mb/s$ 或 $2.048\ Mb/s$ 的一次群甚至高次群的数字系列，并输入光发射机。对于模拟电视传输，则用摄像机把图像转换为 $6\ MHz$ 的模拟基带信号，直接输入光发送机。

2. 光发送机

光发送机的功能是把输入电信号转换为光信号，并用耦合技术把光信号最大限度地注入光纤线路。光发射机由光源、驱动器和调制器组成，光源是光发射机的核心。光发射机的性能基本上取决于光源的特性，对光源的要求是输出光功率足够大，调制频率足够高，谱线宽度和光束发散角尽可能小，输出功率和波长稳定，器件寿命长。目前广泛使用的光源有半导体发光二极管（LED）和半导体激光二极管（或称激光器）（LD），以及谱线宽度很小的动态单纵模分布反馈（DFB）激光器。有些场合也使用固体激光器，例如大功率的掺钕钇铝石榴石（Nd：YAG）激光器。

光发送机把电信号转换为光信号的过程（常简称为电/光或 E/O 转换），是通过电信号对光的调制而实现的。目前有直接调制和间接调制（或称外调制）两种调制方案。直接调制是用电信号直接调制半导体激光器或发光二极管的驱动电流，使输出光随电信号变化而实现的。这种方案技术简单，成本较低，容易实现，但调制速率受激光器的频率特性限制。外调制是把激光的产生和调制分开,用独立的调制器调制激光器的输出光而实现的。目前有多种调制器可供选择,最常用的是电光调制器。这种调制器是利用电信号改变电光晶体的折射率,使通过调制器的光参数随电信号变化而实现调制的。外调制的优点是调制速率高;缺点是技术复杂,成本较高,因此只有在大容量的波分复用和相干光通信系统中使用。对光参数的调制,原理上可以是光强(功率)、幅度、频率或相位调制,但实际上目前大多数光纤通信系统都采用直接光强调制。因为幅度、频率或相位调制需要幅度和频率非常稳定,相位和偏振方向可以控制,且谱线宽度很窄的单模激光源,并采用外调制方案,所以这些调制方式只在新技术系统中使用。

3. 光纤光缆

光纤光缆作为线路,其功能是把来自光发送机的光信号,以尽可能小的畸变(失真)和衰减传输到光接收机。光纤线路由光纤、光纤接头和光纤连接器组成。光纤是光纤线路的主体,接头和连接器是不可缺少的器件。实际工程中使用的是容纳许多根光纤的光缆。

光纤线路的性能主要由缆内光纤的传输特性决定。对光纤的基本要求是损耗和色散这两个传输特性参数都尽可能地小,而且有足够好的机械特性和环境特性,例如,在不可避免的应力作用下和环境温度改变时,保持传输特性稳定。

目前使用的石英光纤有多模光纤和单模光纤,单模光纤的传输特性比多模光纤好,价格比多模光纤便宜,因而得到更广泛的应用。单模光纤配合半导体激光器,适合大容量长距离光纤传输系统,而小容量短距离系统用多模光纤配合半导体发光二极管更加合适。为适应不同通信系统的需要,已经设计了多种结构不同、特性优良的单模光纤,并成功地投入实际应用。

石英光纤在近红外波段,除杂质吸收峰外,其损耗随波长的增加而减小,在 $0.85~\mu m$、$1.31~\mu m$ 和 $1.55~\mu m$ 有三个损耗很小的波长"窗口"。在这三个波长窗口损耗分别小于 $2~dB/km$、$0.4~dB/km$ 和 $0.2~dB/km$。石英光纤在波长为 $1.31~\mu m$ 时色散为零,带宽极大值高达几十 $GHz \cdot km$。通过光纤设计,可以使零色散波长移到 $1.55~\mu m$,实现损耗和色散都最小的色散位移单模光纤;或者设计在 $1.31~\mu m$ 和 $1.55~\mu m$ 之间色散变化不大的色散平坦单模光纤,等等。根据光纤传输的特点,光纤通信系统的工作波长都选择为 $0.85~\mu m$、$1.31~\mu m$ 或 $1.55~\mu m$,特别是 $1.31~\mu m$ 和 $1.55~\mu m$ 的应用更加广泛。

因此,作为光源的激光器的发射波长和作为光检测器的光电二极管的波长响应,都要和光纤这三个波长窗口相一致。目前在实验室条件下,$1.55~\mu m$ 的损耗已达到 $0.154~dB/km$,接近石英光纤损耗的理论极限,因此人们开始研究新的光纤材料。光纤是光纤通信的基础,光纤的技术进步有力地推动着光纤通信向前发展。

4. 光中继器

在长距离光纤通信系统中,延长通信距离的方法是采用中继器。中继器将对长距离光纤衰减和畸变后的微弱光信号进行放大、整形,再生成一定强度的光信号,继续送向前方,以保证良好的通信质量。

目前大量应用的是光/电/光中继器,首先要将光信号转换为电信号,在电信号上进行放大、再生、重定时等信息处理后,再将信号转换为光信号,经光纤传送出去。这样通过加入级联的电再生中继器可以建成很长的光纤传输系统。但是,这样的光/电/光中继需要光接收机和光发送机来进行光/电和电/光转换,设备复杂,成本昂贵,维护运转不方便。

近几年迅速发展起来的光放大器,尤其是掺铒光纤放大器(Erbium Doped Fiber Amplifier,EDFA),在光纤通信技术上引发了一场革命。在长途干线通信中,它可以使光信号直接在光域进行放大而无须转换成电信号进行信号处理,即用全光中继来代替光/电/光中继,从而使成本降低、设备简化,维护、运转方便。EDFA 的出现,对光纤通信的发展影响重大,促进和推动了光纤通信领域中重大新技术的发展,使光纤通信的整体水平上了一个新的台阶。它已经对光纤通信发展产生了深远的影响。

5. 光接收机

光接收机的功能是把从光纤线路输出、产生畸变和衰减的微弱光信号转换为电信号,并经放大和处理后恢复成发射前的电信号。光接收机由光检测器、放大器和相关电路组成,光检测器是光接收机的核心。对光检测器的要求是响应度高、噪声低和响应速度快。目前广泛使用的光检测器有两种类型:在半导体 PN 结中加入本征层的 PIN 光电二极管(PIN - PD)和雪崩光电二极管(APD)。

光接收机把光信号转换为电信号的过程(常简称为光/电或 O/E 转换),是通过光检测器的检测实现的。检测方式有直接检测和外差检测两种。直接检测是用检测器直接把光信号转换为电信号。这种检测方式设备简单,经济实用,是当前光纤通信系统普遍采用的方式。

外差检测要设置一个本地振荡器和一个光混频器,使本地振荡光和光纤输出的信号光在混频器中产生差拍而输出中频光信号,再由光检测器把中频光信号转换为电信号。外差检测方式的难点是需要频率非常稳定、相位和偏振方向可控制、谱线宽度很窄的单模激光源;优点是有很高的接收灵敏度。

目前,实用光纤通信系统普遍采用直接调制-直接检测方式。外调制-外差检测方式虽然技术复杂,但是传输速率和接收灵敏度很高,是很有发展前途的通信方式。

光接收机最重要的特性参数是灵敏度。灵敏度是衡量光接收机质量的综合指标,它反映接收机调整到最佳状态时,接收微弱光信号的能力。灵敏度主要取决于组成光接收机的光电二极管和放大器的噪声,并受传输速率、光发射机的参数和光纤线路的色散的影响,还与系统要求的误码率或信噪比有密切的关系。所以灵敏度也是反映光纤通信系统质量的重要指标。

基本光纤传输系统作为独立的"光信道"单元,若配置适当的接口设备,则可以插入现有的数字通信系统或模拟通信系统,或者有线通信系统或无线通信系统的发射与接收之间的光发射机、光纤线路和光接收机;若配置适当的光器件,则可以组成传输能力更强、功能更完善的光纤通信系统。例如,在光纤线路中插入光纤放大器组成光中继长途系统,配置波分复用器和解复用器,组成大容量波分复用系统,使用耦合器或光开关组成无源光网络,等等。

1.3　光纤通信的特点与应用

1.3.1　光纤通信的特点

在光纤通信系统中,作为载波的光波频率比电波频率高得多,而作为传输介质的光纤又比同轴电缆损耗低得多,因此相对于电缆或微波通信,光纤通信具有许多独特的优点。

1. 频带宽、通信容量大

光纤通信使用的频率为 $10^{14} \sim 10^{15}$ Hz 数量级,比常用的微波频率高 $10^4 \sim 10^5$ 倍。从理论上讲,一根仅有头发丝粗细的光纤可以同时传输 100 亿个话路。虽然目前远未达到如此高的传输容量,但用一根光纤传输 10.92 Tb/s(相当 1.32 亿个话路)的试验已成功商用,它的容量比传统的明线、同轴电缆、微波等高出几万乃至几十万倍以上。

2. 损耗低、中继距离长

由于光纤具有极低的损耗系数(目前已达 0.2 dB/km 以下),若配以适当的光发送、光接收设备以及光放大器,则可使其再生中继距离达数百千米以上甚至数千千米。这是传统的电缆(1.5 km)、微波(50 km)等根本无法与之相比拟的。

3. 保密性能好

在现代社会中,不但国家的政治、军事和经济情报需要保密,企业的经济和技术情报也已经成为竞争对手的窃听目标。因此,通信系统的保密性能往往是用户必须考虑的一个问题。现代侦听技术已能做到在距离同轴电缆几千米以外的地方窃听电缆中传输的信号,可是对光缆却困难得多。因此,要求保密性高的网络不能使用电缆。

在光纤中传输的光泄漏非常微弱,即使在弯曲地段也无法窃听。没有专用的特殊工具,光纤不能分接,因此信息在光纤中传输非常安全,对军事、政治和经济都有重要的意义。

4. 抗电磁干扰

自然界中对通信的各种干扰源比比皆是,有自然界干扰源,如雷电干扰、电离层的变化和太阳黑子的活动等;有工业干扰源,如电动机和高压电力线;还有无线电通信的相互干扰等,这些都是现代通信必须认真对待的问题。一般来说,现有的电通信系统尽管采取了各种措施,但都不能满意地排除以上各种干扰的影响。由于光纤由电绝缘的石英材料制成,所以光纤通信线路不受以上各种电磁干扰的影响,这将从根本上解决电通信系统多年来困扰人们的干扰问题。它不怕外界强电磁场的干扰,耐腐蚀。无金属加强筋光缆非常适用于存在强电磁场干扰的高压电力线路周围,以及在油田、煤矿和化工等易燃、易爆环境中使用。

5. 体积小,质量轻,便于施工和维护

由于电缆体积和质量较大,安装时还必须慎重处理接地和屏蔽的问题。在空间狭小的场合,如舰船和飞机中,这个弱点更显突出。而光纤质量轻,直径小,相同容量情况下,光缆要比电缆轻 95%,故运输和敷设都比铜线电缆方便。

通信设备的质量和体积对许多领域特别是军事、航空和宇宙飞船等方面的应用,具有特别重要的意义。在飞机上用光纤代替电缆,不仅降低了通信设备的成本,提高了通信质量,而且降低了飞机的制造成本。据统计,每减轻 0.454 kg 的质量,飞机的制造成本就可以减少1 万美元。

6. 价格低廉

制造同轴电缆和波导管的金属材料在地球上的储量是有限的。制造石英光纤的最基本原材料是二氧化硅即砂子,而砂子在自然界中几乎是取之不尽、用之不竭的,因此石英光纤的价格是十分低廉的,目前,普通单模光纤的价格比铜线便宜。从话路成本来说,光纤每话路成本要比电缆低得多。

1.3.2 光纤通信的应用

人类社会现在已经发展到了信息社会,声音、图像和数据等信息的传输流量非常大,而光纤通信正以其容量大、保密性好、体积小、质量轻、中继距离长等优点得到广泛的应用。其应用领域遍及通信、交通、工业、医疗、教育、航空航天和计算机等行业,并正向更广更深的层次发展。可以把光纤通信网分成三个层次，一是远距离的长途干线网；二是城域网，由一个大城市中的很多光纤用户组成；三是局域网，比如一个单位、一个大楼、一个家庭。光纤通信的应用主要体现在以下几个方面。

1. 光纤在公用电信网间作为传输线路

由于光纤损耗低、容量大、直径小、质量轻和敷设容易，所以特别适合用作室内电话中继线及长途干线线路，这是光纤的主要应用场合。

2. 满足不同网络层面的应用

为使光传送网向更高速、更大容量、更长距离的方向发展，不同层次的网络对光纤的要求也不尽相同。在核心网层面和局域网层面，光纤通信都得到了广泛应用。局域网应用的一种是把计算机和智能终端通过光纤连接起来，实现工厂、办公室、家庭自动化的局部地区数字通信网。

3. 光纤宽带综合业务数字网及光纤用户线路

光纤通信的发展方向是把光纤直接通往千家万户。在我国已敷设了光纤长途干线及光纤市话中继线，目前除发展光纤局域网外，还要建设和发展光纤宽带综合业务数字网以及光纤用户线。光纤宽带综合业务数字网除了提供传统的电话、高速数据通信外，还提供可视电话、可视会议电话、遥远服务，以及闭路电视、高质量的立体声广播业务。

4. 作为危险环境下的通信线路

诸如发电厂、化工厂、石油库等场所，对防强电、防辐射、防危险品流散、防火灾、防爆炸有很高的要求。因为光纤不导电，没有短路危险，通信容量大，故最适合这类系统。

5. 应用于专网

光纤通信主要应用于电力、公路、铁路、矿山等通信专网，例如电力系统是我国专用通信网中规模较大、发展较为完善的专网。随着通信网络光纤化趋势进程的加速，我国电力专用通信网在很多地区已经基本完成了从主干线到接入网向光纤过渡的过程。目前，电力系统光纤通信承载的业务主要有语音、数据、宽带和 IP 电话等常规电信业务；电力生产专业业务有保护、完全自动装置和电力市场化所需的宽带数据等。可以说，光纤通信已经成为电力系统安全稳定运行以及电力系统生产中不可缺少的重要组成部分。

1.4 光纤通信的发展和演变

光纤通信技术的问世与发展给世界通信带来了革命性的变革。特别是经历近 40 年的研究开发，光纤、光缆、器件、系统的品种不断更新，性能逐渐完善，已使光纤通信成为信息高速公路的传输平台。当今光纤通信技术的发展趋势主要有如下几点。

1.4.1 光纤、光缆

光纤是构筑新一代网络的物理基础。传统的 G.652 单模光纤已经不能适应超高速、长距离传输网络的发展要求，开发新型光纤、光缆已成为开发下一代网络基础设施的重要组成部分。

为了适应干线网和城域网的不同发展需要，G.655 光纤（非零色散光纤）已经广泛应用于波分复用（WDM）光纤通信网络。G.655 光纤在 1 550 nm 附近的工作波长区呈现较低的色散,但足以压制四波混频(FWM)和交叉相位调制(XPM)等非线性效应的影响,可满足时分复用(TDM)和密集波分复用(DWDM)的发展需要。

无水吸收峰光纤(全波光纤)也在不断地开发与应用。这种光纤消除了 1 385 nm 附近的水吸收峰,大大扩展了光纤的可用频谱,可满足城域网复杂多变的业务环境。

由于光纤通信容量不断增大、中继距离不断增长,因此保偏光纤是重要的研究方向。采用相干光纤通信系统可实现越洋无中继通信,但要求保持光的偏振方向不变,以保证相干探测效率,因此常规单模光纤要向着保偏光纤的方向发展。

随着通信的发展,用户对通信的要求也从窄带电话、传真、数据和图像业务逐渐转向可视电话、视频点播、图文检索和高速数据等宽带新业务,由此促生了光纤用户网。光纤用户网的主要传输媒介是光纤,需要大量适用于用户接入的用户光缆。用户光缆的特点是含纤数量高,每根光缆可高达 2 000~4 000 芯,这种高密度化的带状光缆可减小光缆的直径和质量,又便于在工程施工中进行分支和提高接续速度。

1.4.2 光纤通信系统

随着信息社会的到来,信息共享、有线电视、视频点播、电视会议、家庭办公、计算机互联网等应运而生,迫使光纤通信向着高速化、大容量方向发展。实现高速化、大容量的主要手段是采用时分复用、波分复用和频分复用。

从过去 20 多年的电信发展看,网络容量的需求和传输速率的提高一直是一对主要矛盾。传统光纤通信的发展始终按照电的时分复用(TDM)方式进行,每当传输速率提高 4 倍,传输每比特的成本下降 30 %~40 %,因而高比特率系统的经济效益大致按指数规律增长。目前实用化的商用光纤通信系统的传输速率可达 10 Gb/s。

采用 TDM 方式扩容的潜力已经接近电子技术的极限,然而光纤的带宽资源仅仅利用了不到 1 %,还有 99 %的资源尚待挖掘。采用波分复用技术(WDM)可充分利用光纤的宽低损耗区,在不改变现有光纤线路的基础上,可以很容易地成倍提高光纤通信系统的容量。目前密集波分复用(DWDM)加掺铒光纤放大器(EDFA)的高速光纤通信系统已发展成为主流。实用的 DWDM 系统工作在 8~32 个波长,每个波长的传输速率是 2.5 Gb/s 或 10 Gb/s。

相干光纤通信系统的发展是另外一个趋势。目前大多数光纤通信系统采用的是强度调制直接检测(IM/DD)方式。在相干光纤通信系统中采用相干检测方式,其最大的好处是可提高光接收机的检测灵敏度,从而提高光纤通信系统的无中继传输距离。

1.4.3 光纤通信网络

通信网络的发展历史悠久,经历了逐渐淘汰的电通信网络、正在广泛使用的光电混合网络,正朝着全光网络方向迈进。

电网络采用电缆将网络节点互连在一起,网络节点采用电子交换节点,是 20 世纪 80 年代以前广泛使用的网络,如图 1.4.1 所示。作为承载电信号的信道有同轴电缆和对称电缆,是一种损耗较大、带宽较窄的传输信道,主要采用了频分复用(FDM)方式来提高传输的容量。电网络具有如下特点:① 信息以模拟信号为主;② 信息在网络节点的时延较大;③ 节点的信息吞吐量小;④ 信道的容量受限,传输距离较短等。这些特点都是由于电网络完全是在电领域完成信息的传输、交换、存储和处理等功能而带来的,因此,电网络受到了电器件本身的物理极限的限制。

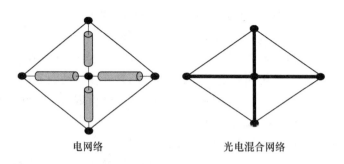

电网络　　　　　　　　　　光电混合网络

●电交换节点；——光纤；▢电缆

图 1.4.1　通信网络

　　光电混合网在网络节点之间用光纤取代了传统的电缆，实现了节点之间的全光化。这是目前广泛采用的通信网络。它是一个数字化的网络，采用了时分复用（TDM）来充分挖掘光纤的宽带宽资源进行信息的大容量传输，采用时分交换网络（结合空分）实现信息在网络节点上的交换。TDM 有两种复接体系即基于点到点准同步数字体系（PDH）和基于点到多点、与网络同步的同步数字体系（SDH），由于 SDH 优于 PDH，因而目前广泛用 SDH 取代 PDH。

　　目前，全球几乎 90 % 以上的信息量是通过光纤网络来传输的。随着传输系统容量的快速增长，交换节点的压力越来越大，在交换系统中引入光子技术的需求日渐迫切。

　　全光网络（All Optical Network，AON）是指信号以光的形式穿过整个网络，直接在光域内进行信号的传输、再生和光交叉连接（OXC），以及光分插复用（OADM）和交换/选路，中间不需经过光电、电光转换，因此它不受检测器、调制器等光电器件响应速度的限制，比特速率和调制方式透明，可以大大提高整个网络的传输容量和交换节点的吞吐量。它强调网络的全光特性，严格地说在此网内不应该有光电转换，所有对信号的处理全在光域内进行。

　　全光网络最重要的优点是它的开放性。全光网络本质上是完全透明的，即对不同速率、协议、调制频率和制式的信号同时兼容。全光网络是人们追求的将来要实现的网络。

　　在早期，WDM 仅作为点到点的传输系统来使用，以提高传输线路的速率。与 TDM 系统对照，WDM 技术在从简单的点对点系统向基于波长的多点网络演变的过程中具有相当明显的优势。WDM 点对点网络系统提供了巨大的传输容量。普通的点到点波分复用通信系统尽管有巨大的传输容量，但只提供了原始的传输带宽，需要有灵活的节点才能实现高效的灵活组网能力。于是业界的注意力开始转向光交换节点。

　　光交换技术在其从点到点传输系统向光联网网络演进的过程中所发挥的作用也是至关重要的。随着可用波长数的不断增加、光放大和光交换等技术的发展以及越来越多的光传输系统升级为 WDM 或 DWDM 系统，下层的光传输网不断向多功能型、可重构、灵活性好、高性价比和支持多种多样保护恢复能力等方面发展。人们发现，波分复用技术不仅可以充分利用光纤中的带宽，而且其多波长特性还具有无可比拟的光通道直接联网的优势，这为进一步组成以光子交换为交换体的多波长光交换网络提供了基础。由于波长/光分插复用器（WADM/OADM（Wavelength/Optical Add Drop Multiplexer））和波长/光交叉连接器（WXC/OXC（Wavelength/Optical Cross–Connector））技术的成熟，当与 WDM 技术相结合后，波分复用技术不但能够从任意一条线路中任意上下一路或几路波长，而且可以灵活地使一个节点与其他节点形成连接，从而形成 WDM 光交换网络。

　　由于光信号固有的模拟特性和光器件水平的限制,人们暂时放下了全光网的追求,转而用"光传送网"来代替,即子网内全光透明,而在子网边界处采用 O/E/O 技术。全光网已被 ITU-T 定义为光传送网(Optical Transport Network,OTN)。光传送网是在现有的传送网中加入光层,提供光交叉连接和分插复用功能,提供有关客户层信号的传送、复用、选路、管理、监控和生存性功能。

　　光网络技术的发展趋势包括:高速、大容量、长距离传输,大容量 OTN 光电交叉,融合的多业务传送,智能化网络的管理和控制。

1. 高速、大容量、长距离传输

　　光通信最重要的特点就是具有几乎用不尽的带宽资源,现在已经开发的带宽就有每秒太比特(Tb/s)以上。目前,以 80×100 Gb/s WDM 为主的骨干传输技术快速发展,用以满足 IP 业务的爆炸式增长需求。在单波长已达到 100 Gb/s 的超高速率光网络时代,今后主要关注的是单波长 400 Gb/s 和 1 Tb/s 两种速率的发展情况。

2. 大容量 OTN 光电交叉

　　目前,光电交叉容量从 SDH 的 VC4 交叉向数个 Tb/s 级的 OTN 交叉发展,并结合可重构光分插复用器 ROADM 的灵活光交叉能力,满足大颗粒电路的调度和保护需求。目前最大交叉容量可达 25 Tb/s,下一步将开发交叉容量达 50 Tb/s 左右的大容量 OTN 设备。

3. 融合的多业务传送

　　随着传统业务 IP 化的发展,光传输网技术的核心已经从传统的只支持时分复用(TDM)业务的光同步数字系列(SDH)技术,演进到支持多业务承载的多业务传送平台(MSTP)、分组传送网(PTN)和光传送网(OTN)技术。满足以分组业务为主的多业务统一承载和交叉调度需求的大容量分组化光交换网络技术,是未来光网络发展的基础。

4. 智能化网络的管理和控制

　　未来网络将从网管静态配置向基于多协议标签交换(MPLS)和自动交换光网络(ASON)控制的动态配置方向发展,实现对 SDH、OTN、PTN 和全光网络的智能化控制和管理,以满足业务动态调配的需求,并逐步向软件定义网络(SDN)演进。

思考与练习题

1. 什么是光纤通信?
2. 基于光波进行通信必须解决哪两个关键问题?
3. 目前使用的通信光纤大多数采用石英光纤,它是工作在电磁波的哪个区域?
4. 光纤通信使用的波长范围是多少? 对应的频率范围是多少?
5. 试绘出光纤通信系统的基本组成框图,各部分的主要作用是什么?
6. 光纤通信主要有哪些优点?
7. 简述光传送网的演变过程。
8. 光网络技术的发展趋势是什么?

第 2 章　光纤传输原理及传输特性

　　光纤是光纤通信系统的重要组成部分。自 1970 年美国康宁玻璃公司按照高锟博士的预言成功地生产出了损耗为 20 dB/km 的光纤后，光纤损耗逐年下降。到 1979 年，波长 1.55 μm 的光纤损耗下降到 0.2 dB/km。低损耗光纤的问世，导致了光波技术领域的革命，开创了光纤通信时代。本章将介绍光纤的结构、类型；分别从射线理论和波动理论的角度分析光纤的传输原理，并对光纤的传输特性——损耗、色散以及非线性效应进行详细的讨论；简单介绍几种新型的单模光纤；最后介绍光缆的结构与种类。

2.1　光纤的结构与分类

2.1.1　光纤的结构

　　光纤是一种高度透明的玻璃丝，由纯石英经复杂的工艺拉制而成，从横截面上看基本由三部分组成，即折射率较高的芯区、折射率较低的包层和表面涂敷层。根据芯区折射率径向分布的不同，可分为两类光纤：折射率在纤芯与包层介面突变的光纤称为阶跃光纤；折射率在纤芯内按某种规律逐渐降低的光纤称为渐变光纤。不同的折射率分布，传输特性完全不同。图 2.1.1 给出了这两种光纤横截面的折射率分布，其典型尺寸为：单模光纤纤芯直径 $2a=8\sim10$ μm，包层直径 $2b=125$ μm；多模光纤纤芯直径 $2a=50$ μm，包层直径 $2b=125$ μm。对单模光纤，$2a$ 与传输波长 λ 处于同一量级，由于衍射效应，模场强度有相当一部分处于包层中，不易测出 $2a$ 的精确值，因而只有结构设计上的意义，在应用中并无实际意义，实际应用中常用模场或模斑直径（MFD）表示。

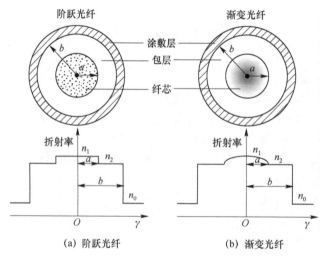

图 2.1.1　光纤的横截面和折射率分布

1．纤　芯

纤芯位于光纤的中心，其成分是高纯度的二氧化硅（SiO_2），有时还有极少量的掺杂物（如 GeO_2、P_2O_5 等），以提高纤芯的折射率（n_1）。纤芯的功能是提供传输光信号的通道。纤芯的折射率一般是 $1.463 \sim 1.467$（根据光纤的种类而异）。

2．包　层

包层位于纤芯的周围，其成分也是含有极少量掺杂物的高纯度二氧化硅，而掺杂物（如 B_2O_3 或 F）的作用则是适当降低包层的折射率（n_2），使之略低于纤芯的折射率（n_1），以满足光传输的全内反射条件。包层的作用是将光封闭在纤芯内，并保护纤芯，增加光纤的机械强度。包层的折射率在 $1.45 \sim 1.46$ 之间。

3．涂敷层

光纤的最外层是由丙烯酸酯、硅树脂和尼龙组成的涂敷层，其作用是增加光纤的机械强度与柔韧性以及便于识别等。绝大多数光纤的涂敷层外径控制在 $250\ \mu m$，但是也有一些光纤涂敷层外径高达 $1\ mm$。通常，双涂敷层结构是优选的，软内涂敷层能阻止光纤受外部压力而产生的微变，而硬外涂敷层则能防止磨损以及提高机械强度。

2.1.2　光纤的分类

光纤的种类很多，分类方法也是各种各样的。

1．按制造材料分类

按照制造光纤所用的材料分类，有石英系光纤、多组分玻璃光纤、石英芯塑料包层光纤、全塑料光纤和氟化物光纤等。

2．按传输模式分类

按光在光纤中的传输模式可分为：单模（Single Mode，SM）光纤和多模（Multi Mode，MM）光纤。

从直观上讲，单模光纤与多模光纤的区别就在于二者纤芯尺寸不同：多模光纤的纤芯粗（一般为 $50\ \mu m$），而单模光纤的纤芯较细（为 $8 \sim 10\ \mu m$），但两者包层直径都为 $125\ \mu m$。

正是由于单模光纤具有非常细的纤芯，使其只能传一种模式的光（HE_{11} 基模），因而色散很小，适用于高速率、大容量、远距离通信；而多模光纤由于可传多种模式的光，其模式色散较大，这就限制了传输数字信号的速率及传输距离，因此，只能用于短距离、低速率传输的场合，如各种局域网中。

3．按折射率分布分类

按光纤横截面上折射率的分布情况可分为：阶跃型（Step Index，SI）和渐变型（Graded Index，GI）光纤，如图 2.1.1 所示。

在阶跃型光纤中，光纤纤芯及包层的折射率都为一常数，同时为满足全反射条件，纤芯的折射率高于包层折射率。由于这种光纤在芯包界面处折射率是突变的，所以称为阶跃型光纤，也称突变光纤。这种光纤的传输模式很多，各种模式的传输路径不一样，经传输后到达终点的时间也不相同，从而使光脉冲展宽。所以这种光纤只适用于短距离、低速率通信。

阶跃型光纤折射率分布的表达式为

$$n(r) = \begin{cases} n_1 & (r < a) \\ n_2 & (a \leqslant r \leqslant b) \end{cases} \tag{2.1.1}$$

式中，n_1 为光纤纤芯的折射率，n_2 为包层的折射率，a 为纤芯半径，b 为包层半径。

为了解决阶跃光纤存在的弊端，人们又研制、开发了渐变折射率光纤，简称渐变光纤。渐变光纤纤芯的折射率不是均匀的，而是沿光纤径向从纤芯中心到芯包界面折射率逐渐变小，从而可使高次模的光按正（或余）弦形式传播，这样能减少模式色散，提高光纤带宽，增加传输距离。渐变光纤的包层折射率分布与阶跃光纤一样，为一常数。

渐变型光纤折射率分布的表达式为

$$n_1(r) = \begin{cases} n_1[1-2\Delta(r/a)^\alpha]^{1/2} & (r < a) \\ n_1(1-2\Delta)^{1/2} = n_2 & (a \leqslant r \leqslant b) \end{cases} \quad (2.1.2)$$

式中，n_1 为纤芯轴线上的折射率；n_2 为包层的折射率；a 为纤芯半径；b 为包层半径；$\Delta = (n_1^2 - n_2^2)/2n_1^2 \approx (n_1 - n_2)/n_1$ 为相对折射率差；α 为剖面参量，在 $0 \sim \infty$ 间取值。当 $\alpha = 2$ 时，称为抛物线或平方率分布光纤；当 $\alpha = \infty$ 时，相当于阶跃折射率分布光纤。

4. 按工作波长分类

按光纤的工作波长分类，有短波长光纤和长波长光纤。

（1）短波长光纤

在光纤通信初期，人们使用的光波波长在 $600 \sim 900$ nm 范围内（典型值为 850 nm），习惯上把在此波长范围内呈现低损耗的光纤称作短波长光纤。短波长光纤属早期产品，目前很少采用，因为其损耗与色散都比较大。

（2）长波长光纤

随着研究工作的不断深入，人们发现在波长 $1\,310 \sim 1\,550$ nm 的区域，石英光纤的损耗呈现更低数值；不仅如此，而且在此波长范围内石英光纤的材料色散也大大减小。因此人们的研究工作又迅速转移，并研制出在此波长范围损耗更低、带宽更宽的光纤，习惯上把工作波长在 $1\,000 \sim 2\,000$ nm 范围的光纤称为长波长光纤。

长波长光纤因具有低损耗、宽带宽等优点，适用于长距离、大容量的光纤通信。目前长途干线使用的光纤全部是长波长光纤。

5. 按套塑类型分类

（1）紧套光纤

所谓紧套光纤是指二次、三次涂敷层与预涂敷层及光纤的纤芯、包层等紧密地结合在一起的光纤。此类光纤属早期产品。

未经二次、三次涂敷的光纤，其损耗-温度特性本是十分优良的，但经过二次、三次涂敷之后，其温度特性下降。这是因为涂敷材料的膨胀系数比石英高得多，在低温时收缩比较严重，压迫光纤发生微弯曲，增加了光纤的损耗。

但对光纤进行二次、三次涂敷可以大大增加光纤的机械强度。

（2）松套光纤

所谓松套光纤是指，经过预涂敷后的光纤松散地放置在一塑料管之内，不再进行二次、三次涂敷。

松套光纤的制造工艺简单，其损耗-温度特性也比紧套光纤好，因此越来越受到人们的重视。

2.1.3　光纤的制造工艺

制造石英光纤时，先要熔制成一根合适的玻璃棒或玻璃管，在制备纤芯玻璃棒时均匀地掺入比石英折射率高的材料如锗;制备包层玻璃时,均匀地掺入比石英折射率低的材料如硼。这种玻璃棒就称为预制棒,典型的预制棒直径为 $10\sim25$ mm,长度为 $60\sim120$ cm。光纤则是由图 2.1.2 所示的设备拉制而成的。

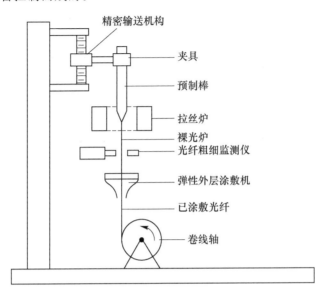

图 2.1.2　光纤拉丝设备示意图

　　把预制棒极为准确地送入高温(约 $2\,000$ ℃)的拉丝炉中,预制棒的一端软化并将其牵引形成极细的玻璃丝。通过置于拉丝塔底部的卷线轴的旋转速度来控制光纤的拉制速度,进而决定光纤的直径。所以在拉丝过程中,卷线轴的速度必须精确控制并保持不变,光纤直径监测仪通过一个反馈环来实现对拉丝速度的监测和控制。为了保护光纤不受外界污染物(如污物和水汽)的影响,要立即对光纤进行涂敷,即在外部加一层高分子材料涂敷层。同时可增强光纤的柔韧性和机械强度。

2.2　光纤的传输原理

　　光波是一种频率极高的电磁波,而光纤本身是一种介质波导,因此光在光纤中的传输理论是十分复杂的。光纤的传输原理与结构特性通常可用射线理论与波动理论两种方法进行分析。基于几何光学的射线理论可以很好地理解多模光纤的导光原理和特性,而且物理图像直观、形象、易懂。虽然是近似方法,但当纤芯直径 $2a$ 远大于光波波长 λ 时,是完全可行的。当 $2a$ 与 λ 可比拟时,需用波动理论进行分析。

2.2.1　用射线理论分析光纤的传输原理

　　我们知道,光线在均匀介质中传播时是以直线方向进行的,传播速度 $v=c/n$,c 为真空中的光速(3×10^{8} m/s),n 为介质的折射率。但当光线由折射率为 n_1 的介质斜入射到折射率为 n_2 的介质时,在两种介质的分界面上,光线将发生反射和折射,如图 2.2.1 所示。其中,θ_i 为入射角,θ_r 为反射角,θ_t 为折射角。

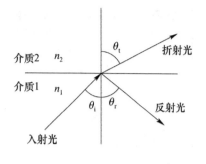

图 2.2.1　光的反射与折射

由斯涅耳(Snell)定律可知,入射线、反射线、折射线在同一平面内,且

$$\theta_r = \theta_i$$
$$n_1 \sin \theta_i = n_2 \sin \theta_t \qquad (2.2.1)$$

由式(2.2.1)可知,若 $n_1 > n_2$,则 $\theta_t > \theta_i$。当 θ_i 增加到某一值 θ_c 时,$\theta_t = 90°$,即 $n_1 \sin \theta_c = n_2 \sin 90°$,$\theta_c = \arcsin(n_2/n_1)$,$\theta_c$ 称为临界角。

如果 $\theta_i > \theta_c$,光线将在分界面上发生全反射,在介质 2 中传输,没有光能量穿过界面。

1. 阶跃光纤中的光线分析

考察如图 2.2.2 所示的阶跃光纤剖面图,一束光线以与光纤轴线成 θ_i 的角度入射到芯区中心,在光纤-空气界面发生折射,弯向界面的法线方向,折射光的角度 θ_r 由斯涅耳定律决定。

$$n_0 \sin \theta_i = n_1 \sin \theta_r \qquad (2.2.2)$$

式中,n_0 和 n_1 分别为空气和纤芯的折射率。折射光到达纤芯包层界面时,若入射角 ϕ 满足关系 $\sin \phi < n_2/n_1$(n_2 为包层折射率),则将再次发生折射,进入包层传输。若入射角 ϕ 大于临界角 ϕ_c,则光线在纤芯-包层界面将发生全反射,ϕ_c 定义为

$$\sin \phi_c = n_2/n_1 \qquad (2.2.3)$$

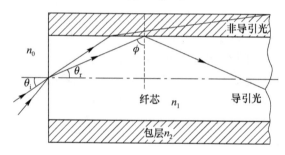

图 2.2.2　光线在阶跃光纤中的传播途径

这种全反射发生在整条光纤上,所有 $\phi > \phi_c$ 的光线都将被限制在纤芯中,这就是光纤约束和导引光传输的基本机制。

利用式(2.2.2)与式(2.2.3),可得到将入射光限制在纤芯所要求的与光纤轴线间的最大角度 $\theta_{i\max}$。对这种光线,$\theta_r = \pi/2 - \theta_c$,以此代入式(2.2.2),得

$$n_0 \sin \theta_{i\max} = n_1 \cos \phi_c = \sqrt{n_1^2 - n_2^2} \qquad (2.2.4)$$

与光学透镜类似,$n_0 \sin \theta_{i\max}$ 称为光纤的数值孔径(NA),代表光纤的集光能力。对于 $n_1 \approx n_2$,NA 可近似为

$$NA = \sqrt{n_1^2 - n_2^2} = n_1 \sqrt{2\Delta} \qquad (2.2.5)$$
$$\Delta = \frac{n_1^2 - n_2^2}{2n_1^2} \approx (n_1 - n_2)/n_1$$

式中,Δ 为纤芯-包层界面相对折射率差。表面来看,为了将尽可能多的光线收集或耦合进入光纤,Δ 应越大越好,但后面将会看到,过大的 Δ 将引起多径色散,这是一种弥散效应导致的结果,在模式理论中称为模式色散,不能用于光纤通信系统中。因此 NA 的取值要兼顾光纤接收

光的能力和模式色散。ITU－T 建议光纤的 NA＝0.18～0.23。

由图 2.2.2 可见,以不同入射角 θ_i 进入光纤的光线将经历不同的路径,虽然在输入端同时入射并以相同的速度传播,但到达光纤输出端的时间却不相同,出现了时间上的分散,导致脉宽严重展宽,这种现象称为多径色散。例如对于 $\theta_i＝0°$ 的光线,路径最短,正好等于光纤长度 L;当 θ_i 由式(2.2.4)给定时,路径最长,为 $L/\sin \phi_c$。若纤芯中光速为 $v＝c/n_1$,则这两条光线到达输出端的时差 ΔT 为

$$\Delta T＝\frac{n_1}{c}\left(\frac{L}{\sin \phi_c}-L\right)\approx\frac{L}{c}\frac{n_1^2}{n_2}\Delta \tag{2.2.6}$$

经历最短和最长路径的两束光线间的时差是输入脉冲展宽的一种度量。

原来很窄的光脉冲在光纤中传播,由于多径色散的影响,其宽度展宽到 ΔT。为使这种展宽不产生码间干扰,ΔT 应小于信息传输容量决定的比特间隔,即 $\Delta T< T_B$(B 为系统的比特率),而 $T_B＝1/B$,则应有 $B\Delta T<1$,于是由式(2.2.6)可得光纤信息传输的容量为

$$BL<\frac{n_2}{n_1^2}\frac{c}{\Delta} \tag{2.2.7}$$

上式给出了对 $2a\gg\lambda$ 的阶跃光纤传输容量的基本限制。需要指出,式(2.2.7)仅仅是一种近似估计,它只适用于每次内反射后都经过光纤轴线的光线,即子午射线,对于传输角与光纤轴线斜交的偏斜线,可能在弯曲和不规则处逸出纤芯,就不能按该式估计。

2. 渐变光纤中的光线分析

前已指出,渐变光纤的芯区折射率不是一个常数,它从芯区中心的最大值 n_1 逐渐降低到纤芯-包层界面的最小值 n_2,大部分渐变光纤按二次方规律下降,称为抛物线型光纤。在渐变光纤中,光线不是以曲折的锯齿形式向前传播,而是以一种正弦振荡形式向前传播,如图 2.2.3所示。

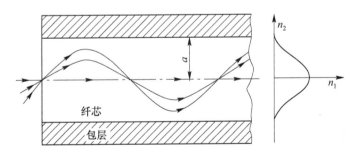

图 2.2.3　渐变光纤中的光线轨迹

为理解光在渐变光纤中的传输特性,首先看一种简单情况。假设有一多层介质平板,每一层的折射率皆为一常数,且其折射率由下到上逐渐变小,即 $n_1>n_2>n_3>n_4\cdots$,如图 2.2.4所示。

由斯涅耳定律,可得

$$n_1\cos \theta_1＝n_2\cos \theta_2＝n_3\cos \theta_3＝n_4\cos \theta_4$$

由于 $n_1>n_2$,则有 $\theta_2<\theta_1$。这样,光在每两层介质的分界面处的折射光线皆远离法线。如果层数足够,在到达某一分界面处,将由于全反

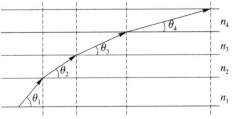

图 2.2.4　光线在多层介质平板中的传输

射而使光线朝向高折射率层方向传播。

对于渐变光纤,可用这种折射率阶跃变化的分层结构来进行近似分析,因此其具有正弦振荡形式向前传播的特征。

当然,由图2.2.3可见,类似于阶跃光纤,入射角大的光线路径长,由于折射率的变化,光速沿路径变化,虽然沿光纤轴线传播路径最短,但轴线上折射率最大,光传播最慢,而斜光线的大部分路径在低折射率的介质中传播,虽然路径长,但传输得快,因而合理设计折射率分布,可使所有光线同时到达光纤输出端,降低多径或模式色散。

由经典光学理论可知,在傍轴近似条件下,光线轨迹可用下列微分方程描述,即

$$\frac{d^2 r}{dz^2} = \frac{1}{n}\frac{dn}{dz} \tag{2.2.8}$$

式中,r为射线离轴线的径向距离。当折射率n为抛物线分布,即$\alpha = 2$时,利用式(2.1.2),则式(2.2.8)可简化为简谐振荡方程,其通解为

$$r = r_0 \cos(pz) + (r_0'/p)\sin(pz) \tag{2.2.9}$$

式中,$p = (2n_1\Delta/a^2)^{1/2}$,$r_0$和$r_0'$分别为入射光线的位置和方向。

上式表明,所有的射线在距离$z = 2m\pi/p$处恢复它们的初始位置和方向,其中m为整数。因此抛物线型光纤不存在多径或模式色散,但应注意,这个结论是在几何光学和傍轴近似下得到的,对于实际光纤,这些条件并不严格成立。

更严格的分析发现,光线在长为L的渐变光纤中传播时,其最大路径时差,即模式色散$\Delta T/L$将随α而变;对于$n_t = 1.5$和$\Delta = 0.01$的渐变光纤,最小色散发生在$\alpha = 2(1 - \Delta)$处,它与Δ的关系为

$$\Delta T/L = n_1\Delta^2/8c \tag{2.2.10}$$

利用准则$B\Delta T < 1$,可得比特率与距离积的极限为

$$BL < 8c/n_1\Delta^2 \tag{2.2.11}$$

最优的α设计能使100 Mb/s的数据传输100 km,其BL积达约10 Gb/s·km,比阶跃光纤提高了3个数量级。第一代光波系统使用的就是渐变光纤。单模光纤能进一步提高BL积,但几何光学不能用于研究单模光纤的许多问题,必须用复杂的电磁导波或模式理论来讨论。

2.2.2 用波动理论分析光纤的传输原理

前面用射线理论分析了阶跃多模光纤及渐变多模光纤中的传输原理,得到了一些有用的结论。这种方法虽然可以简单直观地得到光线在光纤中传输的物理图像,但由于忽略了光的波动性质,故不能了解光场在纤芯、包层中的结构分布以及其他许多特性。尤其对单模光纤,由于芯径小,射线理论就不能正确处理单模光纤的问题。因此,在光波导理论中,更普遍地采用波动光学的方法,其实质是把光作为电磁波来处理,研究电磁波在光纤中的传输规律,得到光纤中的传输波形(模式)、场结构、传输常数及截止条件等。本小节从波动理论出发,求解波动方程,以得到光纤的一系列重要特性。

用波动理论分析阶跃型光纤中的导波,通常有两种方法:矢量解法和标量解法。矢量解法是一种严格的传统解法,是要求满足光纤边界条件的矢量波动方程的解,求解过程比较烦琐。对于目前实际应用的弱导波光纤,可以寻求近似解法,求出均匀光纤的场方程、特征方程,并在

此基础上分析标量模的特性。

1. 光在光纤中的传播方程

光纤是一种介质波导,而光波是电磁波,用电磁理论分析光波在光纤中的传输特性,必须从麦克斯韦方程组出发。光纤材料是各向同性媒介,假设光强较弱时,不考虑光纤的非线性特性,且不存在传导电流和自由电荷,则麦克斯韦方程组具有如下形式:

$$\nabla \times \boldsymbol{E} = -\partial \boldsymbol{B}/\partial t \tag{2.2.12a}$$

$$\nabla \times \boldsymbol{H} = \partial \boldsymbol{D}/\partial t \tag{2.2.12b}$$

$$\nabla \cdot \boldsymbol{D} = 0 \tag{2.2.12c}$$

$$\nabla \cdot \boldsymbol{B} = 0 \tag{2.2.12d}$$

式中,$\boldsymbol{D} = \varepsilon \boldsymbol{E}$,$\boldsymbol{B} = \mu \boldsymbol{H}$,$\varepsilon$ 为介质(光纤)的介电常数,μ 为介质的磁导率。

求解麦克斯韦方程可得到光纤中电磁场的波动方程:

$$\nabla^2 \boldsymbol{E} + \left(\frac{n\omega}{c}\right)^2 \boldsymbol{E} = 0 \tag{2.2.13a}$$

$$\nabla^2 \boldsymbol{H} + \left(\frac{n\omega}{c}\right)^2 \boldsymbol{H} = 0 \tag{2.2.13b}$$

式(2.2.13)即著名的亥姆霍兹方程。

2. 阶跃光纤的矢量解法

矢量解法是一种严格的传统解法,即求解满足光纤边界条件的矢量波动方程。由于光纤通常都制成圆柱形结构,且光波沿光纤轴线方向传播,为了在求解时应用边界条件,一般采用 z 轴与光纤轴线一致的圆柱坐标系(r, φ, z),如图 2.2.5 所示。下面首先求解导波方程,再导出阶跃型光纤中的波动方程,最后得出导波模式。

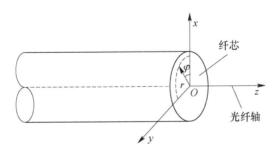

图 2.2.5　光纤中的圆柱坐标

(1) 阶跃折射率光纤中的波动方程

将亥姆霍兹方程在圆柱坐标系中展开,得到电磁场 z(纵向)分量 E_z 的波动方程为

$$\frac{\partial^2 E_z}{\partial r^2} + \frac{1}{r}\frac{\partial E_z}{\partial r} + \frac{1}{r^2}\frac{\partial^2 E_z}{\partial \varphi^2} + \frac{\partial^2 E_z}{\partial z^2} + \left(\frac{n\omega}{c}\right)^2 E_z = 0 \tag{2.2.14a}$$

$$\frac{\partial^2 H_z}{\partial r^2} + \frac{1}{r}\frac{\partial H_z}{\partial r} + \frac{1}{r^2}\frac{\partial^2 H_z}{\partial \varphi^2} + \frac{\partial^2 H_z}{\partial z^2} + \left(\frac{n\omega}{c}\right)^2 H_z = 0 \tag{2.2.14b}$$

式(2.2.14)为二阶三维偏微分方程,求解可得出 E_z 和 H_z,其余的横向分量 E_r、E_φ、H_r、H_φ 可通过 E_z 和 H_z 结合麦克斯韦方程组求得。式(2.2.14)中分别只含有 E_z 或 H_z,这说明电场 $\boldsymbol{E}$ 和磁场 $\boldsymbol{H}$ 的纵向分量和其他分量不会耦合,所以可以将其任意地分离出来。

用分离变量法求解 E_z,假设 E_z 有如下形式的解:

$$E_z = AF_1(r)F_2(\varphi)F_3(z)F_4(t) \tag{2.2.15}$$

根据物理概念，E_z 随时间和坐标轴 z 的变化规律是简谐函数，即

$$F_3(z)F_4(t) = e^{j(\omega t - \beta z)} \tag{2.2.16}$$

式中，$\beta = k_0 n_1 \sin\theta$，为传播常数。

场分量 $F_2(\varphi)$ 表示 E_z 沿圆周的变化规律，由于光纤结构的圆对称性，E_z 应是方位角 ϕ 以 2π 为周期的周期函数，即

$$F_2(\varphi) = e^{jm\varphi} \tag{2.2.17}$$

式中，m 为整数。现在只有 $F_1(r)$ 为未知函数，将式(2.2.16)、式(2.2.17)代入式(2.2.15)，再代入波动方程(2.2.14a)，得

$$\frac{\partial^2 F_1(r)}{\partial r^2} + \frac{1}{r}\frac{\partial F_1(r)}{\partial r} + \left(n^2 k_0^2 - \beta^2 - \frac{m^2}{r^2}\right)F_1(r) = 0 \tag{2.2.18}$$

这就是众所周知的贝塞尔(Bessel)方程，是只含 $F_1(r)$ 的二阶常微分方程，方程中 $n^2 k_0^2 - \beta^2$ 为常数，$k_0 = 2\pi/\lambda = 2\pi f/c = \omega/c$，$\lambda$ 和 f 分别是光在真空中的波长和频率。求解方程 (2.2.18)可得到 $F_1(r)$ 的表示形式。

式(2.2.18)必须在纤芯和包层两个区域分别求解。在纤芯区域，导波场必须在 $r \to 0$ 时取有限值；而在外部区域当 $r \to \infty$ 时，场解必须衰减为零。因此，在纤芯内部区域($0 \leqslant r \leqslant a$)，$F_1(r)$ 的解为 m 阶第一类贝塞尔函数(类似振幅衰减的正弦曲线)，即 $F_1(r) = J_m(ur)$。其中，$u^2 = n_1^2 k_0^2 - \beta^2 = k_1^2 - \beta^2$。纤芯中 E_z 和 H_z 的表达式为

$$E_z(r,\varphi,z,t) = AJ_m(ur)e^{jm\varphi}e^{j(\omega t - \beta z)} \qquad (0 \leqslant r \leqslant a) \tag{2.2.19a}$$

$$H_z(r,\varphi,z,t) = BJ_m(ur)e^{jm\varphi}e^{j(\omega t - \beta z)} \qquad (0 \leqslant r \leqslant a) \tag{2.2.19b}$$

式中，A、B 为任意常数。

在纤芯外部区域($r \geqslant a$)，式(2.2.18)的解是第二类修正贝塞尔函数(类似衰减的指数曲线)，即 $F_1(r) = K_m(wr)$。其中，$w^2 = \beta^2 - n_2^2 k_0^2 = \beta^2 - k_2^2$。包层中 E_z 和 H_z 的表达式为

$$E_z(r,\varphi,z,t) = CK_m(wr)e^{jm\varphi}e^{j(\omega t - \beta z)} \qquad (r \geqslant a) \tag{2.2.20a}$$

$$H_z(r,\varphi,z,t) = DK_m(wr)e^{jm\varphi}e^{j(\omega t - \beta z)} \qquad (r \geqslant a) \tag{2.2.20b}$$

式中，C、D 为任意常数。

根据第二类修正贝塞尔函数的定义，当 $wr \to \infty$ 时，$K_m(wr) \to e^{-wr}$，所以只有当 $w > 0$ 时，即 $k_0 n_2 < \beta$，才能使得 $r \to \infty$ 时的场量趋于零。关于 β 的第二个条件可以从 $J_m(ur)$ 的特性中推出，在纤芯中参数 u 必须是实数，从而使 $F_1(r)$ 成为实函数，这要求 $\beta < k_0 n_1$。所以对于有界的场解，β 的取值范围是 $k_0 n_2 < \beta < k_0 n_1$ 其中，$k_0 = 2\pi/\lambda$，是自由空间传播常数。

(2) 阶跃折射率光纤中的模式方程

传播常数 β 的解取决于边界条件，电磁场的边界条件要求两侧电场 $\boldsymbol{E}$ 的切向分量 E_φ 和 E_z 在电介质分界面上($r = a$)必须连续(即取相同的值)；对于磁场 $\boldsymbol{H}$ 的切向分量 H_φ 和 H_z 亦是如此。首先考虑电场的切向分量，在纤芯包层界面的内侧，电场 z 分量($E_z = E_{z1}$)由式(2.2.19a)决定；在界面的外侧($E_z = E_{z2}$)则由式(2.2.20a)决定，边界处的连续条件要求：

$$E_{z1} - E_{z2} = AJ_m(ua) - CK_m(wa) = 0 \tag{2.2.21a}$$

同理可得

$$E_{\varphi 1} - E_{\varphi 2} = -\frac{j}{u^2}\left[A\frac{jm\beta}{a}J_m(ua) - B\omega\mu uJ'_m(ua)\right] - \tag{2.2.21b}$$

$$\frac{j}{w^2}\left[C\frac{jm\beta}{a}K_m(wa) - D\omega\mu wK'_m(wa)\right] = 0$$

$$H_{z1} - H_{z2} = BJ_m(ua) - DK_m(wa) = 0 \tag{2.2.21c}$$

$$H_{\varphi 1} - H_{\varphi 2} = -\frac{j}{u^2}\left[B\frac{jm\beta}{a}J_m(ua) - A\omega\varepsilon_1 uJ'_m(ua)\right] - \tag{2.2.21d}$$

$$\frac{j}{w^2}\left[D\frac{jm\beta}{a}K_m(wa) - C\omega\varepsilon_1 wK'_m(wa)\right] = 0$$

以上是一个关于 A、B、C、D 的齐次方程组,只有当其系数行列式等于零时该方程组才有非零解,即

$$\begin{vmatrix} J_m(ua) & 0 & K_m(wa) & 0 \\ \dfrac{\beta m}{au^2}J_m(ua) & \dfrac{j\omega u}{u}J'_m(ua) & \dfrac{\beta m}{aw^2}K_m(wa) & \dfrac{j\omega\mu}{w}K'_m(wa) \\ 0 & J_m(ua) & 0 & K_m(wa) \\ \dfrac{j\omega\varepsilon_1}{u}J'_m(ua) & \dfrac{\beta m}{au^2}J_m(ua) & \dfrac{j\omega\varepsilon_2}{w}K'_m(wa) & \dfrac{\beta m}{aw^2}K_m(wa) \end{vmatrix} = 0 \tag{2.2.22}$$

展开上述系数行列式,即可得到关于 β 的本征方程:

$$\left[\frac{J'_m(U)}{UJ_m(U)} + \frac{K'_m(W)}{WK_m(W)}\right]\left[n_1^2\frac{J'_m(U)}{UJ_m(U)} + n_2^2\frac{K'_m(W)}{WK_m(W)}\right] = \left(\frac{m\beta}{k_0}\right)^2\left(\frac{V}{UW}\right) \tag{2.2.23}$$

式中,$U = ua$,$W = wa$,$V^2 = U^2 + W^2$。当给定参数 a、k_0、n_1 和 n_2 后,由方程(2.2.23)就可求得传输常数 β。但本征方程是一个超越方程,故必须用数值方法求解。通常,对每个整数 m,存在多个解,记为 $\beta_{mn}(n = 1, 2, 3, \cdots)$。

（3）导波模式及传输特性

每一个 β_{mn} 对应于一种能在光纤中传输的光场的空间分布,这种空间分布在传输中只有相位的变化,没有形状的改变,始终满足边界条件。这种空间分布就称为模式。根据不同的 m 与 n 的组合,将存在许多的模式。分别对应于 TE_{mn}、TM_{mn}、EH_{mn} 和 HE_{mn} 模。其中四个低阶模在光纤剖面内的横向电场分布如图 2.2.6 所示。

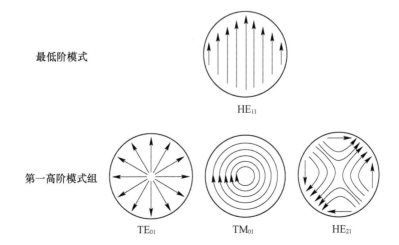

图 2.2.6　阶跃折射率光纤中四个低阶模式的横向电场在剖面内的分布图

　　由前面的分析可知,光纤中的光场在纤芯中按贝塞尔函数变化规律分布,在包层中则按第二类修正贝塞尔函数变化规律分布。当光能以传输模式传输时,要求包层中的电场消逝为零,其必要条件是 $w^2 > 0$,即 $\beta > k_0 n_2$;反之,当 $\beta < k_0 n_2$ 时,$w^2 < 0$,电场在包层中振荡,传播模式将转化为辐射模式,能量从包层中辐射出去;当 $\beta = k_0 n_2$ 时,即 $w = 0$,是介于传播模式和辐射模式的临界状态,称为截止模式。此时 $V = V_c = U_c$,称为导波模的截止频率。

3. 阶跃光纤的标量解法

　　在实际应用中,大多数通信光纤的纤芯与包层的折射率差 Δ 都很小,满足弱导波条件 $(n_1 \approx n_1 \approx n)$,这种光纤称为弱导光纤。由于弱导光纤的全反射临界角 $\theta_c = \arcsin(n_2/n_1) \approx \pi/2$,若要使光线在光纤中形成导波,光线在纤芯包层界面处的入射角 θ_i 要大于 θ_c,所以射线传播的轨迹几乎与光纤轴线平行,这样的波类似于横电磁波(TEM 波)。

　　(1) 标量解

　　在弱导光纤中,横向电场偏振方向在传输过程中保持不变,可以用一个标量来描述。设横向电场沿 y 轴偏振,它满足标量亥姆霍兹方程:

$$\nabla^2 E_y + k_0^2 n^2 E_y = 0 \qquad (2.2.24a)$$

式中,E_y 为电场在直角坐标 y 轴的分量。在圆柱坐标系中展开(z 轴沿光纤轴线的方向),可得

$$\frac{\partial^2 E_y}{\partial r^2} + \frac{1}{r}\frac{\partial E_y}{\partial r} + \frac{1}{r^2}\frac{\partial^2 E_y}{\partial \varphi^2} + \frac{\partial^2 E_y}{\partial z^2} + k_0^2 n^2 E_y = 0 \qquad (2.2.24b)$$

式(2.2.24)是二阶三维偏微分方程,可用分离变量法求解。根据光纤横截面折射率分布的对称性和横向平移不变性,E_y 沿圆周方向的变化规律应是以 2π 为周期的简谐函数;又因导波是沿 z 轴传播的,它沿该方向呈行波状态,光纤中光场的分布应具有如下形式:

$$E_y(r,\varphi,z) = AR(r)\cos m\varphi \, e^{-j\beta z} \qquad (2.2.25)$$

式中,β 是 z 方向的传播常数,如果 z 方向有能量损失,则 β 是复数,其虚数部分代表单位距离的损失,实数部分代表单位距离相位的传播。将式(2.2.25)代入式(2.2.24b),并考虑纤芯和包层中的折射率分别为 n_1 和 n_2,可得

$$r^2 \frac{d^2 R(r)}{dr^2} + r\frac{dR(r)}{dr} + [(n_1^2 k_0^2 - \beta^2)r^2 - m^2]R(r) = 0 \qquad (0 \leqslant r \leqslant a) \qquad (2.2.26a)$$

$$r^2 \frac{d^2 R(r)}{dr^2} + r\frac{dR(r)}{dr} + [(n_2^2 k_0^2 - \beta^2)r^2 - m^2]R(r) = 0 \qquad (0 \geqslant a) \qquad (2.2.26b)$$

　　导波场在纤芯内应为振荡解,故方程(2.2.26a)的解应为第一类贝塞尔函数;在包层中应为衰减解,方程(2.2.26b)的解应为第二类修正贝塞尔函数。于是 $R(r)$ 可表示为

$$R(r) = J_m[(n_1^2 k_0^2 - \beta^2)^{1/2} r] \qquad (0 \leqslant r \leqslant a) \qquad (2.2.27a)$$

$$R(r) = K_m[(\beta^2 - n_2^2 k_0^2)^{1/2} r] \qquad (r \geqslant a) \qquad (2.2.27b)$$

式中,J_m 为 m 阶贝塞尔函数,K_m 为 m 阶修正贝塞尔函数。下面引入几个重要的无量纲参数,令

$$U = \sqrt{k_0^2 n_1^2 - \beta^2}\, a \qquad (2.2.28a)$$

$$W = \sqrt{\beta^2 - k_0^2 n_2^2}\, a \qquad (2.2.28b)$$

式中,U 表示在光纤的纤芯中导波沿半径 r 方向场的分布规律,称为导波的归一化径向相位常

数;W 表示在包层中,场沿半径 r 方向的衰减规律,称为导波的归一化径向衰减常数。由 U 和 W 可引出光纤的另一个参数,即归一化频率 V:

$$V=\sqrt{U^2+W^2}=\sqrt{n_1^2-n_2^2}\,k_0a=\sqrt{2\Delta}\,n_1k_0a \tag{2.2.29}$$

由式(2.2.29)可知,V 与光纤的结构参数 a、相对折射率差 Δ、纤芯折射率 n_1 及工作波长有关,是一个重要的综合参数,光纤的许多特性都与 V 有关。

将 $R(r)$ 代入式(2.2.25),并考虑到式(2.2.28),可得纤芯和包层中的场分布分别为

$$E_{y1}=A_1J_m(Ur/a)\cos m\varphi\mathrm{e}^{-\mathrm{j}\beta z} \qquad (0\leqslant r\leqslant a) \tag{2.2.30a}$$

$$E_{y2}=A_2K_m(Wr/a)\cos m\varphi\mathrm{e}^{-\mathrm{j}\beta z} \qquad (r\geqslant a) \tag{2.2.30b}$$

利用光纤的边界条件,即 $r=a$ 时,$E_{y1}=E_{y2}$,可得 $A_1J_m(U)=A_2K_m(W)=A$,代入上式得

$$E_{y1}=A\frac{J_m(Ur/a)}{J_m(U)}\cos m\varphi\mathrm{e}^{-\mathrm{j}\beta z} \qquad (0\leqslant r\leqslant a) \tag{2.2.31a}$$

$$E_{y2}=A\frac{K_m(Wr/a)}{K_m(W)}\cos m\varphi\mathrm{e}^{-\mathrm{j}\beta z} \qquad (r\geqslant a) \tag{2.2.31b}$$

由电磁场的性质,对 TEM 波,有 $H_x=-E_y/Z=-E_yn/Z_0$,其中,$Z_0=\sqrt{\mu_0/\varepsilon_0}=337\ \Omega$ 是自由空间波阻抗。光纤中的场近似为 TEM,于是有

$$H_{x1}=-A\frac{n_1}{Z_0}\frac{J_m(Ur/a)}{J_m(U)}\cos m\varphi\mathrm{e}^{-\mathrm{j}\beta z} \qquad (0\leqslant r\leqslant a) \tag{2.2.32a}$$

$$H_{x2}=A\frac{n_2}{Z_0}\frac{K_m(Wr/a)}{K_m(W)}\cos m\varphi\mathrm{e}^{-\mathrm{j}\beta z} \qquad (r\geqslant a) \tag{2.2.32b}$$

利用麦克斯韦方程组可得场的纵向分量 E_z、H_z 与横向分量 E_y、H_x 之间的关系为

$$E_z=\frac{\mathrm{j}Z_0}{k_0^2n^2}\frac{\mathrm{d}H_x}{\mathrm{d}y} \tag{2.2.33a}$$

$$H_z=\frac{\mathrm{j}}{k_0Z_0}\frac{\mathrm{d}E_y}{\mathrm{d}x} \tag{2.2.33b}$$

将 E_y、H_x 代入式(2.2.33a)和式(2.2.33b),即可求出 E_z、H_z。进一步可求得电磁场横向分量 E_r、H_r 以及 E_φ、H_φ。

(2) 标量解的特征方程

标量解的特征方程可由芯包界面处的边界条件得出。在 $r=a$ 处,电场和磁场的轴向分量是连续的,即 $E_{z1}=E_{z2}$,在弱导近似下可忽略 n_1、n_2 之间的微小差别,令 $n_1=n_2$ 可得

$$U\frac{J_{m+1}(U)}{J_m(U)}=W\frac{K_{m+1}(W)}{K_m(W)} \tag{2.2.34a}$$

$$U\frac{J_{m-1}(U)}{J_m(U)}=-W\frac{K_{m-1}(W)}{K_m(W)} \tag{2.2.34b}$$

上两式即为弱导光纤标量解的特征方程,按贝塞尔函数的递推公式,可以证明这两式属同一方程,可选择其中一个使用。从特征方程可解出 U(或 W)的值,从而确定 W(或 U)和相位常数 β,确定光纤的场分布及其特性。由于式(2.2.34)是超越方程,故须用数值方法求解。下面只讨论其在截止和远离截止两种情况下的解。

(3) 标量模及其特性

在弱导光纤中,把具有横向场的极化方向在传输过程中保持不变的横电磁波,当作其方向

沿传输方向不变(仅大小变化)的标量模,可以认为是线性偏振模,即 LP_{mn} 模(Linearly Polarized Mode)。LP 模的基本出发点是,不考虑 TE、TM、EH、HE 模的具体区别,仅仅注意它们的传播常数,用 LP 模把所有弱导近似下传播常数相等的模式概括起来。因此 LP 模并不是光纤中存在的真实模式,它是在弱导近似情况下,人们为简化分析而提出的一种分析方法。

1) LP_{mn} 模的传导条件

LP_{mn} 模的归一化频率 V 是由光纤的参数和工作波长来确定的。根据电磁场理论,只要 V 大于 LP_{mn} 模所对应的归一化截止频率 V_c,则该 LP_{mn} 模就可以传导。光纤中的 U 值和 W 值都与 V 值有关,即光纤的场也随 V 值而变化。光纤归一化频率 V 越大,传输的模式越多,越不容易截止。在极限情况下(远离截止),$V \to \infty$ 表示场完全集中在纤芯中,包层中的场为零。由 $V = 2\pi(n_1^2 - n_2^2)^{1/2} a/\lambda_0$,可知当 $V \to \infty$ 时,有 $a/\lambda_0 \to \infty$,表明光波相当于在折射率为 n_1 的无限大空间($a \to \infty$)中传播。此时其传播常数 $\beta \to k_0 n_1$,所以 $U = a(k_0^2 n_1^2 - \beta^2)^{1/2}$ 和 $W = a(\beta^2 - k_0^2 n_2^2)^{1/2}$ 相比就很小,于是 $W = (V^2 - U^2)^{1/2} \to \infty$。由特征方程(2.2.34a)可知,此时方程右边趋于无穷,为使方程左右两边相等,必有 $J_m(U) = 0$,进而可以确定远离截止情况时传导模对应的 U 值。当 $m = 0$ 时,上式的根为

第一个根即当 $n = 1$ 时,$U = 2.40483$,是 LP_{01} 模远离截止时的 U 值;

第二个根即当 $n = 2$ 时,$U = 5.52008$,是 LP_{02} 模远离截止时的 U 值。

表 2.2.1 是几个低阶 LP 模式远离截止时的 U 值。

表 2.2.1　几种低阶 LP 模式远离截止时的 U 值

n ＼ m	0	1	2
1	2.40483	3.83171	5.13562
2	5.52008	7.01559	8.41724
3	8.65373	10.17347	11.61984

对应一对 m、n 值,就有一个确定的 U 值,从而就有确定的 W 及 β 值,对应一个确定的场分布和传输特性。这种独立的场分布就叫做光纤的一个模式,即为标量模 LP_{mn}。m、n 表示对应传导模式的场在横截面上的分布规律,m 表示沿圆周方向电场出现最大值的个数,而 n 表示沿半径方向电场出现最大值的个数。m 代表贝塞尔函数的阶次,n 代表根的序号。由式(2.2.31)可知,LP_{mn} 模在光纤中的横向电场为

$$E_y = A e^{-j\beta z} \cos m\varphi J_m(Ur/a)/J_m(U)$$

其圆周及半径方向的分布规律分别为 $\cos m\varphi$ 和 $J_m(Ur/a)$。

当 $m = 0$ 时,$\cos m\varphi = 1$,电场在圆周方向无变化,即在圆周方向电场出现最大值的个数为零。

当 $m = 1$ 时,$\cos m\varphi = \cos \varphi$,电场在圆周方向按余弦规律变化;当 φ 在 $0 \sim 2\pi$ 变化时,沿圆周方向出现一对最大值。

当 $m = 2$ 时,$\cos m\varphi = \cos 2\varphi$;当 φ 在 $0 \sim 2\pi$ 变化时,沿圆周方向出现两对最大值,其余依次类推。

电场沿半径方向,按贝塞尔函数规律变化,其变化情况与 n 有关(n 表示沿半径出现最大

值的个数)。

以上场分布是远离截止($V \to \infty$)时的情况,此时电场全部集中在光纤的纤芯中传播。随着 V 值的减小,电场将向包层中伸展。

2)LP_{mn} 模的截止条件和单模传输条件

当某一模式不能沿光纤有效地传输时,称该模式截止,通常用径向归一化衰减常数 W 来衡量。对于导波,其电场在纤芯外是衰减的,此时,$W^2 > 0$(即 W 为实数);当 $W = 0$ 时,表示电场在纤芯外恰处于不衰减的临界状态,以此作为导波截止的标志。将此时的 W 记作 W_c,对应的归一化径向相位常数和归一化截止频率分别记为 U_c 和 V_c,有 $V_c^2 = U_c^2 + W_c^2 = U_c^2 (V_c = U_c)$。如果求出了某模式的 U_c,就能确定该模式的归一化截止频率 V_c,从而确定各模式截止的条件。由截止条件下的特征方程 $W_c = 0$,得

$$U_c J_{m-1}(U_c) / J_m(U_c) = -W_c K_{m-1} / K_m(W_c) = 0 \qquad (2.2.35)$$

当 $U_c \neq 0$ 时,$J_{m-1}(U_c) = 0$,该式即截止时的特征方程,由此可解出 $m-1$ 阶贝塞尔函数的根 U_c,进而确定截止条件。

当 $m = 0$ 时,$J_{-1}(U_c) = J_1(U_c) = 0$,可解出 $U_c = \mu_{1,n} = 0, 3.83171, 7.01559, 10.17347, \cdots$,这里 $\mu_{1,n}$ 是一阶贝塞尔函数的第 n 个根,$n = 1, 2, 3, \cdots$。显然,LP_{01} 模的截止频率为 0,LP_{02} 模的截止频率为 3.83171,这意味着当归一化频率 V 小于 3.83171 时,LP_{02} 模不能在光纤中传播;而 LP_{01} 模总是可以在光纤中传播的,意味着该模无截止的情况,故将 LP_{01} 模称为基模。第二个归一化截止频率较低的模是 LP_{11} 模,称为二阶模,其 $V_c = U_c = 2.4048$。其他模的 $V_c = U_c$ 值更大,基模以外的模统称为高次模。表 2.2.2 列出了部分较低阶 LP_{mn} 模截止时的 U_c 值。

表 2.2.2 截止情况下的 LPmn 模的 U_c 值

U_c \ m / n	0	1	2
1	0	2.40483	3.83171
2	3.83171	5.52008	7.01559
3	7.01559	8.65373	10.17347

由光纤传输理论可知,将光纤所传输信号的归一化频率值 V 与某一模式的归一化截止频率 V_c 相比,若 $V > V_c$,则这种模式的光信号可在光纤中导行;若 $V < V_c$,则这种模式截止。通常把只能传输一种模式的光纤称为单模光纤,单模光纤只传输一种模式即基模 LP_{01}(或 HE_{11} 模),所以它不存在模式色散且带宽极宽,一般都在 GHz·km 以上,可实用于长距离大容量的通信。要保证单模传输,需要二阶模截止,即让光纤的归一化频率 V 小于二阶模 LP_{11} 归一化截止频率 $V_c(LP_{11})$,从而可得

$$V = \frac{2\pi a}{\lambda} \sqrt{n_1^2 - n_2^2} < 2.40483 \qquad (2.2.36)$$

这一重要关系称为"单模传输条件"。将 $V_c(LP_{11})$ 对应的波长 $\lambda_c = 2\pi (n_1^2 - n_2^2)^{\frac{1}{2}} a / V_c$ 叫做截止波长,是单模光纤的重要参数。对于给定的光纤(n_1、n_2 和 a 确定),当 $\lambda < \lambda_c$ 时,为多模传输;当 $\lambda > \lambda_c$ 时,为单模传输。所以 λ_c 又称为临界波长。

2.3　光纤的传输特性

光纤的传输特性主要包括光纤的损耗特性、色散特性和非线性效应。

2.3.1　光纤的损耗特性

光纤的传输损耗是指光信号通过光纤传播时,其功率随传输距离的增加而减小的物理现象。衰减是光纤的一个重要参数,是光纤传输系统无中继传输距离的主要限制因素之一(另一重要因素是色散所决定的带宽距离积),因此把光纤的损耗降到最低,是人们长期以来一直努力奋斗的目标。光纤产生损耗的原因很多,涉及到很多物理机制、工艺和材料性质问题。对于由某些原因产生的损耗,能够近似计算;但另外一些则很难计算,更没有计算包括所有原因的总衰减的公式。降低衰减主要依赖于工艺的提高和对材料的研究等。

光纤损耗是以光波在光纤中传播时单位长度上的衰减量来表示的,通常以 α 表示,单位是 dB/km。若光纤的长度为 L(单位为 km),光纤的输入光功率为 P_{in},输出光功率为 P_{out},则单位长度的光纤损耗为

$$\alpha = \frac{10}{L} \lg \frac{P_{in}}{P_{out}} \tag{2.3.1}$$

图 2.3.1 展示了一个具有 $2a = 9.4\ \mu m$、$\Delta = 1.9 \times 10^{-3}$、截止波长 $\lambda_c = 1.1\ \mu m$ 的单模光纤的损耗谱。可见,在不同波长处,光纤损耗是不同的。在 $1.55\ \mu m$ 附近,α 仅为 $0.2\ dB/km$,这是 1979 年达到的最低损耗,接近于石英光纤的基本限制($0.15\ dB/km$)。而在 $1.39\ \mu m$ 附近,存在一个高的吸收峰和一些低的吸收峰;在 $1.3\ \mu m$ 附近出现第二个低损耗区,该处 $\alpha < 0.5\ dB/km$。由于在 $1.3\ \mu m$ 附近色散最小,因此该低损耗窗口亦是光波系统的通信窗口。在短波长区,损耗相当高;在可见光区,$\alpha > 0.5\ dB/km$。

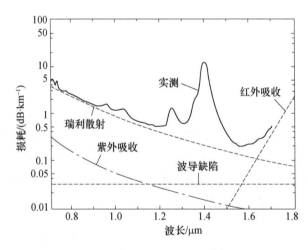

图 2.3.1　单模光纤的损耗谱特性

光纤的衰减机理主要有三种,即吸收损耗、散射损耗和辐射损耗,如图 2.3.2 所示。吸收损耗与光纤材料有关,散射损耗则与光纤材料及光纤中的结构缺陷有关,而辐射损耗是由光纤几何形状的微观和宏观扰动引起的。下面分别进行讨论。

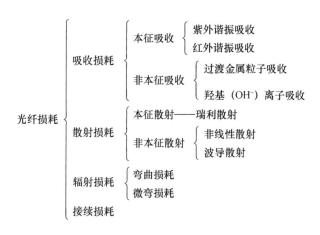

图 2.3.2　光纤损耗的分类

1. 吸收损耗

无论纤芯用什么材料制成,光信号通过时都或多或少地存在着吸收现象。所谓吸收损耗,就是指组成光纤的材料及其中的杂质对光的吸收作用而产生的损耗。光被吸收后,其能量大都转变为分子振动并以热的形式散发出去。材料对光吸收强弱与材料本身结构、光波长以及掺杂等因素有关。

材料吸收损耗有两种:本征吸收损耗与非本征吸收损耗,前者对应于纯石英引起的损耗,后者对应于杂质引起的损耗。在任一波长处,任何材料的吸收均与特定分子的电子共振和分子共振有关。对于石英(SiO_2)分子,电子共振发生在紫外区($\lambda < 0.4\ \mu m$)内,而分子共振发生在红外区($\lambda > 7\ \mu m$)内。由于熔融石英的非结晶特性,这些共振表现为吸收带形,吸收带延伸到了可见光区。图 2.3.1 显示出,石英的本征材料吸收在 $0.8 \sim 1.6\ \mu m$ 范围内,低于 $0.1\ dB/km$。事实上,通常用于光波系统的光纤,在 $1.3 \sim 1.6\ \mu m$ 窗口,材料吸收损耗 $< 0.03\ dB/km$。

非本征材料吸收源于杂质的存在。光纤中的杂质对光的吸收作用,是造成光纤损耗的主要原因。光纤中的杂质大致可以分为两大类,即过渡金属离子与氢氧根离子(OH^-)。过渡金属杂质,如 Fe、Cu、Co、Ni、Mn 和 Cr 等,它们在光的作用下会发生振动而吸收光能量,在 $\lambda = 0.6 \sim 1.6\ \mu m$ 范围内有很强的吸收,为获得低于 $1\ dB$ 的损耗,它们的浓度应低于 10^{-9}。现代的工艺水平已能获得这种高纯度石英,但水蒸气的存在却使非本征吸收大大增加。OH^- 的振动共振发生在 $2.73\ \mu m$ 处,其基波与石英的振动波作用将在 $1.39\ \mu m$、$1.24\ \mu m$ 和 $0.95\ \mu m$ 处产生很强的吸收,其中 $1.39\ \mu m$ 波长的吸收损耗最为严重,对光纤的影响也最大。图 2.3.1 中在这三个波长附近显示的三个谱峰正是由于残留在石英中的水蒸气引起的,即使百万分之一(10^{-6})的 OH^- 浓度也能在 $1.39\ \mu m$ 处造成 $50\ dB/km$ 的损耗。在 $1.39\ \mu m$ 处为得到低于 $10\ dB/km$ 的损耗,一般 OH^- 的浓度应降低到 10^{-8} 以下。最近,技术上已取得了新的突破,基本上消除了 $1.29\ \mu m$ 与 $1.40\ \mu m$ 处 OH^- 造成的吸收峰,单模光纤的损耗谱特性已经拉平,在 $1.2 \sim 1.6\ \mu m$ 波长范围内,最大损耗不超过 $0.5\ dB/km$,最低损耗接近 $0.25\ dB/km$,可提供 $50\ THz$ 的带宽,这种光纤称为全波光纤(all wave fiber)。另外,为实现纤芯-包层间折射率差(Δ)而加入的掺杂物,诸如 GeO_2、P_2O_5 和 B_2O_3 等,也会导致附加损耗。

2. 散射损耗

所谓散射损耗是指光信号在光纤中遇到微小粒子或不均匀结构时发生散射造成的损耗。由于石英玻璃是由随机连接的分子网络组成的,在制造过程中,这种结构会存在分子密度的不均匀;GeO_2 与 P_2O_5 的掺入过程中,其分布也会存在不均匀。分子密度的这种波动导致折射率在小于光波长的线度内的随机波动,折射率的这种波动将引起信号光的散射,这种散射称为瑞利散射,可用散射截面来描述,它与波长的 4 次方成反比。石英光纤在波长 λ 处,由瑞利散射引起的本征损耗可表示为

$$\alpha_R = C/\lambda^4 \qquad\qquad (2.3.2)$$

式中,常数 C 在 $0.7 \sim 0.9$(dB/km)· μm^4 的范围内,具体取值取决于光纤结构。在 $\lambda = 1.55\ \mu m$ 时,$\alpha_R = 0.12 \sim 0.16$ dB/km,表明在该波长处光纤损耗主要由瑞利散射引起。在 $\lambda = 3\ \mu m$ 附近,α_R 降低到 0.01 dB/km 以下,但由于石英光纤在 $\lambda > 1.6\ \mu m$ 的红外区,光纤损耗主要取决于红外吸收,所以尽管 α_R 很低,但仍不能用于 $3\ \mu m$ 光波的传输。瑞利散射是一种普遍存在于任何光纤中的散射,它决定了光纤基本损耗的最小值。

有一种新的氟化锆(ZrF_4)光纤,在 $\lambda = 2.55\ \mu m$ 附近具有很低(约 0.01 dB/km)的本征材料吸收损耗,比石英光纤低一个数量级,具有诱人的应用潜力,但目前由于工艺水平的限制,其非本征损耗还比较高,约 1 dB/km。另一种硫化物和多晶光纤在 $\lambda = 10\ \mu m$ 附近的红外区亦具有很低的损耗,理论上预示,这类光纤的 α_R 很低,最低损耗将小于 10^{-3} dB/km。

光纤在高功率、强光场的作用下,将呈现非线性特性,诱发出对入射波的散射作用,使输入光能转移一部分到新的频率上去,包括受激拉曼散射和受激布里渊散射。在功率门限值以下时,它们对传输不产生影响。但因为光纤很细,电磁场又集中,所以不大不小的功率就可以产生这种散射,这一特性决定了光纤的入射光功率的最大值。因此,防止发生非线性散射的根本方法,就是不要使光纤中的光信号功率过大,如不超过 25 dBm。

当光纤芯径沿光纤轴向变化不均匀或折射率分布不均匀时,将引起光纤中传输模与辐射模间的相互耦合,能量将从传输模转移到辐射模,产生了附加损耗。这种损耗叫做波导散射损耗。

3. 辐射损耗

当理想的圆柱形光纤受到某种外力作用时,会产生一定曲率半径的弯曲,引起能量泄漏到包层,这种由能量泄漏导致的损耗称为辐射损耗。光纤受力弯曲有两类:① 曲率半径比光纤直径大得多的弯曲,例如,当光缆拐弯时就会发生这样的弯曲;② 光纤成缆时产生的随机性扭曲,称为微弯。微弯引起的附加损耗一般很小,基本上观测不到。当弯曲程度加大、曲率半径减小时,损耗将随 $\exp(-R/R_C)$ 成比例增大。其中,R 是光纤弯曲的曲率半径;R_C 为临界曲率半径,$R_C = a(n_1^2 - n_2^2)$。当曲率半径达到 R_C 时,就可观测到弯曲损耗。对单模光纤,R_C 的典型值为 $0.2 \sim 0.4$ mm。当曲率半径大于 5 mm 时,弯曲损耗小于 0.01 dB/km,可忽略不计。大多数弯曲半径 R 大于 5 mm,这种弯曲损耗实际上可忽略。但是当弯曲的曲率半径 R 进一步减小到比 R_C 小得多时,损耗将变得非常大。

弯曲损耗源于延伸到包层中的消逝场尾部的辐射。原来这部分场与纤芯中的场一起传输,共同携载能量,但当光纤发生弯曲时,位于曲率中心远侧的消逝场尾部必须以较大的速度才能与纤芯中的场一同前进,但在离纤芯的距离为某临界距离处,消逝场尾部必须以大于光速的速度运动,才能与纤芯中的场一同前进,这是不可能的。因此超过临界距离外的消逝场尾部

中的光能量就辐射出去,所以弯曲损耗是通过消逝场尾部辐射产生的。

为减小弯曲损耗,通常在光纤表面上模压一种压缩护套,当受外力作用时,护套发生变形,而光纤仍可以保持准直状态。

除上述损耗外,对长途光缆线路来讲,光纤接续是无法避免的。在接续过程中,由于各种主、客观原因而造成两光纤不同轴(单模光纤同轴度要求小于 $0.8\ \mu m$)、端面与轴心不垂直、端面不平、对接芯径不匹配和熔接质量差等造成的损耗,叫做接续损耗。在实际操作中,要严格按照熔接机的操作规范与流程,确保每个接头符合要求(如小于 $0.02\ dB$)。

2.3.2　光纤的色散特性

色散是由于不同成分(模式或波长)的光信号在光纤中传输时,因其群速度不同,产生不同的时间延迟而引起的一种物理效应。

对于模拟调制,色散限制了带宽;对于数字脉冲信号,如果在发送端向光纤输入一个矩形光脉冲,经过一段长度的光纤传输之后,就会发现光脉冲不仅被展宽而且形状也发生了明显的失真。这说明光纤传输对光脉冲有展宽与畸变的作用,即光纤具有色散效应(色散是沿用了光学中的名词)。

光脉冲的展宽与畸变会导致光传输质量的劣化,引起相邻脉冲发生重叠,产生码间干扰、发生误码等,从而限制光纤的传输容量(BL 积)。

在光纤的射线分析中指出,光线的多径色散导致光脉冲产生相当大的展宽(约 $10\ ns/km$)。在模式理论中,多径色散对应于模式色散。单模光纤不存在模式色散,但这并不意味单模光纤不存在色散和脉冲展宽。实际应用中,由光源发射进入光纤的光脉冲能量包含许多不同频率分量,脉冲的不同频率分量将以不同的群速度传输,因而在传输过程中必将出现脉冲展宽,这种现象称为模内色散或色度色散。模内色散的主要来源有两种:材料色散和波导色散。

下面分别对这几种色散进行分析。

1. 模式色散

所谓模式色散,是指光在多模光纤中传输时会存在许多种传播模式,因为每种传播模式在传输过程中都具有不同的轴向传播速度,因此虽然在输入端同时发送光脉冲信号,但到达接收端的时间却不同,于是产生了时延,使光脉冲发生展宽与畸变。

模式色散仅对多模光纤有效,而单模光纤则不存在模式色散。模式色散在光纤的色散中占有极大比重,比材料色散与波导色散之和还要高出几十倍。由于渐变光纤模式色散引起的脉冲展宽要比阶跃光纤小得多,因此多模光纤的绝大部分采用渐变折射率分布。

2. 材料色散

材料色散是由于构成纤芯的材料对不同波长的光波所呈现的不同折射率而造成的,波长短则折射率大,波长长则折射率小。就目前的技术水平而言,光源尚不能达到严格单频发射的程度,所以无论谱线宽度多么狭窄的光源器件,它所发出的光都会包含多根谱线(多种频率成分),只不过光波长的数量以及各光波长的功率所占的比例不同而已。每根谱线都会各自受光纤色散的作用,而接收端不可能对每根谱线受光纤色散作用所造成的畸变皆进行理想均衡,故会产生脉冲展宽现象。这就是所谓的材料色散。

理论和实践都已证明:在波长为 $1.28\ \mu m$ 左右,纯石英光纤的材料色散趋于零。同时,不同的"零材料色散波长"可通过使用不同材料而获得。

3. 波导色散

所谓波导色散,是指由光纤的波导结构对不同波长的光产生的色散作用。波导结构包括光纤的纤芯与包层直径的大小、光纤的横截面折射率分布规律等。这种色散通常很小,可以忽略不计。但是,它对制造各种色散位移单模光纤非常重要。

单模光纤的色散由材料色散和波导色散构成,其色散系数 D 为材料色散系数 D_M 与波导色散系数 D_W 之和,即

$$D = D_M + D_W \tag{2.3.3}$$

图 2.3.3 给出了 D_M、D_W 和 D 随波长的变化关系。当波长短于材料的零色散波长时,D_M 与 D_W 同号,均为负且相互加强,使总色散增加;在波长大于材料零色散波长时,D_M 与 D_W 反号,两者互相抵消,使总色散为零,此处即光纤的零色散波长。可以看出,改变波导色散可使零色散波长移动,但一般情况下移动不大,这是因为波导色散较小的缘故。除了在零色散波长附近,起主导作用的是 D_M。

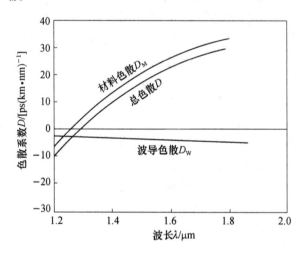

图 2.3.3 普通单模光纤的色散特性

在单模光纤中,由于只存在材料色散和波导色散,而且其数值远远小于模式色散,因此单模光纤能够进行大容量的传输。

随着技术的不断发展,人们可以巧妙地设计光纤的波导结构,使光纤的波导色散与材料色散在人们所希望的波长处相互抵消,使光纤的总色散呈现极小的数值甚至为零,即所谓色散位移单模光纤。如把零色散点从 1 310 nm 波长区移到 1 550 nm 波长区。

2.3.3 光纤的非线性效应

在传统的光纤通信系统中发送光功率较低(约 1 mW),故近似认为光纤是一种线性媒质。但随着光功率的增加,单模光纤的损耗又很低,并将光场限制在横截面积很小的区域,故高光强在光纤中能保持很长的距离。尽管石英材料并不是高非线性的,但单模光纤中的非线性效应仍会变得十分显著,对光信号的传输有重要的影响,并在许多方面得到应用。尤其是光纤通信技术发展到今天,作为主要传输媒质的单模光纤的非线性效应问题,愈来愈成为影响系统性能的关键因素。

使得单模光纤中非线性影响愈来愈大的原因有:① 光源性能提高及光放大器的广泛采

用,使入纤功率达到 10 dBm 甚至 20 dBm 以上;② WDM 技术普遍采用,单个信道的功率即使可能不大,多个信道合成的功率则可能很大,光纤的非线性效应使信道间产生严重的相互串扰;③ 单信道速率愈来愈高,色散与非线性间的相互作用影响也愈来愈严重等。

单模光纤中的非线性效应,虽有可能引起光纤通信系统中的附加衰减、相邻信道间的串扰等不良影响,从而限制发送光功率及中继距离,但也可利用这种效应,构成许多有用的信号传输和处理器件,如放大器、调制器和激光器等。

光纤的非线性可分为两类:非线性受激散射和折射率扰动。

1. 非线性受激散射

受激散射是指光场把部分能量转移给非线性介质。非线性受激散射发生在光信号与光纤中的声波或系统振动相互作用的调制系统中,包括受激拉曼散射(Stimulated Raman Scattering,SRS)和受激布里渊散射(Stimulated Brillouin Scattering,SBS)。

(1) 受激拉曼散射(SRS)

在入射光作用下,媒质内部分子间的相对运动导致感应电偶极矩随时间作周期性调制,并对入射光产生散射作用。设入射光(称为泵浦光)的频率为 ω_p,介质分子的振动频率为 ω_v,则散射光的频率从 ω_p 移动了 $n\omega_v$,即 $\omega_s = \omega_p - n\omega_v$ 和 $\omega_{as} = \omega_p + n\omega_v$($n$ 为整数)。产生频率为 ω_s 散射光的散射叫做斯托克斯(Stokes)散射,而产生频率为 ω_{as} 散射光的散射叫做反斯托克斯散射,且反斯托克斯散射光要比斯托克斯散射光弱得多。这些散射谱线相对于原入射光谱线的移动是有规律的,只与媒质的分子结构有关,与入射光波长无关。

对典型的单模光纤,受激拉曼散射产生的最低阈值泵浦光功率 P_R 可近似表示为

$$P_R \approx \frac{16A_{eff}}{L_{eff}g_R} \tag{2.3.4}$$

式中,A_{eff} 为纤芯有效面积,即 $A_{eff} \approx \pi W_0^2$($W_0$ 为模场半径);L_{eff} 为光纤的有效作用长度;g_R 是拉曼增益系数。

受激拉曼散射的频移量在光频范围,ω_s 波和 ω_p 波传输方向一致;ω_{as} 波和 ω_p 波传输方向相反,可采用光隔离器来消除后向传输的光功率。

当入射光为普通低强度光源时,介质的普通拉曼散射较弱,散射光强度很小。当入射光为高强度激光时,使介质的拉曼散射过程具有受激发射性质,称为受激拉曼散射。受激拉曼散射只有在入射光强超过某一阈值后才能产生,且散射光具有与激光辐射同样的特点。散射光通过介质时可以获得放大,从而构成拉曼放大器;受激散射光在适当条件下可往返放大而产生振荡,构成拉曼激光器。

(2) 受激布里渊散射(SBS)

入射到光纤中的光,其光强在一定强度时,引起声光子振动,由此产生的非线性现象称为受激布里渊散射。

入射光频率为 ω_p 的泵浦光将部分能量转移给频率为的 ω_s 斯托克斯波,并发出频率为 $Q = \omega_p - \omega_s$ 的声波。

SBS 与 SRS 在物理过程上类似,只是 SBS 的频移量在声频范围,ω_s 波和 ω_p 波传输方向相反,是一种背向散射。在光纤中,SBS 产生的最低阈值泵浦光功率可近似表示为

$$P_B \approx \frac{21A_{eff}}{L_{eff}g_B} \tag{2.3.5}$$

当光源的谱线宽比布里渊增益带宽大很多或者信号功率低于 SBS 阈值功率时,SBS 对系统性能的影响可忽略。

2. 折射率扰动

在低光功率下,纤芯的折射率可以认为是常数。但在高光功率下,三阶非线性效应使得光纤折射率成为光强的函数,可表示为

$$n = n_0 + n_2 P/A_{eff} = n_0 + n_2 |\boldsymbol{E}|^2 \tag{2.3.6}$$

式中,n_0 为线性折射率,n_2 为非线性折射率,P 为输入的光功率,A_{eff} 为纤芯有效面积,$\boldsymbol{E}$ 为光场强度。虽然这种与功率相关的非线性折射率非常小,但对光信号在光纤中传播过程的影响却很显著,使光信号的相位产生调制,引起自相位调制(SPM)、交叉相位调制(CPM)及四波混频(FWM)等效应。

(1)自相位调制(SPM)

SPM(Self Phase Modulation)是指在传输过程中光脉冲自身相位变化导致脉冲频谱展宽的现象。自相位调制与自聚焦有密切的联系,如果调制十分严重,在密集型波分复用系统中,频谱展宽会重叠进入邻近的信道。

光脉冲在光纤传输过程中相位变化为

$$\phi = (n_0 + n_2 |\boldsymbol{E}|)^2 k_0 L = \phi_0 + \phi_{NL} \tag{2.3.7}$$

式中,$k_0 = 2\pi/\lambda$,L 是光纤长度,$\phi_0 = n_0 k_0 L$ 是相位变化的线性部分,$\phi_{NL} = n_0 k_0 L |\boldsymbol{E}|^2$ 是自相位调制。

从原理上,自相位调制可以实现调相;可在光纤中产生光孤子,实现光孤子通信。

(2)交叉相位调制(CPM)

CPM(Cross Phase Modulation)是一个脉冲对其他信道脉冲相位的作用。两个或多个不同波长的光波在光纤的非线性作用下,将产生 CPM,其产生机理与 SPM 类似,只是 CPM 仅出现在多信道系统中。

不同波长的脉冲之间相互作用,会造成光谱的展宽,再加上光纤色散的缘故,会使信号脉冲在经过光纤传输后产生较大的时域展宽,并在相邻波长通路中产生干扰。通过合适地选择和控制通路间隔,可以有效地控制 CPM 的影响。

(3)四波混频(FWM)

FWM(Four Wave Mixing)是指由两个或三个波长的光波混合后产生新的光波,其原理如图 2.3.4 所示。

在系统中,某一波长的入射光会改变光纤的折射率,从而在不同频率处发生相位调制,产生新的波长。新波长数量与原始波长数量是呈几何递增的,即 $N = N_0^2(N_0 - 1)/2$(N_0 为原始波长数);而且 FWM 与信道间隔关系密切,间隔越小,FWM 越严重。FWM 对波分复用系统的影响为:将波长的部分能量转化为无用的新生波长,从而损耗光信号的功率;新生波长可能与某信号波长相同或重叠,造成干扰。

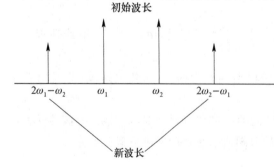

图 2.3.4　四波混频产生原理

2.4 单模光纤的性能参数及种类

由于单模光纤具有衰减小、带宽宽、适合于大容量传输等优点,所以获得了广泛的应用。同时,随着理论研究的深入和制造技术的发展,单模光纤的性能亦在逐步提高,从而推出了一系列单模光纤,分别针对不同的应用场合。

2.4.1 光纤的主要性能参数

光纤的主要性能参数是衰减系数 α、色散系数 $D(\lambda)$。因为从某种程度上讲,衰减系数 α 基本上决定了光纤通信系统的损耗受限下的传输距离(还可以用光放大器来增加),而色度色散系数 $D(\lambda)$ 基本上决定了系统的色散受限传输距离(还可以用色散补偿的方法来增加)。

对于用来传输 WDM 系统的单模光纤来讲,除了衰减系数与色散系数之外,还有两项重要的特性参数,即零色散波长 λ_0 与零色散斜率 S_0,因为它们关系到 WDM 系统的色散补偿问题。由于 WDM 系统的工作波长范围很宽,要想对系统的整个工作波长范围进行理想补偿是相当困难的;但 S_0 越小,说明光纤的色散随波长的变化越缓慢,则越容易进行一次性比较理想的色散补偿。

2.4.2 单模光纤的种类

1. G.652 标准单模光纤

国际电信联盟(ITU-T)把零色散波长在 1310 nm 窗口的单模光纤规范为 G.652 光纤,即 1310 nm 波长性能最佳光纤,又称色散未移位光纤。G.652 光纤拥有 1310 nm 和 1550 nm 两个波长窗口,但在 1310 nm 窗口的性能最佳。

在 1310 nm 波长区域,因为在光纤制造时未对光纤的零色散点进行移位设计,所以零色散点仍然在 1310 nm 波长区。它在该波长区域的色散系数最小,低达 3.5 ps/(nm·km) 以下;其损耗系数也呈现出较小的数值,其规范值为 0.3～0.4 dB/km,故称其为 1310 nm 波长性能最佳光纤。

在 1550 nm 波长区,G.652 光纤呈现出极低的损耗,损耗系数为 0.15～0.25 dB/km;但在该波长区的色散系数较大,一般低于 20 ps/(nm·km)。

虽然 G.652 光纤在 1310 nm 波长区的性能最佳——损耗系数小、色散系数低,但由于在 1310 nm 波长区目前还没有商用化的光放大器,解决不了超长距离传输的问题,所以绝大多数仍然用于 1550 nm 窗口。

在 1550 nm 波长区,普通的 G.652 光纤用来传输 TDM 方式的 2.5 Gb/s 的 SDH 系统或 $N×2.5$ Gb/s 的 WDM 系统是没有问题的,因为 WDM 系统对光纤的色散要求仍相当于其一个复用通道即单波长 2.5 Gb/s 系统的要求。但用来传输 10 Gb/s 的 SDH 系统或 $N×10$ Gb/s 的 WDM 系统则遇到了了麻烦。这是因为 G.652 光纤在 1550 nm 波长区的色散系数较大,易出现色散受限的情况。

为了解决这个问题,2000 年 ITU-T 又对 G.652 光纤进行了规范与分类,即分为 G.652A、G.652B 与 G.652C 光纤。

G.652A 光纤与原 G.652 光纤一样,适用于传输最高速率为 2.5 Gb/s 的 SDH 系统及

$N\times2.5$ Gb/s 的 WDM 系统。G.652B 光纤可用于传输最高速率为 10 Gb/s 的 SDH 系统及 $N\times10$ Gb/s 的 WDM 系统(C、L 波段),其技术指标增加了对偏振模色散的要求,即小于 0.5 $ps/km^{1/2}$。而 G.652C 光纤是一种低水峰光纤,它在 G.652B 光纤的基础上把应用波长扩展到 1360~1530 nm(C、L、S 波段)。

2. G.653 色散位移光纤

G.653 光纤即 1550 nm 波长性能最佳光纤,又称色散位移光纤。它主要应用于 1550 nm 窗口,在 1550 nm 波长区的性能最佳。

在 1550 nm 波长区,因为在光纤制造时已对光纤的零色散点进行了移位设计,即通过巧妙设计光纤的波导结构,把光纤的零色散点从原来的 1310 nm 波长区移位到 1550 nm 波长区,所以它在 1550 nm 波长区域的色散系数最小,低达 3.5 ps/(nm·km)以下;而且其损耗系数在该波长区也呈现出极小的数值,其规范值为 0.19~0.25 dB/km。故称其为 1550 nm 波长性能最佳光纤。

这种光纤在 1550 nm 窗口具有的良好特性使之成为单波长、大容量、超长距离传输的最佳选择,用它来传输 TDM 方式的 10 Gb/s SDH 系统是没有问题的。G.653 光纤在国外已有了一定范围的应用,其中日本大量敷设这种光纤,我国仅在已敷设的京—九—广干线光缆中采用了 6 芯 G.653 光纤。但随着波分复用技术研究的深入,人们发现零色散是导致非线性四波混频效应的根源,因而这种光纤在密集波分复用系统中很少应用。目前,G.653 光纤已完全被 G.655 光纤替代,新敷设光纤已不再考虑 G.653 光纤。

3. G.654 衰减最小光纤

G.654 光纤又称截止波长位移光纤或 1550 nm 波长衰减最小光纤。这类光纤设计的重点是降低 1550 nm 窗口的衰减,而零色散点仍然在 1310 nm 波长区,因而 1550 nm 的色散较高,可达 18 ps/(nm·km),必须配用单纵模激光器才能消除色散的影响。

G.654 光纤在 1550 nm 波长区域的衰减系数低达 0.15~0.19 dB/km,它主要应用于需要中继距离很长的海底光纤通信,但其传输容量却不能太大,如 2.5 Gb/s 系统。由于其性能上的原因,目前已基本停止生产。

4. G.655 非零色散光纤

G.655 光纤又称非零色散光纤。其基本设计思路是在 1550 nm 波长区具有较低的色散(约为 G.652 光纤的 1/4),以支持 TDM 10 Gb/s 的长距离传输而基本上无须进行色散补偿;同时又因为保持了非零色散特性,其低色散值足以抑制四波混频与交叉相位调制等非线性效应,从而可以传输足够数量波长的 WDM 系统。

2000 年 ITU-T 又对 G.655 光纤进行了规范分类,即 G.655A 光纤与 G.655B 光纤。G.655A 光纤只适用于 C 波段,它可用于传输最高速率为 10 Gb/s 的 SDH 系统,以及单信道速率为 10 Gb/s、通道间隔≥200 GHz 的 WDM 系统。G.655B 光纤适用于 C 波段(1530~1565 nm)与 L 波段(1570~1605 nm),它可用于传输最高速率为 10 Gb/s 的 SDH 系统,以及以单通道速率 10 Gb/s、通道间隔≤100 GHz 的 WDM 系统。

2.5 光纤接续

光纤接续是光缆施工与维护中一个非常重要的环节。接头质量的好坏,直接关系到光纤通信系统的最大无中继距离、传输质量甚至系统寿命。目前,光纤的接续基本采用光纤熔接法来完成,它是借助于光纤熔接机的电极的尖端放电,电弧产生的高温将要连接的两根光纤熔化、靠近、熔接为一体。光纤熔接的过程如下。

1. 熔接前的准备工作

① 选择载纤槽:由于不同厂家生产的光纤的被覆层尺寸不一样,因此熔接机设置了不同的载纤槽用来夹持不同被覆层尺寸的光纤。

② 选合适的熔接程序:对于不同的环境、不同种类的光纤,可以根据熔接效果更换程序和参数,以达到最佳熔接效果。

③ 装热缩保护管:将用于保护光纤接头的热缩套管套在待接续的两根光纤之一上。

④ 光纤端面制作:用光纤钳剥去光纤被覆层约 40 mm,用酒精棉球擦去裸光纤上的污物,然后用高精度光纤切割刀将裸光纤切去一段,保留裸纤约 16 mm。

2. 光纤安装

① 按"复位"键使光纤夹持器复位。

② 将切好端面的光纤放入 V 形槽,光纤端面不能插到 V 形槽底部,光纤被覆层尾端应紧靠裸纤定位板。

③ 依次放下光纤压头和光纤夹持器压板,光纤安放完成。此时显示屏上应有图像,两光纤轴向距离小于光纤半径 R。

3. 光纤对准

光纤放好后,盖下防风盖。使用"上"、"下"键来调整一根光纤,使两光纤同心;然后按"画面"键,将画面切换到另一个方向上,同样使用"上"、"下"键调整另一根光纤,使两光纤于该画面上同心。按"左/右"键实现另一根光纤的左右移动。

4. 光纤熔接

① 设定间隙:按"间隙"键设置两光纤间的间隙。

② 光纤预熔:按"预熔"键对光纤进行预熔,以进一步对光纤进行清洁。

③ 正式熔接:按"熔接"键对光纤进行正式熔接,实现两根光纤的熔融对接。

5. 熔接质量评估

熔接质量是通过熔接损耗估算值和熔接外形来判断的,只有二者结合起来,才能给出接点客观的评价。光纤熔接机上显示的损耗小、且从显示屏上看不到任何熔接的痕迹。

6. 熔接点的保护

① 取出熔接好的光纤:依次打开防风罩、左右光纤压头以及左右光纤夹持器盖板,小心取出接好的光纤,避免碰到电极。

② 移放热缩管:将事先装套在光纤上的热缩套管小心地移到光纤接点处,使两光纤被覆层留在热缩套管中的长度基本相等。

③ 加热热缩管:将热缩管放入加热器中,按加热键,加热指示灯亮即开始给热缩管加热,到加热指示灯灭时自动停止加热。等冷却后取出收缩好的保护管,接点保护即告完成。

7. 盘余留尾纤

对接头两端的余留光纤,在盘纤板上按"0"形或倒"8"字形收容好,以免意外发生。

需要说明的是,现在的熔接机都具有全自动熔接功能,也就是说,对于上述过程3、过程4,只要按"自动"键,熔接机即进入全自动工作过程:自动清洁光纤检查端面,设定间隙,纤芯准直放电熔接,接点损耗估算即显示等。

2.6 光   缆

由于裸露的光纤抗弯强度低,容易折断,为使光纤在运输、安装与敷设中不受损坏,必须把光纤成缆。光缆的设计取决于应用场合。总的要求是保证光纤在使用寿命期内能正常完成信息传输任务,为此需要采取各种保护措施,包括机械强度保护、防潮、防化学、防紫外光、防氢、防雷电、防鼠虫等功能,还应具有适当的强度和韧性,易于施工、敷设、连接和维护等。

光缆设计的任务就是为光纤提供可靠的机械保护,使之适应外部使用环境,并确保在敷设与使用过程中光缆中的光纤具有稳定可靠的传输性能。对光缆最基本的要求有五点:缆内光纤不断裂;传输特性不劣化;缆径细、质量轻;制造工艺简单;施工简便、维护方便。

光缆的制造技术与电缆是不一样的。光纤虽有一定的强度和抗张能力,但经不起过大的侧压力与拉伸力;光纤在短期内接触水是没有问题的,但若长期处在多水的环境下会使光纤内的氢氧根离子增多,增加了光纤的损耗。因此制造光缆不仅要保证光纤在长期使用过程中的机械、物理性能,而且还要注意其防水、防潮性能。

2.6.1 光缆的基本结构

光缆是由光纤、导电线芯、加强芯和护套等部分组成的。一根完整、实用的光缆,从一次涂覆到最后成缆,要经过很多道工序,结构上有很多层次,包括光纤缓冲层、结构件和加强芯、防潮层、光缆护套、油膏、吸氧剂和铠装等,以满足上述各项要求。

一根光缆中纤芯的数量根据实际的需要来确定,可以有 1～144 根不等(国外已经研制出了 4 000 芯的用户光缆),每根光纤放在不同的位置,具有不同的颜色,便于熔接时识别。

导电线芯是用来进行遥远供电、遥测、遥控和通信联络的,导电线芯的根数、横截面积等也根据实际需要来确定。

加强芯是为了加大光缆抗拉、耐冲击的能力,以承受光缆在施工和使用过程中产生的拉伸负荷。一般采用钢丝作为加强材料,在雷击严重地区应采用芳纶纤维、纤维增强塑料棒(FRP棒)或高强度玻璃纤维等非导电材料。

光缆护套的基本作用与电缆相同,也是为了保护纤芯不受外界的伤害。光缆护套又分为内护套和外护套。外光缆护套的材料要能经受日晒雨淋,不致因紫外线的照射而龟裂;要具有一定的抗拉、抗弯能力,能经受施工时的磨损和使用过程中的化学腐蚀。室内光缆可以用聚氯乙烯(PVC)护套,室外光缆可用聚乙烯(PE)护套。要求阻燃时,可用阻燃聚乙烯、阻燃聚醋酸乙烯酯、阻燃聚胺酯、阻燃聚氯乙烯等。在湿热地区、鼠害严重地区和海底,应采用铠装光缆。聚氯乙烯护套适合于架空或管道敷设,双钢带绕包铠装和纵包搭接皱纹复合钢带适用于直埋式敷设,钢丝铠装和铅包适用于水下敷设。

2.6.2 光缆的分类

光缆的分类方法很多。按应用场合分为室内光缆和室外光缆;按光纤的传输性能,可分为单模光缆和多模光缆;按加强筋和护套等是否含有金属材料可分为金属光缆和非金属光缆;按护套形式可分为塑料护套、综合护套和铠装光缆;按敷设方式可分为架空、直埋、管道和水下光缆;按成缆结构方式可分为层绞式、骨架式、束管式、叠带式等。

下面仅以不同成缆方式,介绍几种典型的光缆结构特点。

1. 层绞式光缆

层绞式光缆的结构和成缆方法类似电缆,但中心多了一根加强芯,以便提高抗拉强度,其典型结构如图 2.6.1(a)所示。它在一根松套管内放置多根(如 12 根)光纤,多根松套管围绕加强芯绞合成一体,加上聚乙烯护层成为缆芯。松套管内充稀油膏,松套管材料为尼龙、聚丙烯或其他聚合物材料。层绞光缆结构简单,性能稳定,制造容易,光纤密度较高(典型的可达144 根),价格便宜,是目前主流的光缆结构。但由于光纤直接绕在光缆中的加强芯上,所以难以保证其在施工与使用过程中不受外部侧压力与内部应力的影响。

2. 骨架式光缆

骨架式光缆的典型结构如图 2.6.1(b)所示,它由在多股钢丝绳外挤压开槽硬塑料而成,中心钢丝绳用于提高抗拉伸和低温收缩能力,各个槽中放置多根(可达 10 根)未套塑的裸纤或已套塑的裸纤,铜线用于公务联络。这类光缆抗侧压能力强,但制造工艺复杂。目前已有 8 槽72 芯骨架光缆投入使用。

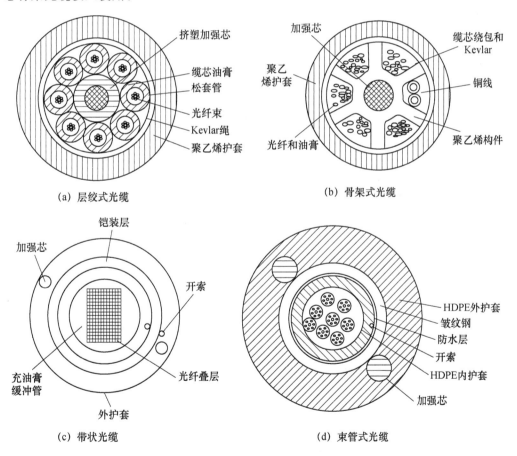

图 2.6.1　光缆的典型结构

3. 带状光缆

带状光缆的典型结构如图 2.6.1(c)所示,是一种高密度光缆结构。它是先把若干根光纤排成一排粘合在一起,制成带状芯线(光纤带),每根光纤带内可以放置 4～16 根光纤,多根光纤带叠合起来形成一矩形带状块再放入缆芯管内。缆芯典型配置为 12×12 芯。目前所用的光纤带的基本结构有两种,一种为薄型带,一种为密封式带,前者用于少芯数(如 4 根),后者用于多芯数,价格低,性能好。它的优点是结构紧凑,光纤密度高,并可做到多根光纤一次接续。

4. 束管式光缆

束管式光缆是一种轻型光缆结构,其典型结构如图 2.6.1(d)所示,其缆芯的基本结构是一根根光纤束,每根光纤束由两条螺旋缠绕的扎纱,将 2～12 根光纤松散地捆扎在一起,最大束数为 8,光纤芯数最多为 96 芯。光纤束置于一个 HDPE(高密度聚乙烯)内护套内,内护套外有皱纹钢带铠装层,该层外面有一条开索和挤塑 HDPE 外护套,使钢带和外护套紧密地粘接在一起。在外护套内有两根平行于缆芯的轴对称的加强芯紧靠铠装层外侧,加强芯旁也有开索,以便剥离外护套。在束管式光缆中,光纤位于缆芯,在束管内有很大的活动空间,改善了光纤在光缆内受压、受拉、弯曲时的受力状态;此外,束管式光缆还具有缆芯细、尺寸小、制造容易、成本低且寿命长等优点。

总之,伴随光纤通信技术的不断发展,光缆的设计与制造技术也在日益取得进展。

思 考 与 练 习 题

1. 光纤由哪几部分构成?各起何作用?

2. 光纤的分类方式有哪些?阶跃型光纤与渐变光纤的区别是什么?

3. 射线理论中,光纤的导光原理是什么?光在阶跃光纤与渐变光纤中,分别是如何传播的?

4. 光纤的数值孔径 NA 是如何定义的?其物理意义是什么?

5. 计算 $n_1=1.48$ 及 $n_2=1.46$ 的阶跃折射率分布光纤的数值孔径 NA。如果光纤端面外介质折射率 $n_0=1.00$,光纤的最大接收角为多少?

6. 某阶跃光纤纤芯与包层的折射率分别为 $n_1=1.5,n_2=1.485$,试计算:

① 纤芯与包层的相对折射率差 Δ;

② 光纤的数值孔径 NA;

③ 在 1 m 长的光纤上,由子午光线光程差引起的最大时延差 ΔT。

7. 某光纤纤芯直径为 8 μm,在 $\lambda=1\,300$ nm 处,其纤芯与包层的折射率分别为 $n_1=1.468,n_2=1.464$,试计算:

① 光纤的数值孔径 NA 及相对折射率差 Δ;

② 光纤的 V 参数,它是单模光纤吗?

③ 使光纤处于多模工作的波长。

8. 某多模光纤,纤芯直径为 50 μm,包层折射率为 1.45,最大模间色散为 10 ns/km,试求其数值孔径及传输 10 km 时的最大允许比特率。

9. 造成光纤传输损耗的主要因素有哪些?如何表示光纤损耗?

10. 什么是光纤色散?可分为哪几种?在单模光纤中的色散包含哪些?

11. G.652、G.653、G.654 及 G.655 光纤的特点是什么?分别应用在什么场合?

12. 光缆的基本结构是什么?

13. 光缆按照成缆结构方式的不同可分为哪几种?

第3章 光纤通信系统的基本器件

光纤通信系统基本器件包括光源、光检测器、光纤放大器、光纤连接器、光耦合器和光开关等。本章将分别介绍光源的发光机理及特性,光检测器的检测机理及特性、光纤放大器的原理及特性,以及光纤连接器、光耦合器、光开关等光无源器件的工作原理。

3.1 光纤通信用光源

在光纤通信中,将电信号转变为光信号是由光发射机来完成的。光发射机的关键器件是光源。光纤通信对光源的要求可以概括为:

① 光源发射的峰值波长,应在光纤低损耗窗口之内;

② 有足够高的、稳定的输出光功率,以满足系统对光中继段距离的要求;

③ 单色性和方向性好,以减少光纤的材料色散,提高光源和光纤的耦合效率;

④ 易于调制,响应速度快,以利于高速率、大容量数字信号的传输;

⑤ 强度噪声小,以提高模拟调制系统的信噪比;

⑥ 电光转换效率高,驱动功率低,寿命长,可靠性高。

光纤通信中最常用的光源是半导体激光器(LD)和发光二极管(LED),尤其是单纵模(或单频)半导体激光器,在高速率、大容量的数字光纤系统中得到广泛应用。近年来逐渐成熟的波长可调谐激光器是多信道 WDM 光纤通信系统的关键器件,越来越受到人们的关注。

3.1.1 半导体光源的发光机理

1. 光子与光波

经过近百年的研究,人们认为光的一个基本性质是它既有波动性,又有粒子性。具体地说,就是:一方面认为光是电磁波,有确定的波长和频率而具有波动性;另一方面,又认为光是由一粒一粒光子构成的光子流,具有粒子性。一个光子的能量 E 与光波频率 ν 之间的关系是

$$E = h\nu \tag{3.1.1}$$

式中,$h = 6.626 \times 10^{-34}$ J·s,称为普朗克常数。

2. 原子的能级结构

光的产生与原子内部物质的结构和运动状态是密切相关的。原子是由原子核和核外电子构成的。原子核带正电,电子带负电,原子核带的正电与核外电子带的负电的总和相等。因此,整个原子呈中性。

电子在原子中的运动轨道是量子化的。所谓轨道的量子化是指原子中的电子以一定的概率出现在各处,即原子中的电子只能在各个特定轨道上运行,不能具有任意轨道。电子的能量不能取任意值,而是具有确定的量子化的某些离散值,且是不连续的。这些分立的能量值叫原子的能级。

当原子中电子的能量最小时,整个原子的能量最低,且处于稳态,称为基态。当原子处于

比基态高的能级时,称为激发态。通常情况下,大部分原子处于基态,只有少数原子被激发到高能级,而且能级越高,处于该能级上的原子数越少。

当电子在某一固定的允许轨道运动时,原子并不发光,只有在电子从一个能量较高的状态跃迁到另一个能量较低的状态时,才发射一个光子。反之,当电子从一个能量较低的状态跃迁到能量较高的状态时,原子要吸收光子。

3. 光的辐射和吸收

爱因斯坦关于辐射的量子化理论提出:当光与物质相互作用时,将发生自发辐射、受激吸收和受激辐射三种物理过程,如图 3.1.1 所示。

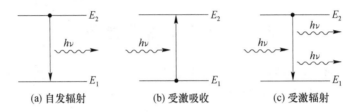

图 3.1.1　原子的三种基本跃迁过程

(1)自发辐射

原子在没有外界影响的情况下,处于高能级的电子会自发地向低能级跃迁而发光,这种发光过程称为自发辐射。如图 3.1.1(a)所示,当处于高能级 E_2 的一个电子自发地向低能级 E_1 跃迁并发光时,这一跃迁过程发出的光子能量为 $h\nu$,因此光子频率 ν 为

$$\nu = (E_2 - E_1)/h \tag{3.1.2}$$

式中,h 为普朗克常数。

自发辐射的特点是:各个处于高能级的粒子都是自发、独立地进行跃迁,其辐射光子的频率不同,所以自发辐射的频率范围很宽。即使有些原子在相同的能级间跃迁,自发辐射光的频率也相同,但它们发射的方向和相位不同。因此,自发辐射光是由不同频率、不同相位、不同偏振方向的光子组成,叫做非相干光。

(2)受激吸收

处于低能态 E_1 的一个原子,在频率为 ν 的辐射场作用下,吸收一个能量为 $h\nu(h\nu = E_2 - E_1)$的光子并受激地向 E_2 能级跃迁,这一过程叫做受激吸收,如图 3.1.1(b)所示。

(3)受激辐射

处于高能级 E_2 的一个原子,在频率为 $\nu = (E_2 - E_1)/h$ 的光子的激发下,向低能级 E_1 跃迁,辐射出与入射光子完全相同的光子,这一过程称为受激辐射,如图 3.1.1(c)所示。

很显然,受激辐射必须在既定频率 $\nu = (E_2 - E_1)/h$ 的外来光子所携带的能量 $h\nu$ 等于跃迁的能量差 $E_2 - E_1$ 时才会发生。受激辐射产生的光子与外来光子具有相同的频率、相位、偏振态、传播方向,因此受激辐射光为相干光。在受激辐射过程中,通过一个光子的激励作用,可以得到两个相干光子,如果这两个相干光子再引起其他原子产生受激辐射,就能得到更多的相干光子。这样在一个光子作用下,引起大量原子产生受激辐射,从而产生大量光子的现象称为光放大。光放大是产生激光的前提。

4. 半导体光源

光纤通信中使用的光源均为半导体光源。半导体材料与其他材料(如金属和绝缘体)不同,它具有能带结构而不是能级结构。半导体材料的能带分为导带、价带和禁带,电子从高能级范围的导带跃迁到低能级范围的价带,会释放光子而发光。半导体光源是由 P 型半导体材料和 N 型半导体材料制成,在两种材料的交界处形成了 PN 结。若在其两端加上正向偏置电压,则 N 区的电子和 P 区的空穴会流向 PN 结区域并复合。复合时电子从高能级范围的导带跃迁到低能级范围的价带,并释放出能量等于禁带宽度 E_g(导带与价带之差,单位 eV)的光子。根据 $E_g = E_2 - E_1 = h\nu = hc/\lambda$ 得到发光波长 $\lambda(\mu m)$

$$\lambda = hc/E_g = 1.24/E_g \tag{3.1.3}$$

即发光波长由禁带宽度 E_g(也称带隙)决定。对 GaAsAl 材料,$E_g = 1.424 \sim 1.549$ eV,因此,其发光波长为 $0.81 \sim 0.87$ μm。这种 GaAsAl 光源称为短波长半导体光源。而长波长半导体光源材料为 InGaAsP,其 $E_g = 0.75 \sim 1.24$ eV,其发光波长为 $1.0 \sim 1.65$ μm。

3.1.2　发光二极管 LED

半导体发光二极管 LED 属于自发辐射发光,所以发出的是非相干光,是荧光。

1. LED 的优点

LED 是光纤通信中应用非常广泛的光源器件之一,因为它具有以下优点:

(1) 线性度好

LED 发光功率的大小基本上与其工作电流成正比关系,也就是说 LED 具有良好的线性度。其发光特性曲线如图 3.1.2 所示。

因数字通信只是传输"0"、"1"信号序列,所以对线性度并没有过高的要求,因此,线性度好只对模拟通信有利。

(2) 温度特性好

所有的半导体器件对温度的变化都比较敏感,LED 自然也不例外,其输出光功率随着温度的升高而降低。但相对于激光二极管 LD 而言,LED 的温度特性是比较好的。在温度变化 100 ℃范围内,其发光功率降低不会超过 50%,因此在使用时不需加温控措施。

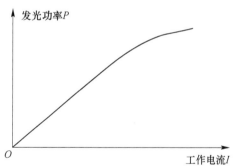

图 3.1.2　LED 的 P-I 特性曲线

(3) 使用简单、价格低、寿命长

LED 是一种非阈值器件,所以使用时不需要进行预偏置,使用非常简单。此外,与 LD 相比,LED 价格低廉,工作寿命长。对于 LED,当其发光功率降低到初始值的一半时,便认为寿命终结。

2. LED 的缺点

(1) 谱线较宽

由于 LED 的发光机理是自发辐射发光,所以它所发出的光是非相干光,其谱线较宽,一般为 $10 \sim 50$ nm。这样宽的谱线受光纤色散作用后,会产生很大的脉冲展宽,故 LED 难以用于大容量光纤通信中。

(2) 与光纤的耦合效率低

一般来说,LED 可以发出几毫瓦的光功率,但 LED 与光纤的耦合效率是比较低的,一般仅有 1‰~2‰,最多不超过 10 ‰。耦合效率低意味着输入到光纤中的光功率小,系统难以实现长距离传输。

3. LED 的应用范围

由于 LED 的谱线较宽,受光纤色散的作用后,会产生很大的脉冲展宽,所以它难以用于大容量的光纤通信。另外,由于它与光纤的耦合效率较低,输入到光纤中进行有效传输的光功率较小,所以难以用于长距离的光纤通信。

但因 LED 使用简单、价格低廉、工作寿命长等优点,所以被广泛应用在较小容量、较短距离的光纤通信之中;而且由于其线性度甚佳,所以也常常用于对线性度要求较高的模拟光纤通信之中。

3.1.3 半导体激光器 LD

1. 激光产生的条件

LD 的发光机理是受激辐射。

(1) 实现光放大的条件

在实际中,自发辐射、受激辐射、受激吸收三种过程是同时存在的。在热平衡时,自发辐射总是比受激辐射占优势,因此没有光放大的作用。

要想获得光放大,必须使物质中的受激辐射比自发辐射占优势,或者说必须使高能级的原子数大于低能级的原子数,这种原子数的分布称为粒子数反转分布。通常将处于粒子数反转分布的物质称为激活物质或增益物质。激活物质可以是固体、气体、液体,也可以是半导体材料。

一般情况下,当物质处于热平衡状态时,粒子数反转是不可能的,只有当外界向物质供应能量(称为激励或泵浦过程),使物质处于非热平衡状态时,粒子数反转分布才有可能实现。一般采用光泵浦、电泵浦、化学泵浦等方法,给物质以能量,把处于低能级上的原子数激发到高能级上。泵浦过程是光放大的必要条件。

(2) 激光产生的条件

激光器是一个光自激振荡器。要想产生激光,必须具备放大、频率选择及正反馈这三种基本功能。其中,光放大由激活物质来完成,泵浦源使激活物质粒子数产生反转,实现对光的放大作用。频率选择及正反馈由光学谐振腔来完成。在激光器中,一般利用两个面对面的平面反射镜组成光学谐振腔,而把激活物质放在两个反射镜之间,如图 3.1.3 所示。

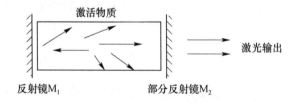

图 3.1.3 激光器的构成原理图

在激光器中,首先由泵浦源激励工作物质,产生粒子数反转分布,同时由于自发辐射也将产生自发辐射光子,这些光子辐射的方向是任意的。它们之间凡是沿与谐振轴线夹角较大的方向传播的光子,很快会溢出腔外,只有那些沿与谐振轴线夹角较小方向传播的光子,才有可能在腔内沿轴线方向来回反射传播,在腔内的激活物中来回穿行。在这一过程中由于受激辐射跃迁而产生大量相同光子态的光子,这就是激光。

激活物质和谐振腔只是为产生激光提供了必要条件,要产生激光振荡,还必须满足一定的阈值条件和相位条件。

在谐振腔中,光在来回反射传播的过程中,功率的增益必须大于损耗。这样才能使光不断放大,使输出光强逐渐增强。激光器起振的最低限度,即光增益等于光损耗,这一条件称为阈值条件。

要产生激光振荡,除了要满足阈值条件外,还要满足相位平衡条件,即激光器必须工作在谐振腔的工作模式下。

对一平行平面谐振腔,当光沿着腔轴方向在腔的两个反射面之间来回传播时,从 M_1 射向 M_2 的光波与从 M_2 射向 M_1 的光波正好方向相反,因此光在腔内沿着轴向将形成干涉。多次往复反射时,就会发生多次光干涉。为了能在腔内形成稳定振荡,就要求光波能因干涉而得到加强,形成正反馈。发生干涉加强的条件是:波从某一点出发,经腔内往返一周再回到原位置时,应与初始出发波同相,即相差为 2π 的整数倍,可以表示为

$$(2\pi/\lambda_q)2nL=2\pi q \tag{3.1.4}$$

式中:$q=1,2,3,\cdots$;λ_q 为与 q 值相对应的波长;L 为腔的长度;n 为腔内均匀工作物质的折射率。

式(3.1.4)为激光器的相位平衡条件,通常又称为光腔的驻波条件,当满足这一条件时,腔内形成驻波。式(3.1.4)可以写为

$$\lambda_q = 2nL/q \tag{3.1.5}$$

或

$$\nu_q = c/\lambda_q = q(c/2nL) \tag{3.1.6}$$

式(3.1.5)和式(3.1.6)两个式子称为光腔的谐振条件,λ_q 称为光的谐振波长,ν_q 称为光的谐振频率。可以看出,光腔的谐振频率是分立的,即激光器的谐振光频只能取某些分立的值。相邻谐振频率差 $\Delta\nu$ 称为纵模间隔。

由以上分析可以看出,光增益和光反馈是产生激光的必要条件,但并非充分条件。只有同时满足阈值条件和相位条件才能使激光器稳定工作。当产生光增益的激活物质为半导体材料时,该激光器称为半导体激光器,简称 LD。

2. LD 的特点

(1) 发光谱线窄

由于 LD 辐射的光是相干光,其谱宽较窄,仅有 1~5 nm,有的甚至小于 1 nm。谱宽越窄,受光纤色散的作用产生的脉冲展宽也就越小,故 LD 适用于大容量的光纤通信。

(2) 与光纤的耦合效率高

由于激光方向一致性好,发散角小,所以 LD 与光纤的耦合效率较高,一般用直接耦合方式就可达 20% 以上。如果采用适当的耦合措施可达 90%。由于耦合效率高,所以入纤光功率比较大,故 LD 适用于长距离的光纤通信。

(3) 阈值器件

LD 的发光特性曲线如图 3.1.4 所示。

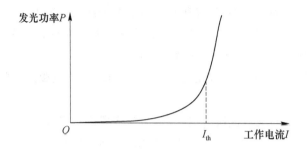

图 3.1.4 LD 的 P-I 特性曲线

从图中可以看出,LD 是一个阈值器件,当 LD 中的工作电流低于其阈值电流 I_{th} 时,LD 仅能发出极微弱的非相干光(荧光),这时 LD 中的谐振腔并未发生振荡。而当 LD 中的工作电流大于阈值电流 I_{th} 时,谐振腔中发生振荡,激发出大量的光子,于是发出功率大、谱线窄的激光。

由于 LD 是一个阈值器件,所以在实际使用时必须对之进行预偏置,即预先赋予 LD 一个偏置电流 I_B,其值略小于但接近于 LD 的阈值电流。当无信号输入时,它仅发出极其微弱的荧光。当有"1"码电信号输入时,LD 中的工作电流会大于其阈值电流,即工作在能发出激光的区域,发出功率很大的激光。

对 LD 进行预偏置有一个好处,即可以减少由于建立与阈值电流相对应的载流子密度而出现的时延,也就是说预偏置可以提高 LD 的调制速率,这也是 LD 能适用于大容量光纤通信的原因之一。

与 LED 相比,LD 的温度特性较差。这主要表现在其阈值电流随温度的上升而增加,如图 3.1.5 所示。

当温度从 20 ℃上升到 50 ℃时,LD 的阈值电流会增加 1～2 倍,这样会给使用者带来许多不便。因此,在一般情况下 LD 要加温度控制和制冷措施。

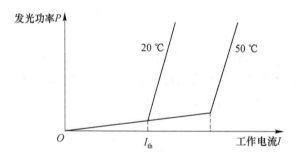

图 3.1.5 LD 的温度特性曲线

3. LD 的应用范围

由于 LD 具有发光谱线狭窄、与光纤的耦合效率高等显著优点,所以它被广泛应用在大容量、长距离的数字光纤通信之中。

LD 的种类很多,从结构上分有法布里-泊罗(F-P)激光器、分布反馈式(DFB)激光器、耦合腔半导体激光器、多量子阱(MQW)激光器等。从器件性能上分有多纵模激光器(MLM)、单纵模激光器(SLM)等。

尽管 LD 的谱线十分狭窄,但毕竟有一定宽度,而且在此谱宽范围内,除了中心波长外,其他波长的光功率也具有较高的幅度,这样的激光器称为多纵模激光器(MLM),它的谱宽典型值为 0.5～4.0 nm。而单纵模激光器(SLM),在一般情况下其中心波长的主模光功率占整个发光功率的 99.99％以上。分布反馈式(DFB)激光器、耦合腔半导体激光器属于单纵模激光器。

由于受光纤色散的限制,多纵模激光器一般用于低速率、短距离光波系统,而在高速率、长距离,技术要求比较严格的光波系统中,则选择单纵模激光器作为其光源器件。

3.2　光 检 测 器

光检测器的作用就是把通信信息从光波中分离(检测)出来。光检测器件质量的优劣在很大程度上决定了光接收机灵敏度的高低。从损耗的角度出发,光接收机灵敏度和光源器件的发光功率、光纤的损耗三者决定了光纤通信的传输距离。

光纤通信对光检测器有如下要求:

(1) 响应度高(量子效率 η)

响应度是指输入单位光功率信号时光检测器所产生的电流值。因为从光纤传输来的光信号十分微弱,仅有纳瓦(nW)数量级,要想从中检测出通信信息,光检测器必须具有很高的响应度,即必须具有很高的光/电转换效率 η。

(2) 噪声低

光检测器在工作时会产生一些附加噪声如暗电流噪声、雪崩噪声等。这些噪声如果很大,就会附加在只有纳瓦数量级的微弱光信号上,降低了光接收机的灵敏度。

(3) 工作电压低

与光源器件不同,光检测器是工作在反向偏置状态。有一类光检测器件 APD,必须处在接近反向击穿状态才能很好的工作,因此需要较高的工作电压(100 V 以上)。但工作电压过高,也会给使用带来不便。

(4) 体积小、质量轻、寿命长

需要指出的是,由于光检测器的光敏面(接收光的面积)一般都可以做到大于光纤的纤芯,所以从光纤传输来的光信号基本上可以全部被光检测器件接收,故不存在与光纤的耦合效率问题,这一点与光源器件不同。

光纤通信中使用的光检测器件有两大类,即 PIN 光电二极管与 APD 雪崩光电二极管。

3.2.1　PIN 光电二极管

1. PIN 光电二极管的工作机理

具有 PN 结结构的二极管由于内部载流子的扩散作用会在 P 型与 N 型材料的交界处形成势垒电场,即耗尽层。当二极管处于反向偏置状态时由于势垒电场的作用,载流子在耗尽层区域中的运动速度要比在 P 型或 N 型材料区中快得多。构成 PIN 光电二极管的材料如硅、锗、Ⅲ-Ⅴ族化合物,在光的作用下会产生光生载流子,它们定向流动就形成了光电流。

理论研究与实验表明,光电二极管的量子效率(光生载流子与光子数量之比)和耗尽层的宽度成正比。因此,为了保证在同样入射光的作用下能获得较大的光电流,在设计、制造光电二极管时,往往在 P 型材料与 N 型材料的中间插入一层掺杂浓度十分低的 I 型半导体材料(接近本征型)以形成较宽的耗尽层。这就是 PIN 光电二极管的由来,其构造如图 3.2.1 所示。

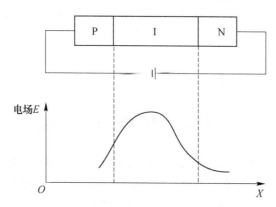

图 3.2.1　PIN 光电二极管的构造与内部电场

从图中可以看出,PIN 光电二极管中 I 区的电场强度远远大于 P 区和 N 区中的电场,从而保证了光生载流子的定向运动以形成光电流。

2. PIN 光电二极管的特点及应用范围

PIN 光电二极管的优点是:附加噪声小、工作电压低(仅十几伏)、工作寿命长,使用方便和价格便宜。

PIN 光电二极管的缺点是,没有倍增效应,即在同样大小入射光的作用下仅产生较小的光电流,所以用它做成的光接收机灵敏度不高。

因此,PIN 光电二极管只能用于较短距离的光纤通信。

3.2.2　雪崩光电二极管 APD

1. APD 光电二极管的工作机理

APD 光二极管的工作机理是:光生载流子-空穴电子对在 APD 光电二极管内部高电场作用下高速运动,在运动过程中通过碰撞电离效应,产生数量是首次空穴电子对几十倍的二次、三次新空穴电子对,从而形成很大的光信号电流。

APD 光电二极管的构造和场强分布如图 3.2.2 所示。

APD 光电二极管的"倍增"效应,是在同样大小光的作用下能产生比 PIN 光电二极管大几十倍甚至几百倍的光电流,相当于起了一种光放大作用,因此能大大提高光接收机的灵敏度。

2. APD 光电二极管的特点及应用

APD 光电二极管的最大优点就是具有放大效应,由它制成的光接收机具有很高的灵敏度,一般比 PIN 光接收机的灵敏度高 10～20 dB,因此可以大大增

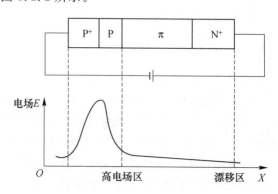

图 3.2.2　APD 光电二极管构造与内部电场

加系统的传输距离。APD 光电二极管的缺点是产生一种新噪声即雪崩噪声。另外,APD 需要很高的工作电压(100 V 以上),使用不便。当然如果使用得当,可以把雪崩噪声影响降低到最低程度,即使之处于最佳增益状态,可获得十分满意的效果。因此,APD 在大容量、长距离的光纤通信中得到了十分广泛的应用,成为光纤通信中最重要的光接收器件。

3.3　光 放 大 器

3.3.1　光放大器的作用与分类

1. 光放大器的作用

光纤通信中用光纤来传输光信号。它受到两方面因素的限制,即损耗和色散。就损耗而言,目前光纤损耗的典型值在 1.3 μm 波段为 0.35 dB/km,而在 1.55 μm 波段为 0.25 dB/km。由光纤损耗限制的光纤无中继传输距离为 50~100 km。在长距离光纤通信系统中,延长通信距离的方法是采用中继器。目前大量应用的是光电光中继器,首先要将光信号转化为电信号,在电信号上进行放大、再生、重定时等信息处理后,再将信号转化为光信号,经光纤传送出去。这样,通过加入级联的电再生中继器可以建成很长的光纤传输系统。但是,这样的光电光中继需要光接收机和光发送机来进行光/电和电/光转换,设备复杂,成本昂贵,维护运转不方便。

近几年迅速发展起来的光放大器,尤其是掺铒光纤放大器(EDFA,Erbium Doped Fiber Amplifier),在光纤通信技术上引发了一场革命。在长途干线通信中,它可以使光信号直接在光域进行放大而无须转换成电信号进行信号处理,即用全光中继来代替光电光中继,从而使成本降低、设备简化,维护、运转方便。EDFA 的出现,对光纤通信的发展影响重大,促进和推动了光纤通信领域中重大新技术的发展,使光纤通信的整体水平上了一个新台阶。它已经对光纤通信的发展产生了深远的影响。

下面列举 EDFA 在光纤通信应用中的几个重要方面。

(1) 在 WDM 系统中的应用

WDM 系统是在一根光纤上同时传输多个光载波波长不同的光信号的通信方式。这种通信方式的优点在于充分利用了光纤的潜在带宽,极大地扩展了光纤的传输容量。但是这种通信方式突出的问题是在每一个中继站都要将多信道信号分开,送入各自的光中继设备中,通过光电光转换过程对光信号进行处理。这就需要在每一个中继站都要有数量与信道数相对应的光纤通信设备,从而使 WDM 技术的发展面临着障碍。掺铒光纤放大器的实用化使 WDM 技术迅速进入实用阶段。掺铒光纤放大器有很宽的带宽,可以覆盖相当数量的信道,因而一只掺铒光纤放大器就可以代替诸多设备对 WDM 系统的多信道光信号进行放大。这极大地降低了成本,提高了传输容量。现在 WDM+EDFA 已成为高速光纤通信网络发展的主流方向。

(2) 在光纤通信网中的应用

EDFA 可以补偿光信号由分路而带来的损耗,以扩大本地网的网径,增加用户。采用 ED-FA 的光缆有线电视(CATV,Cable Television)传输系统,已于 1993 年投入使用,在这种系统中,光的节点数及传输距离直接与光功率的大小有关,采用 EDFA 可以扩大 CATV 网的网径和增加用户数。

（3）在光孤子通信中的应用

光孤子通信是利用光纤的非线性来补偿光纤的色散作用的一种新型通信方式。当光纤的非线性和色散二者达到平衡时,光脉冲的形状将在传输过程中保持不变。光孤子通信的主要问题之一是光纤损耗。光孤子脉冲沿光纤传输时,其功率逐渐减弱,这将破坏非线性与色散之间的平衡。解决的方法之一就是在光纤传输线路中每隔一定的距离加一个 EDFA 来补充线路损耗,使光孤子在传输过程中保持脉冲形状不变。可以说,EDFA 与光纤中的色散、非线性构成了光孤子通信这种新型的通信方式,解决了光纤传输中的损耗与色散问题。

EDFA 在光纤接入网(比如光纤到户即 FTTH)中也将发挥作用。EDFA 还可作为一个增益元件放入谐振腔中构成光纤激光器等。

总之,EDFA 的出现改变了光纤通信发展的格局。比如使曾经引起人们极大热情的相干光纤通信技术的研究趋于沉寂。采用相干光纤通信的目的之一在于提高系统的灵敏度,以延长通信距离,它比常规通信的灵敏度可提高 20 dB 左右。现在这一目的可以通过 EDFA＋常规通信设备来完成,因而从提高灵敏度这一角度来看,就没有必要采用价格昂贵、技术复杂的相干光纤通信技术了。

2. 光放大器的分类

光放大器有半导体光放大器、非线性光纤放大器(受激拉曼散射光纤放大器和受激布里渊散射光纤放大器)、掺杂光纤放大器(包括掺铒光纤放大器)等。

（1）半导体光放大器

半导体光放大器由半导体材料制成。前面已经介绍过半导体激光器的光放大基本原理。一只半导体激光器如果将两端的反射消除,则成为半导体行波放大器。半导体光放大器是研究较早的光放大器。其优点是:体积小,可充分利用现有的半导体激光器技术,制作工艺成熟,且便于其他光器件进行集成。它在波分复用光纤通信系统中可用作门开关和波长变换器。另外,其工作波段可覆盖 1.3 μm 和 1.5 μm 波段。这是 EDFA 所无法实现的。

它的缺点是与光纤耦合困难,耦合损耗大、对光的偏振特性较为敏感、噪声及串扰较大。以上缺点影响了其在光纤通信系统中的应用。

（2）非线性光纤放大器

非线性光纤放大器包括受激拉曼光纤放大器和受激布里渊光纤放大器。

拉曼光纤放大器是利用当输入光功率足够大时,光在光纤中会产生拉曼散射效应,其结果使输入光的能量向较长波长的光转移而设计的光放大器。拉曼光纤放大器的优点:一是可以进行全波放大,无论是 1550 nm 波长区还是 1310 nm 波长区,都可以用拉曼放大器进行放大;二是噪声系数很低。其缺点是泵浦效率较低,增益不高。

受激布里渊光纤放大器是利用光纤中受激布里渊散射这一非线性效应构成的,其缺点是放大器的工作频带较窄(在 MHz 量级),难以应用于通信系统。

（3）掺铒光纤放大器

掺铒光纤放大器是利用稀土金属离子作为激光器工作物质的一种放大器。将激光器工作物质掺入光纤芯子即成为掺杂光纤。至今用作掺杂激光工作物质的均为镧(La)系稀土金属,如铒(Er)、钕(Nd)、镨(Pr)、铥(Tm)等。容纳杂质的光纤称为基质光纤,可以是石英光纤,也可以是氟化物光纤。这类光纤放大器称为掺稀土离子光纤放大器。

在掺杂光纤放大器中最引人注目且已实用化的首先是掺铒光纤放大器。掺铒光纤放大器的重要性主要在于它的工作波段在 1.5 μm，与光纤的最低损耗窗口相一致。它的应用推动了光纤通信的发展。其次是掺镨光纤放大器。掺镨光纤放大器的工作波段是 1.3 μm，与现在广泛应用的低损耗、低色散波段一致。

3.3.2　掺铒光纤放大器

使用铒离子作为增益介质的光纤放大器称为掺铒光纤放大器。这些铒离子在光纤制作过程中被掺入光纤纤芯中，使用泵浦光直接对光信号放大，提供光增益。虽然掺杂光纤放大器早在 1964 年就有研究，但是直到 1985 年英国南安普顿大学才首次研制成功掺铒光纤。1988 年性能优良的低损耗掺铒光纤技术已相当成熟，可提供实际使用。掺铒光纤放大器（EDFA）因为工作波长位于光纤损耗最小的 1550 nm 波长区，所以它比其他光放大器更具有优势。

1. EDFA 的结构与工作原理

实用的 EDFA 由掺铒光纤、泵浦源、波分复用器和光隔离器组成。

（1）掺铒光纤

EDF（Erbiur Doped Fiber）是使 EDFA 具有放大特性的关键技术之一。它多用石英光纤作为基质，也有采用氟化物光纤的。在细微的光纤芯子中掺入固体激光工作物质——铒离子。放大器的特性，如工作波长、带宽由掺杂剂决定。这细长的光纤（几米、十几米、几十米），本身就是激光作用空间。在这里，光与物质相互作用而被放大、增强，在掺铒光纤放大器技术中，掺铒光纤工艺至关重要。典型掺铒光纤的基本参数如下：

铒离子浓度：300×10^{-6}；纤芯直径：3.6 μm（模场直径为 6.35 μm）；数值孔径：0.22；损耗（1550 nm）：1.569 dB/km。

在掺铒光纤里，为了实现有效放大，维持足够多的铒离子粒子数反转，要求尽可能地增加掺铒区泵浦光功率密度。为此，需减小纤芯横截面积，使掺铒光纤的结构最佳化。

（2）泵浦源

高功率泵浦源（Pump Laser）是 EDFA 的另一项关键技术。它将粒子从低能级泵浦到高能级，使之处于粒子反转状态，从而产生光放大。实用化的 EDFA 采用 InGaAsP 半导体激光器做泵源。对它的主要要求是高输出功率、长寿命。泵浦源可取不同的波长，但这些波长必须短于放大信号的波长（其能量 $E \geqslant h\nu$），且须位于掺铒光纤的吸收带内。现用得最多的是 0.98 μm 的半导体激光器作为泵浦源，其噪声低，效率高。有时用 1.48 μm 的泵浦源，因其与放大信号波长相近，在分布式 EDFA 中更适用。

（3）波分复用器

光纤放大器中的波分复用器（WDM）的作用是将不同波长的泵浦光和信号光混合，送入掺铒光纤。对它的要求是能将两信号有效地混合且损耗最小。适用的 WDM 器件主要有熔融拉锥型光纤耦合器和干涉滤波器。前者具有更低的插入损耗和制造成本，后者具有十分平坦的信号频带以及出色的极化无关特性。

（4）光隔离器

在输入、输出端插入光隔离器（Isolator）是防止反射光对光放大器的影响，保证系统稳定工作。对隔离器的基本要求是插入损耗低、反向隔离度大。

激光器的基本原理是，经泵浦源的作用，工作物质粒子由低能级向高能级跃迁，在一定的泵浦强度下，得到粒子数反转分布而具有光放大作用。当工作频带范围内的信号光输入时便得到放大。这也是掺铒光纤放大器的基本工作原理,只是细长的纤形结构使得有源区能量密度很高,光与物质的作用区很长,有利于降低对泵浦源功率的要求。

泵浦源为放大器源源不断地提供能量,在放大过程中将能量转换为信号光的能量。对泵浦源的要求一是效率高,二是简便易行。目前使用的泵浦方式有同向泵浦(前向泵浦)、反向泵浦(后向泵浦)、多重泵浦。

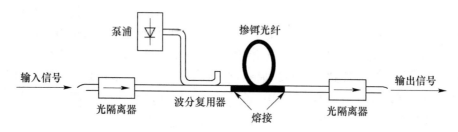

图 3.3.1　EDFA 的基本结构

同向泵浦方案如图 3.3.1 所示,在这种方案中,泵浦光与信号光从同一端注入掺杂光纤。在掺铒光纤的输入端,泵浦光较强,故粒子反转激励也强,其增益系数大,信号一进入光纤即得到较强的放大。但由于吸收,泵浦光将沿光纤长度而衰减,这一因素使在一定的光纤长度上达到增益饱和而使噪声增加。同向泵浦的优点是结构简单,缺点是噪声性能不佳。

反向泵浦,也称后向泵浦,如图 3.3.2 所示,在这种方案中,泵浦光与信号光从不同的方向输入掺杂光纤,两者在光纤中反向传输。其优点是当信号放大到很强时,泵浦光也强,不易达到饱和,因而噪声性能较好。

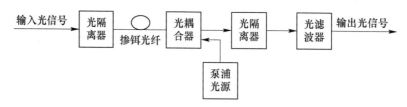

图 3.3.2　反向泵浦式掺铒光纤放大器结构

为了使 EDFA 中杂质粒子得到充分的激励,必须提高泵浦功率。可用多个泵浦源激励光纤。几个泵浦源可同时前向泵浦,同时后向泵浦,或部分前向泵浦、部分后向泵浦。后者称为双向泵浦,如图 3.3.3 所示。

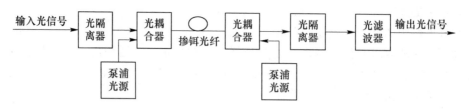

图 3.3.3　双向泵浦式掺铒光纤放大器结构

这种泵浦方式结合了同向泵浦和反向泵浦的优点,使泵浦光在光纤中均匀分布,从而使其增益在光纤中也均匀分布。

2．EDFA 的主要特性参数

光纤放大器的主要指标是增益、噪声和带宽。

（1）光纤放大器的增益

这是 EDFA 最重要的性能参数，其定义为

$$G = \frac{P_{\text{out}}}{P_{\text{in}}} \tag{3.3.1}$$

其值应当越大越好，如一个良好的 EDFA 的增益可达 33 dB 以上。

EDFA 处在小信号工作范围，具有良好而平坦的增益特性，即它的放大倍数并不随输入、输出光功率的变化而波动，基本上是一个常数，其噪声系数也比较低。因此，在使用 EDFA 时，为了获得良好的增益特性与噪声性能应尽量使其工作在小信号工作范围，不能只追求大的光功率输出。

（2）放大器的噪声

放大器本身产生噪声，使信号的信噪比下降，造成对传输距离的限制，是光放大器的一项重要指标。

光纤放大器的噪声主要来自它的自发辐射。在激光器中，自发辐射是产生激光振荡所不可少的，而在放大器中它却成了有害噪声的来源。它与被放大的信号在光纤中一起传输、放大，影响了光接收机的灵敏度。充分泵浦有利于减小噪声。

（3）带　　宽

我们希望放大器的增益在很宽的频带内与波长无关。这样在应用这些放大器的系统中，便可放宽单信道传输波长的容限，也可在不降低系统性能的情况下，极大地增加 WDM 系统的信道数目。但实际放大器的放大作用有一定的频带范围。所谓带宽是指 EDFA 能进行平坦放大的光波长范围，"平坦"就是增益波动限制在允许范围内，如 ±0.5 dB。一般 EDFA 放大频谱曲线在 1540～1560 nm 范围内是比较平坦的。

3．EDFA 的主要优缺点

EDFA 之所以得到这样迅速的发展，源于它一系列突出的优点：

① 工作波长与光纤最小损耗窗口一致，可在光纤通信中获得应用。

② 耦合效率高。因为是光纤型放大器，易与传输光纤耦合连接，也可用熔接技术与传输光纤熔接在一起，损耗可低至 0.1 dB。这样的熔接反射损耗也很小，不易自激。

③ 能量转换效率高。激光工作物质集中在纤芯的近轴部分，而信号光和泵浦光也是在光纤的近轴部分最强，这使得光与物质的作用充分，加之有较长的作用长度，因而有较高的转换效率。

④ 增益高、噪声低、输出功率大。增益可达 40 dB，充分泵浦时，噪声系数可低至 3～4 dB。串话也很少。

⑤ 增益特性稳定。EDFA 增益对温度不敏感。在 100 ℃范围内，增益特性保持稳定。稳定的温度特性对陆上应用非常重要，因为陆上光纤通信系统要承受季节性环境的变化。增益与偏振无关也是 EDFA 的一大特点。这一特性至关重要，因为一般通信光纤并不能使传输信号偏振态保持不变。

⑥ 可实现透明的传输。所谓透明，是指可同时传输模拟信号和数字信号，高比特率信号和低比特率信号。EDFA 作为线路放大器，可在不改变原有噪声特性和误码率的前提下直接

放大数字、模拟或二者混合的数据格式。特别适合光纤传输网络升级,实现语言、图像、数据同网传输时,不必改变 EDFA 线路设备。

实践证明,使用 EDFA 的光纤传输,经过近千公里传输后的误码率仍能达到 10^{-9}。

EDFA 也有固有的缺点:

① 波长固定。铒离子能级间的能级差决定了 EDFA 的工作波长是固定的,只能放大 $1.55~\mu m$ 左右波长的光波。当光纤换用不同的基质时,铒离子的能级只发生微小的变化,因而可调节的激光跃迁波长范围有限。为了改变工作波长,只能换用其他元素,比如用掺镨光纤放大器可工作在 $1.3~\mu m$ 波段。

② 增益带宽不平坦。EDFA 的增益带宽约 40 nm,但增益带宽不平坦。在 WDM 光纤通信系统中需要采用特殊的手段来进行增益谱补偿。

4. EDFA 在光纤通信系统中的应用

(1) EDFA 用作前置放大器

由于 EDFA 的低噪声特性,使它很适于作接收机的前置放大器,如图 3.3.4(a)所示。应用 EDFA 后,接收机的灵敏度可提高 10~20 dB。其基本概念是:在送入接收机前,它将信号光放大到足够大,以抑制接收机内的噪声。

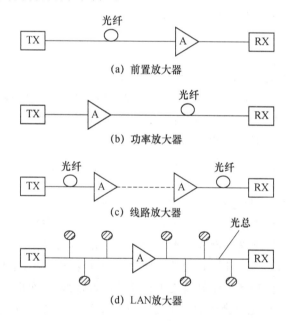

(a) 前置放大器

(b) 功率放大器

(c) 线路放大器

(d) LAN放大器

图 3.3.4　光放大器在系统中的应用

这种放大器是小信号放大,要求低噪声,但输出饱和功率则要求很高。它对接收机灵敏度的改善,与 EDFA 本身的噪声系数 F_n 有关。F_n 越小,灵敏度越高。它还与 EDFA 自发辐射谱宽有关,谱线越宽,灵敏度越低。因此,为了减小噪声的影响,常常在 EDFA 后加滤波器,以滤除噪声。

(2) EDFA 用作功率放大器

功率放大器是将 EDFA 直接放在光发送机之后,用来提升输出功率,如图 3.3.5(b)所示。由于发射功率的提高,可将通信传输距离延长 10~20 km。通信距离的延长由放大器的增益及光纤损耗决定。功率放大器除要求低噪声外,还要求高的饱和输出功率。应当注意的是,输入到光纤中的功率提高之后将出现非线性效应——受激布里渊散射。受激布里渊散射将消耗有用功率,增加额外损耗。布里渊散射是向后散射,将传至光源,影响激光器工作的稳定性。解决办法是提高光纤的布里渊散射阈值。

(3) EDFA 用作线路放大器

EDFA 用作线路放大器是它在光纤通信系统中的一个重要应用,如图 3.3.5(c)所示。用 EDFA 实现全光中继代替了原来的光电光中继,这种方法非常适合海底光缆应用。但最大的吸引力是在 WDM 光纤通信系统中的应用。在光电光中继的 WDM 系统中,须将各信道进行解复用,再用各自的光接收、发送机进行放大、再生,并完成光—电—光转换。在用 EDFA 作线路放大器的系统中,一只 EDFA 就可放大全部 WDM 信号,只要信号带宽限制在放大器带宽内即可。

EDFA 在线路中可多级使用,但不能无限制地增多,它受光纤色散和 EDFA 本身噪声的限制。光放大器补充光纤的损耗,但并未解决色散问题。当采用 EDFA 过多时,传输距离过长,光纤色散就会限制它的应用。EDFA 本身噪声小,但使用多级 EDFA 时,其噪声是积累的,因而使传输距离受到限制。

随着电信业务的不断发展,传统的通信方式渐渐难以满足对通信容量日益增长的需要。密集波分复用系统在干线传输系统中逐渐成为技术主流。作为 DWDM 系统的核心器件之一,掺铒光纤放大器在其中的应用将迅速发展。由于 EDFA 有足够的增益带宽,用在 DWDM 系统可使光中继变得十分简单。EDFA 功率放大器在 WDM 复用器之后提升光发射输出光功率,线路放大器补偿链路损耗,预放大器在 WDM 解复用器之前将光功率提升到合适的功率范围。在 DWDM 系统中的 EDFA 还要考虑增益平坦和增益锁定的问题。由于掺铒光纤的增益谱形所限,其不同的波长的增益亦不相同。在 DWDM 系统中,各信道增益的差别造成增益的不平坦性。当 EDFA 在系统级联使用时,由于不平坦性的积累,会使增益较低信道的光的信噪比迅速恶化,从而影响系统性能。增益锁定是指 EDFA 在一定的输入光变化范围内提供恒定的增益,这样当一个信道的光功率发生变化时,其他信道的光功率不会受其影响。解决该问题的途径,在掺铒光纤中掺入不同的杂质,以改善其增益谱的不平坦性;另外,可以对现有的掺铒光纤的增益谱进行均衡。

(4) EDFA 在光纤本地网中的应用

EDFA 可在宽带本地网,特别是在电视分配网中得到应用,如图 3.3.4(d)所示。随着光纤 CATV 系统的规模不断扩大,链路的传输距离不断增加。1 550 nm 系统因其在光纤中的衰耗较小而逐渐成为主流。EDFA 在 1 550 nm 光纤 CATV 系统中的应用简化了其系统结构,降低了系统成本,加快了光纤 CATV 的发展。将 EDFA 用在 CATV 光发射机后及链路中可以提高光功率,弥补链路衰耗,补偿光功率分配带来的功率损失。使用性能良好的 EDFA 可将模拟 CATV 系统的链路长度扩展到接近 200 km,EDFA 级联数目达到 4 级,使众多用户共用一个前端和发射机,大大降低系统运营成本。

3.3.3　拉曼光纤放大器

1. 拉曼光纤放大器的工作机理

拉曼散射效应,是指当输入到光纤中的光功率达到一定数值时(如 500 mW 即 27 dBm 以上),光纤结晶晶格中的原子会受到震动而相互作用,从而产生散射现象,其结果将较短波长的光能量向较长波长的光转移。

拉曼散射作为一种非线性效应本来是对系统有害的,因为它将较短波长的光能量转移到较长波长的光上,使 WDM 系统的各复用通道的光信号出现不平衡。但利用它可以使泵浦光能量向在光纤中传输的光信号转移,实现对光信号的放大。

拉曼光纤放大器,就是利用拉曼散射能向较长波长的光转移能量的特点,适当选择泵浦光的发射波长与泵浦输出功率,实现对光功率信号的放大。

由于拉曼光纤放大器被放大光的波长主要取决于泵浦的发射波长,所以适当选择泵浦光的发射波长,就可以使其放大范围落入预期的光波长区域。当选择泵浦光的发射波长为 1 240 nm 时,可对 1 310 nm 波长的光信号进行放大;当选择泵浦光的发射波长为 1 450 nm 时,可对 1 550 nm 波长 C 波段的光信号进行放大;当选择泵浦光的发射波长为 1 480 nm 时,可对 1 550 nm波长 L 波段的光信号进行放大等。

一般原则是,泵浦光的发射波长低于要放大的光波长 70~100 nm,如图 3.3.5 所示。

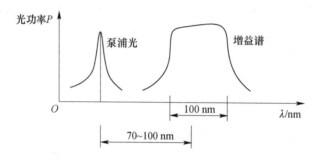

图 3.3.5　泵浦光波长与拉曼放大光波长的关系

2. 拉曼光纤放大器的优缺点

拉曼光纤放大器的优点如下:

① 极宽的带宽。拉曼光纤放大器具有极宽的增益频谱,在理论上它可以在任意波长产生增益。当然,一是要选择适当的泵浦源;二是在如此宽的波长范围内,其增益特性可能不是非常平坦的。

实际上,可以使用具有不同波长的多个泵浦源,使拉曼光纤放大器总的平坦增益范围达到 13 THz(约 100 nm),从而覆盖石英光纤的 1 550 nm 波长区的 C+L 波段,如图 3.3.6 所示。这与 EDFA 只能对 1 550 nm 波长区 C 波段(或 L 波段)的光信号进行放大形成鲜明对比。

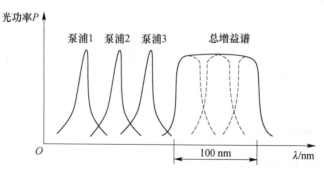

图 3.3.6　拉曼光放大器的宽带宽

② 极小的噪声系数。与 EDFA 不同,拉曼光纤放大器的噪声系数极小,可以小于 -1.0 dB。如此小的噪声系数可使光接收机输入端的光信噪比大大降低,有可能实现 2 000 km 以上的无中继传输。

③ 适用于任何光纤。利用拉曼散射效应对光信号进行放大可以适用于任何光纤,因此可以用线路光纤作为拉曼放大器的增益媒质(分布式),外加大光功率输出的泵浦光源,就可以实现对线路光纤中的光信号的放大。由于线路光纤本身就是放大器的一部分,所以可以降低成本,而且还可以减少输入到线路光纤中的光功率信号,进而减少光纤非线性效应的劣化影响。

拉曼光纤放大器的缺点如下:

① 泵浦效率低。拉曼光纤放大器的泵浦效率较低,一般为 $10\% \sim 20\%$。

② 增益不高,一般低于 15 dB。

③ 高功率的泵浦输出很难精确控制。要想实现拉曼散射,必须使泵浦光功率大于 500 mW,有的甚至高达 1 W 以上,如此高的光功率输出,很难精确控制,进而难以精确控制其增益。

④ 增益具有偏振相关特性。拉曼光纤放大器的增益与光的偏振态密切相关,即与泵浦光的偏振态和被放大光的偏振态有关。一则光的偏振状态取决于光源的发光特性,二则被放大光的偏振态取决于光纤的保偏特性。增益的偏振相关特性给精确控制放大器的增益带来了难度。

3. 拉曼光纤放大器的种类

实际应用时,拉曼光纤放大器有两种方式,即分布式和分离式,但大部分采用分布式。

(1)分布式拉曼光纤放大器

所谓分布式,是指直接用线路光纤作为拉曼光纤放大器的增益媒质,通过发射波长适中、大光功率输出的泵浦光作用,在线路光纤中产生拉曼散射效应,使光能量向线路光纤中的光信号转移,以实现光放大;另一方面又与 EDFA 配合使用,充分发挥 EDFA 高增益的特点。

分布式拉曼光纤放大器的具体结构如图 3.3.7 所示。图中,发射适当波长的泵浦光通过合波器反向泵入到线路光纤中,因为正向输入一方面容易产生其他的非线性效应(包括光信号功率和泵浦功率在内的总输入功率太大),另一方面会使增益难以控制。由于泵浦光功率较大(如 27 dBm 以上),所以在线路光纤中会产生拉曼散射效应。控制泵浦光的发射波长,可以使光能量向线路光纤中的光信号转移,以实现对线路光纤中的光信号的放大。经拉曼放大器放大后的光信号,再由 EDFA 作进一步放大,因为 EDFA 的增益很高,所以可使总的增益达到预定值。

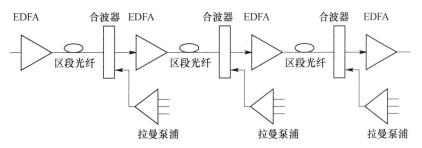

图 3.3.7 分布式拉曼光纤放大器

分布式拉曼光纤放大器的优点如下：

① 增益高。虽然拉曼光纤放大器本身的增益较低（3～15 dB），但 EDFA 的增益却很高（如大于 33 dB），所以二者结合、优劣互补就可以获得较高的增益。

② 噪声系数小。其道理与上述类似，虽然 EDFA 的噪声系数一般较高（3～4 dB），但拉曼光纤放大器的噪声系数却很小（如−1.0 dB 以下），二者结合起来就可以获得很小的噪声系数，从而大大提高光接收端的 SNR。

③ 实现简单，成本低。因线路光纤本身就是光放大器的增益媒质，所以可大大降低成本。

分布式拉曼光纤放大器的缺点是带宽不够宽，因为整个放大器的带宽受 EDFA 带宽比较窄的限制。因此，要用分布式来实现 1550 nm 波长区 C+L 波段的超长传输，就需要使用两个 EDFA，一个专门用于对 C 波段光信号的再放大，另一个则专门用于对 L 波段光信号的再放大。

（2）分离式拉曼光纤放大器

拉曼光纤放大器也可以不与 EDFA 配合而单独使用，即分离式。分离式拉曼光纤放大器的结构如图 3.3.8 所示。由图 3.3.8 可知，信号光经隔离器 ISO₁ 输入拉曼光纤中，而泵浦光则通过合波器反向注入，因泵浦光功率数值较大，使拉曼光纤产生拉曼散射现象，控制泵浦光的波长就可以使光能量向信号光转移，从而实现对信号光的放大。

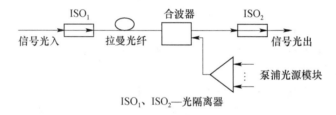

图 3.3.8 分离式拉曼光纤放大器的结构

从图 3.3.8 可以看出，在结构形式上分离式拉曼放大器与 EDFA 非常相似，但其实它们有许多不同之处：一是它们的工作机理完全不同，EDFA 是利用掺铒光纤中的铒离子受激跃迁效应，而拉曼光纤放大器则是利用拉曼光纤的拉曼散射效应；二是增益媒质不同，EDFA 的增益媒质是掺铒光纤，拉曼放大器的增益媒质是拉曼光纤，因为拉曼放大的增益与光的偏振特性密切相关，所以对拉曼光纤的要求很高，如保偏特性、芯径很小等；三是泵浦光源不同，EDFA 通常采用光功率较低的 1480 nm 或 980 nm 波长的泵浦光，而拉曼光纤放大器的泵浦光波长取决于被放大光信号的波长，而且其输出功率通常很大（27 dBm 以上）。

分离式拉曼光放大器的优点是带宽很宽，噪声系数极小。其缺点是增益不高、泵浦效率低、成本高等。

3.4 光纤连接器

光纤连接器是组成光纤通信系统和测量仪表中不可缺少的一个重要器件，也是光波系统中使用量最多的器件。它与光纤固定接头不同，由精密的插头和插座构成，可以拆卸，使用灵活，所以又称为光纤活动连接器或光纤活动接头。图 3.4.1 所示为光纤连接器的基本结构。

光纤连接器的种类和型号很多。按照光纤的种类可分为三大类，即单模光纤连接器、多模光纤连接器和特种光纤连接器;按互联光纤的数量不同可分为单芯连接器和多芯连接器(MT型连接器);按连接器的外形结构可分为 FC、SC、ST 和 D 型等系列;按插头的物理形状可以分成三种,即 PC 接续、SPC(Super PC,超级 PC)接续和 APC(Angled PC,角度 PC)接续。

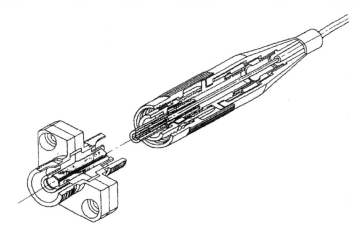

图 3.4.1　FC 型连接器的插头和转换器

3.4.1　光纤连接损耗

光纤连接时引起的损耗与多种因素有关,包括连接光纤的结构参数、端面状态和相对位置等,具体如下:

① 光纤的几何尺寸和导波特性　要求两互联光纤芯径及数值孔径相同;

② 光纤端面质量　要求表面平整,光洁度高,端面与轴线垂直;

③ 两根光纤相对位置状况　要求无横向位移、轴向倾斜或纵向端面分离;

④ 光纤中的模式分布情况　要求两光纤具有相同的模式分布特性;

⑤ 折射率匹配情况　必要时在两光纤端面间隙中填充折射率匹配液,以减小菲涅尔反射。

上述有关情形下所引起的损耗的具体计算此处从略。

3.4.2　光纤连接器的性能参数

评价一个连接器的指标很多,但最重要的指标有 5 个,即插入损耗、回波损耗、重复性、互换性以及使用寿命。

插入损耗是指光纤中的光信号通过光纤连接器之后,其输出光功率相对输入光功率的比率的分贝数。回波损耗又称为后向反射损耗,是指在光纤连接处,后向反射光相对输入光的比率的分贝数。重复性又称为重复精度,是指光纤活动连接器多次插拔后插入损耗的变化,用dB 表示。互换性是指连接器各部件互换时插入损耗的变化,也用 dB 表示。使用寿命又称为插拔次数,是指光纤活动连接器经反复多次插拔后,其上述指标不再满足性能要求的最大插拔次数。

显然,一个好的光纤连接器应有尽可能小的插入损耗,还应有尽可能大的回波损耗,并且拆卸重复性好、互换性好、可靠性高,同时要体积小、寿命长(插拔 1000 次以上)和价格低等。

3.4.3　光纤连接器的外形

FC 型连接器是一种用螺纹连接,外部零件采用金属材料制作的连接器。两根光纤分别被固定在毛细管部件的轴心处并被磨平抛光,然后插入套筒的孔内,实现轴心对准和两根光纤的紧密接触。它是我国采用的主要品种及结构,如图 3.4.1 所示。

SC 型连接器的插针、套管与 FC 型完全一样,外壳采用工程塑料制作,采用矩形结构,便于密集安装。不用螺纹连接,可以直接插拔。图 3.4.2 给出了两种 SC 型插头。

图 3.4.2(a)中的上图为通用型,可以直接插拔,多用于单芯连接;下图为密集安装型,要用工具进行插拔,用于多芯连接。

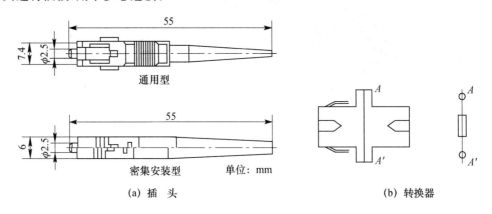

(a) 插　头　　　　　　　　　　　　(b) 转换器

图 3.4.2　SC 型连接器

ST 型连接器采用带键的卡口式锁紧机构,确保连接时准确对中,其插头和转换器如图 3.4.3所示。

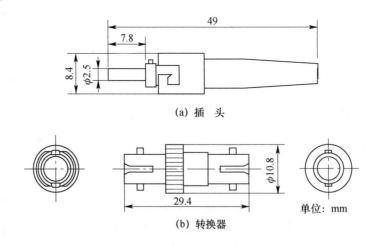

(a) 插　头

(b) 转换器

图 3.4.3　ST 型插头与转换器

在我国用得最多的是 FC 系列的连接器,它是干线系统中采用的主要型号,在今后较长一段时间内仍是主要品种。随着光纤局域网、CATV 和用户网的发展,SC 型连接器也将逐步推广使用。此外,ST 型连接器也有一定数量的应用。

3.4.4　光纤连接器的插针端面

连接器插针端面制作的形状对光传输特性有很大影响,如插入损耗和回波损耗。为了增大回波损耗,人们提出了很多措施,如 PC 型连接器。通常的 PC(Physical Contact)型插针体端面为平面,实际生产中不可能做成理想平面,因而在插针端面接触不好留有间隙使反射增大,回波损耗为 35～45 dB。改进后的光连接器把端面加工成球面使两根光纤的纤芯之间实现紧密接触,以减小反射光的能量。光连接器端面的曲率半径越小,反射损耗越大。当曲率半径为 20 mm 时,经过精密加工研磨的 PC 型连接器称为 SPC 连接器或 UPC(Ultra - Polishing Connectors),其反射损耗可达 50～60 dB,插入损耗可以做到小于 0.1 dB。反射损耗更高的光连接器是 APC 连接器。它除了采用球面接触外,还把端面加工成斜面,以使反射光反射出光纤,避免反射回光发射机。斜面的倾角 α 越大,反射损耗越大,但插入损耗也随之增大,一般取 α 为 8°～9°,插入损耗约 0.2 dB,反射损耗可达 60～75 dB。连接器插针端面形状如图 3.4.4 所示。

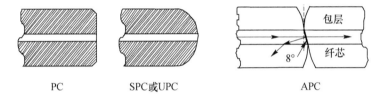

PC　　　　　　　SPC或UPC　　　　　　　APC

图 3.4.4　连接器插针端面形状

目前,在高速系统、CATV 和光纤放大等领域,为了减小回波信号的影响,要求回波损耗达到 40～50 dB,甚至 60 dB 以上。将光纤端面加工成球面或斜球面是满足这一要求的有效途径。表 3.4.1 所列为国产光纤连接器的性能指标。

表 3.4.1　国产光纤连接器的性能指标

器件型号	FC/PC	FC/UPC	FC/APC	SC/PC	SC/UPC	SC/APC	ST/PC	ST/UPC	ST/APC
插入损耗/dB	≤0.3								
最大插入损耗/dB	≤0.5								
回波损耗/dB	≥45	≥50	≥60	≥45	≥50	≥60	≥45	≥50	≥60
重复性/dB	≤0.1								
互换性/dB	≤0.1								
插拔次数	>1000 次								
工作温度/℃	−40～+80			−25～+70			−40～+80		

3.5　光　耦　合　器

光耦合器是光纤链路中最重要的无源器件之一,是具有多个输入端和多个输出端的光纤汇接器件,它能使传输中的光信号在特殊结构的耦合区发生耦合,并进行再分配,实现光信号分路/合路的功能。通常用 $M×N$ 来表示一个具有 M 个输入端和 N 个输出端的光耦合器。

　　近年来,光耦合器已形成一个多功能多用途的产品系列。从功能上看,它可分为光功率分配器以及光波长分配耦合器。按照光分路器的原理可以分为微光型、光纤型和平面光波导型三类。从端口形式上可分为两分支型和多分支型。从构成光纤网拓扑结构所起的作用上讲,光耦合器又可分为星形耦合器和树形耦合器。另外,由于传导光模式不同,它又有多模耦合器和单模耦合器之分。

　　制作光耦合器可以有多种方法,在全光纤器件中,曾用光纤蚀刻法和光纤研磨法来制作光纤耦合器。目前主要的实用方法有熔融拉锥法和平面波导法。利用平面波导原理制作的光耦合器具有体积小、分光比控制精确、易于大量生产等优点,但该技术尚需进一步发展、完善。

3.5.1　光耦合器的性能参数

　　光耦合器性能的主要参数有插入损耗、附加损耗、分光比、方向性(或隔离度)等,下面以 2×2 四端口光纤耦合器为例,如图 3.5.1 所示,分别介绍如下:

图 3.5.1　2×2 四端口光纤耦合器

　　① 插入损耗(insertion loss)是指某一指定输出端口的光功率 P_{oj} 相对输入光功率 P_i 损失的 dB 数,即

$$L_j = -10\lg\frac{P_{oj}}{P_i} \tag{3.5.1}$$

式中,L_j 是第 j 个输出端口的插入损耗,dB。

　　② 附加损耗(excess loss)是指所有输出端口的光功率总和相对输入光功率 P_i 损失的分贝数,附加损耗 L_e(单位为 dB)

$$L_e = -10\lg\frac{P_i}{\sum_j P_{oj}} \tag{3.5.2}$$

对于 2×2 光纤耦合器,如图 3.5.1 所示,附加损耗为

$$L_e = -10\lg\frac{P_1}{P_3+P_4} \tag{3.5.3}$$

　　对于耦合器,附加损耗是体现器件制造工艺质量水平的指标,反映的是器件制作带来的固有损耗(如散射),理想耦合器的附加损耗是 0。而插入损耗表示的是各个输出端口的输出光功率状况,不仅有固有损耗的因素,更考虑了分光比的影响。

　　③ 分光比,又叫耦合比(coupling ratio),指某一输出端口(如 3 或 4)光功率 P_{oj} 与各端口总输出功率之比,即

$$C_R = \frac{P_{oj}}{\sum_j P_{oj}} \times 100\% \tag{3.5.4}$$

　　对于 Y 形(1×2)耦合器,分光比 50∶50 表示两个输出端口光功率相同,实际应用中常要用到不同分光比的耦合器,目前分光比可达到 50∶50 到 1∶99。

　　④ 隔离度,又称为方向性(directivity),是衡量器件定向传输特性的参数,定义为耦合器

正常工作时,输入侧一非注入端的输出光功率相对于全部输入光功率的分贝数。对于 2×2 光纤耦合器,是指由 1 端口输入功率 P_1 与泄漏到 2 端口的功率 P_2 比值的对数,计算公式表示为

$$L_D = 10 \lg \frac{P_1}{P_2} \qquad (3.5.5)$$

该数值越大越好,L_D 越大说明发送端口相互串扰影响越小。

3.5.2　各种光耦合器

1. 熔融拉锥型光纤耦合器

熔融拉锥型光纤耦合器是将两根(或两根以上)光纤去除涂覆层,以一定方式靠拢,在高温加热下熔融,同时向两侧拉伸,在加热区形成双锥体形式的特种波导结构,实现光功率耦合。控制拉伸锥形耦合区长度可以控制两端口功率耦合比(分光比)。熔融拉锥型光纤耦合器如图 3.5.2 所示。

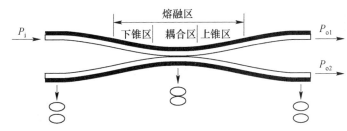

图 3.5.2　熔融拉锥型光耦合器

2. 星形耦合器

星形耦合器是指输入输出端口具有 $N \times N$ 型的耦合器。星形耦合器,可采用多根光纤扭绞、加热熔融拉锥而形成。对于单模光纤,这种多芯熔锥式星形耦合器要精确地调整多根光纤间的耦合很困难,因而通常用另一种拼接方法来构造 $N \times N$ 星形耦合器。如图 3.5.3 所示,利用 4 只 2×2 基本单元可以构成 4×4 耦合器,利用 12 只 2×2 基本单元可以构成 8×8 耦合器,利用 8 只 4×4 基本单元可以构成 16×16 耦合器等。

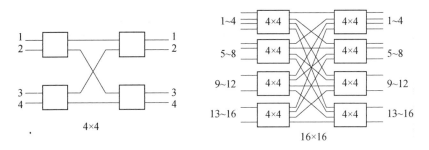

图 3.5.3　基于 2×2 耦合器串级的星形耦合器拼接示意图

3. 树形耦合器

树形耦合器是指输入输出端口具有 $1 \times N$ 型的耦合器。该种耦合器主要用于光功率分配场合,在接入网中用于光分配网。采用类似的方法,可将 1×2 或 2×2 耦合器逐次拼接,构成 $1 \times N$ 或 $2 \times N$,其拼接方案如图 3.5.4 所示。

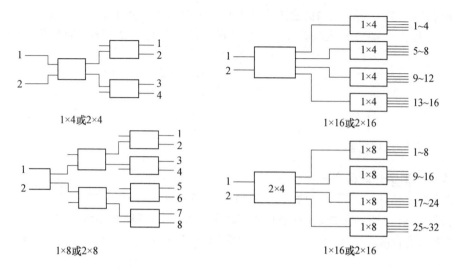

图 3.5.4 基于 2×2 耦合器拼接的 1×N 树形耦合器

下面介绍部分商品单模光纤耦合器的特性,分别用表 3.5.1 和表 3.5.2 展示如下:

表 3.5.1 单模光纤树形耦合器特性

特性参数	1×4		1×8		1×16	
	A	B	A	B	A	B
工作波长/nm	1 310 或 1 550					
工作带宽/nm	$\lambda_0 \pm 20$					
附加损耗/dB	0.3	0.5	0.5	0.7	0.7	1.0
方向性/dB	>60					
均匀性/dB	±0.6	±1.0	±1.0	±1.8	±2.0	±2.5
工作温度/℃	−40~+85					

表 3.5.2 单模光纤星形耦合器的主要特性

特性参数	4×4		8×8		16×16	
	A	B	A	B	A	B
工作波长/nm	1 310 或 1 550					
工作带宽/nm	$\lambda_0 \pm 20$					
插入损耗/dB	≤7.0	≤7.5	≤11.2	≤12.5	≤15.0	≤17.0
方向性/dB	>60					
均匀性/dB	±0.1	±0.6	±1.0	±1.8	±2.0	±2.5
工作温度/℃	−40~+85					

3.6　光　开　关

光开关是一种具有一个或多个传输端口,可对光传输线路或集成光路中的光信号进行相互转换或逻辑操作的器件。光开关是光交换的核心器件,也是影响光网络性能的主要因素之一。光联网网络的实现完全依赖于光开关、光滤波器、新一代 EDFA、密集波分复用技术等器件和系统技术的发展。

3.6.1　光开关的作用

光开关作为新一代全光联网网络的关键器件,主要用来实现光层面上的自动保护倒换、光网络监控、光纤通信器件测试、光交叉连接和光分插复用等功能。

1. 自动保护倒换

在光纤断开或者转发设备发生故障时能够自动进行恢复。现在大多数光纤网络都有数条路由连接到节点上,一旦光纤或节点设备发生故障,通过光开关,信号就可以避开故障,选择合适的路由传输。这在高速通信系统中尤为重要。一般采用 1×2 和 $1 \times N$ 光开关就可以实现这种功能。

2. 光网络监控

在远端光纤测试点上,需要将多根光纤连接到一个光时域反射仪上,通过切换到不同的光纤可以实现对所有光纤的监控,这可以通过一个 $1 \times N$ 光开关来实现。在实际的网络应用中,光开关允许用户提取信号或插入网络分析仪进行在线监控而不干扰正常的网络通信。

3. 光纤通信器件测试

利用 $1 \times N$ 光开关可以实现元器件的生产和检验测试。每一个通道对应一个特定的测试参数,这样不用把每个器件都单独与仪表连接,就可以测试多种光器件,从而简化测试,提高效率。

4. 光交叉连接

光交叉连接(OXC)是全光网络的核心器件,它能在光纤和波长两个层次上提供光路层的带宽管理,并能在光路层提供网络保护机制,还可以通过重新选择波长路由实现更复杂的网络恢复,因此光路层的带宽管理和光网络的保护与恢复都是 OXC 的核心功能。由光开关矩阵构成的 OXC 能在矩阵结构中提供无阻塞的一到多连接。由于 OXC 运行于光域,具有对波长、速率和协议透明的特性,非常适合高速率数据流的传输。

通过利用光开关,OADM 可以在网络的某个节点从 DWDM 信号中选出并下载一个波长,然后再在原波长上加入一个新的信号继续向下一个节点传输。这种功能极大地加强了网络中的负载管理功能。OADM 分为固定型和可重构型两种。固定型 OADM 的特点是只能上下一个或多个固定的波长,节点的路由是固定的;可重构型 OADM 能动态调节上下话路波长,从而实现光网络的动态重构。

3.6.2　光开关的种类

1. 机械光开关

传统的光机械开关是目前常用的一种光开关器件,可通过移动光纤将光直接耦合到输出端，采用棱镜、反射镜切换光路。

　　机械光开关有移动光纤式、移动套管式光开关和移动透镜（包括反射镜、棱镜和自聚焦透镜）式光开关。图 3.6.1 所示为移动光纤式光开关的结构。

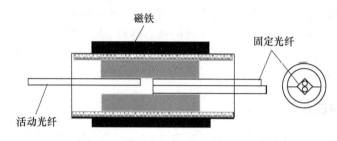

图 3.6.1　移动光纤式光开关的结构

　　机械型光开关的优点是插入损耗低、隔离度高，与波长和偏振无关，制作技术成熟。其缺点在于开关动作时间较长（毫秒量级），体积偏大，不易做成大型的光开关矩阵，有时还存在重复性差的问题。机械型光开关在最近几年已得到广泛应用，但随着光网络规模的不断扩大，这种开关难以适应未来高速、大容量光传送网发展的需求。

　　微机械 MEMS(Micro-Electro-Mechanical Systems)光开关指由半导体材料（如 Si 等）构成的微机械电控结构。它将电、机械和光合为一块芯片，透明传送不同速率、不同协议的信号，是一种有广泛应用前景的光开关。MEMS 器件的基本原理是通过静电的作用使可以活动的微镜面发生转动，从而改变输入光的传播方向。MEMS 既具有机械光开关的低损耗、低串扰、低偏振敏感性和高消光比的优点，又具有体积小、易于大规模集成等优点，非常适合于骨干网或大型交换业务的应用场合。

　　典型的 MEMS 光开关结构可分为二维和三维结构。基于镜面的二维 MEMS 器件由一种受静电控制的二维微镜面阵列组成，安装在机械底座上，准直光束和旋转微镜构成多端口光开关矩阵，其原理如图 3.6.2 所示。微镜面两边有两个推杆，推杆的一端连接微镜面铰接点，另一端连接平移盘铰接点。转换状态通过静电控制使微镜面发生转动，当微镜面为水平时，可使光束通过该微镜面，当微镜面旋转到与硅基底垂直时，反射入射到表面的光束，从而使该光束从该微镜面对应的输出端口输出。它很容易从开发阶段转向大规模的生产阶段，开关矩阵的规模可以允许扩展到数百个端口。

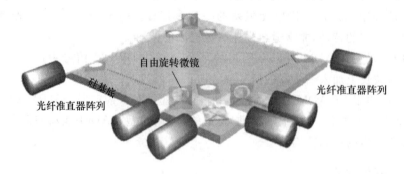

图 3.6.2　自由空间二维 MEMS 光开关原理图

　　三维结构示意图如图 3.6.3 所示。三维 MEMS 光开关结构主要靠两个微镜面阵列完成两个光纤阵列的光波空间连接,每个微镜面都能向任何方向转动,都有多个可能的位置,输入光束入射到第一个阵列镜面上先被反射到第二个阵列的预制镜面上,然后再反射到输出端口。为确保任何时刻微镜面都处于正确的位置,其控制电路需要十分复杂的模拟驱动方法,控制精度有时要达到百万分之一度,因此制造工艺较为困难,较二维光开关结构复杂得多。由于MEMS 光开关是靠镜面转动来实现交换功能的,所以任何机械摩擦、磨损或震动都可能损耗光开关。

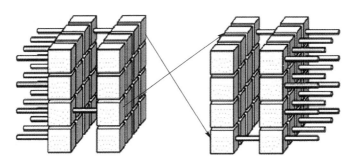

图 3.6.3　三维 MEMS 光开关结构示意图

2. 热光开关

热光开关是利用热光效应制造的小型光开关。热光效应是指通过电流加热的方法,使介质的温度变化,导致光在介质中传播的折射率和相位发生改变的物理效应。折射率随温度的变化关系为

$$n(T) = n_0 + \Delta n(T) = n_0 + \frac{\partial n}{\partial T} \Delta T = n_0 + \alpha \Delta T \qquad (3.6.1)$$

式中:n_0 为温度变化前介质的折射率;ΔT 为温度的变化;α 为热光系数,与材料的种类有关。

热光开关利用热光效应,实现光路的转化,采用可调节热量的波导材料,如 SiO_2、Si 和有机聚合物等。其中聚合波导技术是非常有吸引力的技术,它成本低,串扰小,功耗小,与偏振和波长无关,对交换偏差和工作温度不敏感,通常采用的原理结构有 M - Z 干涉仪型和数字型光开关。

数字型光开关:当加热器温度加热到一定温度时,开关将保持固定状态,最简单的设备是Y 形 1×2 分支热光开关,如图 3.6.4 所示。当对 Y 形的一个臂加热时,它会改变折射率,阻断光通过此臂。

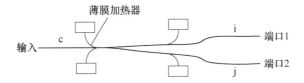

图 3.6.4　Y 形分支热光开关结构

干涉仪型光开关:具有结构紧凑的优点,缺点是对波长敏感,因此通常需要进行温度控制。干涉仪型光开关主要指 M - Z 干涉仪型,如图 3.6.5 所示。它包括一个 MZI 和两个 3 dB 耦合器,两个波导臂具有相同的长度,在 MZI 的干涉臂上镀上金属薄膜加热器形成相位延时器。当加热器未加热时,输入信号经过两个 3 dB 耦合器在交叉输出端口发生相干相长而输出,在直通的输出端口发生相干相消。如果加热器开始工作而使光信号发生了大小为 π 的相移,则

输入信号将在直通端口发生相干相长而输出,而在交叉端口则发生相干相消,从而通过控制加热器可实现开关的动作。

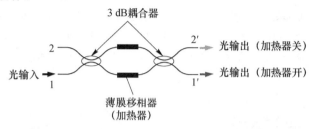

图 3.6.5 MZI 型热光开关

3. 电光、磁光和声光开关

电光开关利用电光效应,即通过施加一个电场来产生材料折射率的相应变化,从而可以方便地控制光在传播中的强度、位相和方向。近年来半导体材料的数字型电光开关引起了人们的极大关注,它是用半导体技术构造出的一种数字光开关,其输出波导由 PN 结覆盖,前向偏置电流使输出波导发生载流子浓度改变,从而实现折射率的调制。由于半导体中载流子寿命的限制,开关时间一般为微秒或亚微秒。如图 3.6.6 所示,由两个 Y 形 LiNbO$_3$ 波导构成的马赫-曾德尔 1×1 光开关,与幅度调制器类似,在理想的情况下,输入光功率在 C 点平均分配到两个分支传输,在输出端 D 干涉,其输出幅度与两个分支光通道的相位差有关。当 A、B 分支的相位差 $\phi=0$ 时输出功率最大,当 $\phi=\pi/2$ 时,两个分支中的光场相互抵消,使输出功率最小,在理想的情况下为零。相位差的改变由外加电场控制。

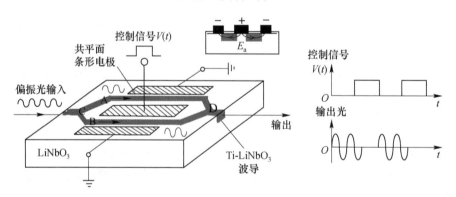

图 3.6.6 马赫-曾德尔 1×1 光开关

磁光开关是利用法拉第旋光效应,通过外加磁场的变化来改变磁光晶体对入射偏振光偏振面的作用,从而达到切换光路的作用。相对于传统的机械式开关,磁光开关具有开关速度快、稳定性高等优点,而相对于其他的非机械式光开关,它又具有驱动电压低、串扰小等优点。

声光效应指声波在通过材料时,使材料产生机械应变,引起材料的折射率变化,形成周期与波长相关的布拉格(Bragg)光栅,输入光波在沿内部有声波的波导传播时,将发生散射现象。简单地说,声光开关的工作原理是利用声波来反射光波。声光开关的优点是开关速度比较快,可达纳秒量级;此外,由于没有机械活动部分,可靠性较高。其缺点是插入损耗比较大,成本较高。

4. 液晶光开关

液晶光开关是近几年才开发出来的一种新型光开关器件。

液晶光开关是利用液晶材料的电光效应,偏振光经过未加电压的液晶后,其偏振态将发生改变,而经过施加了一定电压的液晶时,其偏振态将保持不变。由于液晶材料的电光系数是铌酸锂的百万倍,因而成为最有效的电光材料。

液晶光开关一般由 3 个部分组成:偏振光分束器、液晶及偏振光合束器。偏振光分束器把输入偏振光分成两路,起偏后进入液晶单元。在液晶上施加电压,使非常光的折射率发生变化,改变非常光的偏振态,使原来的平行光经过液晶后变成垂直光而被阻断;液晶上不施加电压时,光直通,经液晶后的光进入检偏无源器件,按其偏振态从预订的通道输出,从而实现开关的两个状态。

液晶光栅开关是基于布拉格光栅技术,利用液晶材料的电光效应,采用了更为新颖的结构,包含液晶片、偏振光束分离器(PBS)或光束调相器。液晶片的作用是旋转入射光的极化角。液晶光栅开关的基本原理是:将液晶微滴置于高分子层面上,然后沉积在硅波导上,形成液体光栅。当加上电压时,光栅消失,晶体是全透明的,光信号将直接通过光波导。当没有施加电压时,光栅把一个特定波长的光反射到输出端口。这表明该光栅具有两种功能:取出光束中某个波长并实现交换。

与其他光开关相比,液晶光开关具有能耗低、隔离度高、使用寿命长、无偏振依赖性等优点,缺点是插入损耗较大。

在液晶光开关发展的初期有两个主要的制约因素,即切换速度和温度相关损耗。现有技术已使铁电液晶光开关的切换时间达到 1 ms 以下,其典型插入损耗也小于 1 dB。预计液晶光开关在网络自愈保护应用中将大有发展。理论上,液晶光开关的规模可以做得非常大,但在现实中似乎很难实现。Corning 公司和 ChorumTech 公司都宣布已做出 40×40 端口的液晶光开关。

5. 喷墨光开关

Agilent 公司利用其成熟的热喷墨打印技术与硅平面光波电路技术,开发出了一种利用液体的移动来改变光路全反射条件,实现光传播路径改变的喷墨气泡光开关器件。它是一种利用波导与微镜面结合的开关,其结构示意图见图 3.6.7。Agilent 公司设计的气泡光开关上半部分是 Si 片,下半部分是硅衬底上 SiO_2 光波导。两部分之间抽真空密封,内充折射率匹配液体,每一个小沟道对应一个微型电阻,微型电阻通电时,匹配液被加热形成气泡,对通过的光产生全反射,实现关态。不加电时,光信号直接通过,形成开态。

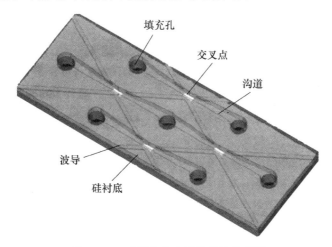

图 3.6.7　喷墨气泡光开关结构示意图

气泡光开关最大的优点是对偏振不敏感、容易实现大规模光开关阵列、可靠性好。其缺点是响应速度不高。

思考与练习题

1. 自发辐射的光有什么特点？受激发射的光有什么特点？
2. 怎样才能实现光放大？
3. 半导体激光器的基本特性是什么？
4. LED 和 LD 的主要区别是什么？
5. 光探测器的作用和原理是什么？
6. 光纤通信中最常用的光电检测器是哪两种？比较它们的优缺点。
7. 光纤连接器由哪两部分构成？按照连接器的外形结构可以分为哪几种？按照插头的物理形状又可以分成哪几种？
8. 光纤连接时引起的损耗因素有哪些？
9. 光纤连接器的性能参数有哪些？
10. 光耦合器可分为哪几类？光耦合器的性能参数有哪些？
11. 光放大器分为哪几类？其中 EDFA 的主要优点是什么？
12. EDFA 由哪几部分组成？其工作原理是什么？
13. EDFA 的泵浦方式有几种？各有什么特点？
14. EDFA 在光纤通信中的主要应用方式有哪些？
15. 拉曼光纤放大器的特点是什么？
16. 简述光开关的应用范围及主要性能参数。
17. 什么是 MEMS 光开关？简述其工作原理。

第4章 光纤通信系统及设计

光纤通信系统包括光发送机、光接收机、光纤光缆、光中继器等,本章重点讨论将这些单元组成一个实用光波通信系统时,与系统设计和性能有关的问题,以及典型的光纤通信系统,如光波分复用系统、ROF 系统等。

4.1 光发送机

4.1.1 光发送机的组成

光发送机是光纤通信系统的重要组成部分,典型的光发送机的组成框图如图 4.1.1 所示。

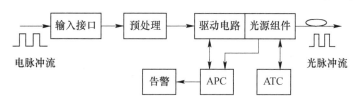

图 4.1.1 光发送机的组成框图

光发送机的作用,就是把数字化的信息码流转换成光信号脉冲码流并输入到光纤中进行传输。

(1)输入接口

输入接口的作用是进行电平转换。

(2)预处理

预处理的作用是对数字电信号的脉冲波形进行波形处理。

(3)驱动电路与光源组件

驱动电路与光源组件实际上就是光源及其调制电路。其作用是把电信号变成光脉冲信号并耦合到光纤中。该部分是光发送机的核心,许多重要技术指标皆由该部分决定。

(4)自动发光功率控制(APC)

为了使光发送机能输出稳定的光功率信号,可采用相应的负反馈措施来控制光源器件的发光功率。

常用的自动发光功率控制方法是背向光控制法。

LD 的谐振腔有两个反射镜面,它们是半透明的。其作用一方面构成谐振腔,保证光子在其中往返运动以激励出新的光子;另一方面有相当一部分光子从反射镜透射出去,即发光。前反射镜面透射出去的光称为主光,通过与光纤的耦合发送到光纤中成为有用的传输;而后反射镜面辐射出去的光称为副光,又叫背向光,利用它可以来监控光源器件发光功率的大小。

利用与 LD 封装在一起的光检测器就可以把副光转换成电信号并提供给 APC 电路,而 APC 电路把该电信号进行放大处理后,去控制 LD 的偏置电路,即控制 LD 的偏置电流 I_b,从而达到控制 LD 发光功率的目的。

（5）自动温度控制（ATC）

所有的半导体器件对温度的变化都是比较敏感的，对 LD 而言也是如此。因此，为 LD 提供一个温度恒定的环境是十分重要的。

利用与 LD 封装在一起的热敏电阻 R_t 可以有效地监视 LD 的工作环境温度。当温度发生变化时，R_t 的阻值也随之变化，把该变化信号提供给 ATC 电路，ATC 电路进行放大处理后再控制 LD 组件中的制冷装置，从而达到使 LD 工作环境温度恒定的目的。

4.1.2 调制方式

为了能使信息从发送端传到接收端，需要在发送端对载波进行调制，使之携带信息后进行传输，而在接收端再进行解调。在无线通信中经常使用如幅移键控（ASK）、频移键控（FSK）与相移键控（PSK）等调制方法。同样，在光纤通信中为了使光源器件发出与信息电脉冲流相应的光脉冲流，也需要对光源发出的光波进行调制。从光源与调制器之间的关系来看，调制方式可分为光源的内调制和光源的外调制两种方式。

（1）光源的内调制

光源的内调制，又称直接调制，就是用电脉冲信号直接去改变光源的工作电流，从而使光源器件发出与电脉冲信号相应的光脉冲。在数字电信号为"1"的瞬间，光发送机发送一个"传号"光脉冲；在数字电信号为"0"的瞬间，光发送机不发光即"空号"（实际上发极微弱的光）。LD 的直接调制方式示意如图 4.1.2 所示。

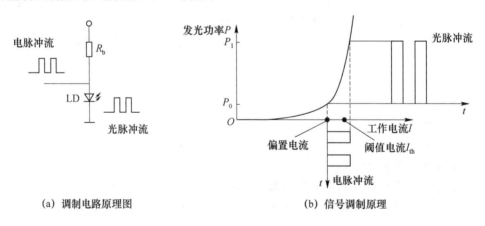

(a) 调制电路原理图   (b) 信号调制原理

图 4.1.2　LD 的直接调制方式示意图

在图 4.1.2 中，处于正偏状态的 LD 的偏置电流 I_b 由偏置电阻 R_b 控制，I_b 稍低于 LD 的阈值电流 I_{th}。当电脉冲为"0"码时，LD 只发出微弱的光（P_0）；而当电脉冲为"1"码时，LD 中的工作电流会大于其阈值电流，于是发出谱线尖锐、大功率的激光（P_1）。

（2）光源的外调制

当传输速率很高时（如 2.5 Gb/s 以上），应采用外调制方式。它的特点是，光源本身不被调制，但当光从光源射出以后，在其传输的通道上被调制器调制，即用调制信号控制激光器后接的外调制器，使其输出光的参数随信号变化，形成与电脉冲信号相对应的光脉冲信号，如图 4.1.3 所示。外调制器是利用物质的电光、磁光、声光等物理效应来对光波进行调制的，故外调制器分为电光调制器、磁光调制器和声光调制器等。这种调制方式又称为间接调制。

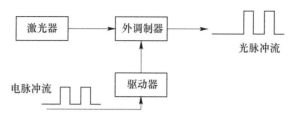

图 4.1.3　LD 的外调制方式示意图

4.1.3　光发送机的主要技术要求

有稳定的光功率输出和一定的光功率。入纤功率要求 $0.01\sim5$ mW,且当环境温度变化及光源老化时,输出光功率应保持稳定,变化不超过 $5\%\sim10\%$。因此,对于 LD 光源,电路中应有 APC 电路,驱动电路中要有温度补偿元件。

消光比 EXT $\leqslant10\%$,用于防止因 EXT 过大造成光接收机灵敏度下降的情况。消光比 EXT $=P_0/P_1$,是指激光器在全"0"码时发送的功率与全"1"码时发送的功率之比。

输出光脉冲上升时间、下降时间和延滞时间应尽量短。

尽量抑制弛豫振荡。高速调制时,输出光脉冲往往出现顶部的弛豫振荡,其损坏了系统的性能,必须采取措施抑制。

4.1.4　光源与光纤的耦合

怎样将光源发射的光信号功率有效地耦合进光纤,是光发送机设计的另一个问题。在实际光发送机中,光源与光纤耦合的有效程度都用耦合效率或耦合损耗来表示,其大小取决于光源与光纤的类型。

影响光源与光纤耦合效率的主要因素是光源的发散角和光纤的数值孔径 NA。发散角大,耦合效率低;NA 大,耦合效率高。此外,光源发光面、光纤端面尺寸、形状及二者的间距也都直接影响耦合效率。针对不同的因素,通常采用两类方法来实现光源与光纤的耦合,即直接耦合法和透镜耦合法。直接耦合也称为对接耦合,就是把光纤端面直接对准光源发光面。当发光面大于纤芯面积时,这是一种有效的方法,其结构简单,但耦合效率低,如面发光二极管与光纤的耦合效率只有 $2\%\sim4\%$。半导体激光器的光束发散角要比面发光二极管小得多,与光纤直接耦合效率也要高得多,但也仅在 10% 左右。在光源面积小于纤芯面积的情况下,为了提高耦合效率,可在光源与光纤之间放置透镜,使更多的发散光线汇聚进入光纤来提高耦合效率。采用透镜耦合后,面发光二极管与光纤的耦合效率达到 $6\%\sim15\%$。

边发光二极管和半导体激光器的发光面尺寸要比面发光二极管小得多,发散角也小。因此,对同样数值孔径的光纤,其耦合效率要比面发光二极管高。但是,它们的发散角是非对称的,它们的远场和近场都是椭圆的。可以用圆柱透镜来降低这种非对称性。如图 4.1.4(a)所示,可以缩小发散角大的方向的光束发散角。这种圆柱透镜通常是一段玻璃光纤,垂直放置于发光面与传输光纤之间。采用这种方法可使半导体激光器耦合效率提高到 30%。在图 4.1.4(b)中,在圆柱透镜后又加了一个球面透镜,以进一步降低光束发散角。图 4.1.4(c)中则利用大数值孔径的自聚焦透镜(GRIN)来代替圆柱透镜,或者在圆柱透镜后面再加

GRIN。由于 GRIN 的聚焦作用极好,耦合效率可提高到 60%,甚至更高。

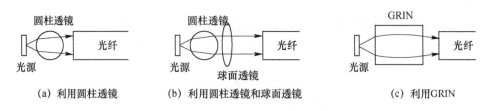

(a) 利用圆柱透镜　　　　　(b) 利用圆柱透镜和球面透镜　　　　　(c) 利用GRIN

图 4.1.4　光源与光纤的透镜耦合

由于单模光纤的芯径很小,所以单模光纤和半导体激光器的耦合也更加困难。对于输出光束不对称的半导体激光器与单模光纤的耦合采用两种方式:在纤芯端面集成微透镜,或在发光面与光纤间接入聚焦透镜。

需要指出的是,在光发送机的设计中,必须考虑激光器的稳定性问题,因为半导体激光器对光反馈极其敏感,很容易破坏激光器的稳定性,影响系统性能,因此需采取抗反馈措施。大多数光发送机中,采用在激光器与光纤间接入光隔离器的方法,以达到提高系统性能的要求。

4.2　光接收机

光接收机是光纤通信系统的三大组成部分之一,其作用就是进行光/电转换,即把数字电信号(通信信息)从微弱的光信号中检测出来,并经过放大、均衡后再生出波形整齐的电脉冲信号。

4.2.1　光接收机的组成

光接收机的组成框图如图 4.2.1 所示。

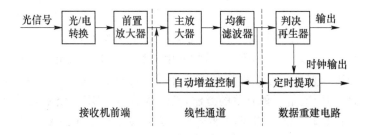

图 4.2.1　光接收机的组成框图

光接收机主要由 3 部分电路组成,分别为由光电二极管和前置放大器构成的光接收机前端,由主放大器和均衡滤波器构成的线性通道,以及由判决再生器和时钟恢复电路构成的数据重建电路,下面依次进行介绍。

1. 光接收机前端

光接收机不是对任何微弱信号都能正确接收的,这是因为信号在传输、检测及放大过程中总会受到一些干扰,并不可避免地要引进一些噪声。虽然来自环境或空间无线电波及周围电气设备所产生的电磁干扰,可以通过屏蔽等方式减弱或防止,但随机噪声是接收系统内部产生的,是信号在检测、放大过程中引进的,所以人们只能通过电路设计和工艺措施尽量减小它,却不能完全消除它。虽然放大器的增益可以做得足够大,但在弱信号被放大的同时,噪声也放大了,当接收信号太弱时,必定会被噪声所淹没。前置放大器在减弱或防止电磁干扰和抑制噪声方面起着特别重要的作用,所以,精心设计前置放大器就显得特别重要。

光接收机前端的作用是将光纤线路末端耦合到光电二极管的光比特流转换为时变电流,然后进行预放大,以便后一级做进一步处理。

一台性能优良的光接收机,应具有无失真地检测和恢复微弱信号的能力,这首先要求其前端应有低噪声、高灵敏度和足够的带宽。根据不同的要求,前端的设计有 3 种不同的方式,分别是低阻抗前端、高阻抗前端和跨(互)阻抗前端。

低阻抗前端的优点是带宽和动态范围大;缺点是由于等效输入阻抗低,噪声比较高,灵敏度较低。

为了减小低阻抗前端热噪声,可采用高阻抗前端设计方案,即放大器的等效输入阻抗高,这种电路具有减少热噪声、提高光接收机灵敏度等优点;但其动态范围缩小,而且当比特率较高时,输入端信号的高频分量损耗过大,对均衡电路要求较高,很难实现,所以高阻抗前端一般只适用于低速系统。

互阻抗前端是一个性能优良的电流—电压转换器,其带宽比高阻抗前端增加了,动态范围也提高了,所以具有频带宽、噪声低、灵敏度高、动态范围大等综合优点,被广泛采用。但这种放大器设计复杂,且负反馈阻值限制了放大器的增益。

因此,在选用光检测器与前置放大器的连接方式时,要视具体要求而定。

2. 光接收机的线性通道

光接收机的线性通道除放大器外,还有一个低通滤波器。有时为了校正和补偿前端对带宽的限制,在主放大器之前,还要插入一个均衡器。采用自动增益控制电路,即使光接收机的平均入射光功率很大,也可把放大器的增益自动控制在固定的输出电平上。低通滤波器的作用是整形电压脉冲,减小噪声,避免引入更多的码间干扰。均衡滤波器的作用就是将输出波形均衡成具有升余弦频谱函数特性,做到判决时无码间干扰。因为前放、主放以及均衡滤波电路起着线性通道的作用,所以称为线性通道。

3. 数据重建电路

光接收机的数据重建或恢复部分由一个判决再生电路和一个时钟恢复电路组成,其任务是把线性通道输出的升余弦波形恢复成数字信号。为了重建数字信号,就要判决每个码元是"0"还是"1",这首先要确定判决时刻。为此要从升余弦信号中提取准确的时钟信号,并经过适当移相后,在最佳时刻对升余弦信号取样,然后将取样幅度与判决值进行比较,确定码元是"0"还是"1",从而把升余弦波形恢复重建成原传输的数字信号。最佳取样时间相当于在"1"和"0"信号电平相差最大的位置。

光接收机中,所谓时钟恢复是将 $f=B$ 的谱分量与接收信号分离,向判决再生电路提供码间隔 $T_B=1/B$ 的信息,使判决过程同步。时钟提取电路不仅应该稳定可靠,抗连"1"或连"0"性能好,而且应尽量减小时钟信号的抖动。

任何光接收机都存在固有噪声,总存在判决再生电路错误地确定一个比特的可能,称之为误码率(BER)。光波系统应用中,允许的误码率一般相当低,典型值小于 10^{-9},即小于 10 亿分之一。

4.2.2　集成光接收机

光接收机的组成部件,除光电二极管外,都是标准的电子元器件,采用标准集成电路(IC)工艺技术,很容易集成在同一芯片上,做成集成光接收机。在高比特工作时,这种集成光接收机具有很多优点。20 世纪 90 年代末用 Si 和 GaAs 集成电路工艺已制成带宽超过 2 GHz 的集成光接收机,现在带宽超过 10 GHz 的集成光接收机也已用于光波系统。

集成光接收机设计制造有两种方案:一种称为混合集成光接收机,它将电子器件集成在 GaAs 芯片上,而将光电二极管制造在 InP 芯片上,然后将两个芯片连接。叠加芯片的优越性在于光接收机的光电二极管和电子元器件可分别实现最优设计,而又保持寄生参数最小。

另一种是利用光电集成电路(OEIC),即把光接收机所有的元器件集成在同一芯片上的单片光接收机方案。在 0.85 μm 波段下已采用结构上与场效应管(FET)工艺兼容的金属—半导体—金属光电二极管,制造了一个四通道 OEIC 接收机。在 1.3~1.6 μm 波段下已利用 InP 材料制成单信道 5 Gb/s InGaAs OEIC 接收机和平均带宽 2 GHz 的多信道 InGaAs OEIC 接收机。

4.2.3　光接收机的主要技术指标

光接收机的任务就是以最小的附加噪声及失真,恢复或检测出光载波所携带的信息,因此,光接收机性能优劣的主要技术指标是接收灵敏度、误码率或信噪比、带宽和动态范围。降低输入端噪声、提高灵敏度、降低误码率是光接收机理论的中心问题。

1. 光接收机灵敏度 Pr

灵敏度是光接收机一项最重要的技术指标,是衡量系统技术水平的一项重要标志。从损耗的角度出发,光接收机灵敏度与光发送机的发光功率以及光纤的损耗系数三者决定了光纤系统的传输距离。因此,必须设法提高光接收机的灵敏度。

光接收机灵敏度,是指在保证规定误码率要求的条件下(如 BER=1×10^{-10}),光接收机所需要的最小光功率值。光接收机灵敏度的单位为瓦(W),但实际使用中常用 dBm 为单位,1 mW 为 0 dBm。

光检测器的量子效率 η 是影响灵敏度的首要因素。灵敏度和光检测器的量子效率 η 成正比,即 η 值越大越好。η 越大,在输入同样光功率信号的条件下,光检测器件产生的光电流越大,越能提高光接收机的灵敏度。η 值增加一倍,灵敏度可提高 3 dB。可见,选择优质的光检测器对提高灵敏度起着极其重要的作用。

噪声也是影响光接收机灵敏度的主要因素之一。噪声包括雪崩噪声与热噪声等。因此,精心设计光接收机放大器(主要是前置放大器)的热噪声性能是提高灵敏度的重要手段。对于 PIN 光接收机,放大器的热噪声输出每降低一个数量级,灵敏度会改善 5 dB;对于 APD 光接收机,放大器的热噪声输出每降低一个数量级,灵敏度会改善 1.5~2 dB。因此,仔细设计放大器,降低其热噪声性能,是提高光接收机灵敏度的重要手段。

此外,灵敏度还与系统的传输速率有关。灵敏度随码率的提高而降低。因为码率越高,每秒钟输入到光接收机中的光脉冲数量就越多,又因为每个光脉冲都具有一定的光能量(功率),所以需要的光功率值增加,即灵敏度降低。传输速率每提高 4 倍,其灵敏度会降低 6 dB。

2. 光接收机过载光功率 P_o

光接收机过载光功率定义为,在保证一定误码率要求的条件下(如 BER=1×10^{-10}),光接收机所能承受的最大输入光功率。因为当光接收机的输入光功率增大到一定数值时,其前置放大器会进入非线性工作区,继而会出现饱和或过载现象使脉冲波形发生畸变,导致码间干扰增大,误码率增高。

3. 动态范围

过载光功率与灵敏度之差就是光接收机的动态范围。大的动态范围是为了适应实际使用中各中继段的距离有较大差别的要求。动态范围一般在 20 dB 以上。

4.3　光中继器与分插复用器

前面已对组成光波系统的 3 个基本单元——光发送机、光纤线路和光接收机的原理与特性进行了讨论。在光纤通信系统中,除了这 3 种基本组成单元外,还有一些中间设备,如光中继器和上下路分插复用器。本节将对这个单元进行简单介绍。

4.3.1　光中继器

在光纤通信线路上,光纤的吸收和散射导致光信号衰减,光纤的色散将使光脉冲信号畸变,导致信息传输质量降低,误码率增高,限制了通信距离。为了满足长距离通信的需要,必须在光纤传输线路上每隔一定距离加入一个中继器,以补偿光信号的衰减和对畸变信号进行整形,然后继续向终端传送。通常有两种中继方法:一种是传统方法,采用光—电—光转换方式,亦称光电光混合中继器;另一种是近几年才发展起来的新技术,它是采用光放大技术对光信号进行直接放大的一种中继器。本小节只介绍混合中继器,光放大技术将在后续章节介绍。

在混合中继器中先将从光纤接收到的已衰减和变形的脉冲光信号用光电二极管检测转为光电流,然后经前置放大器、主放大器、判决再生电路在电域实现脉冲信号的放大与整形,最后再驱动光源,产生符合传输要求的光脉冲信号沿光纤继续传输。它实际上是前面已讨论过的光接收机和光发送机功能的串接,其基本功能是均衡放大、识别再生和再定时,具有这 3 种功能的中继器称为 3R 中继器,而仅具有前面两种功能的中继器称为 2R 中继器。经再生后的输出光脉冲完全消除了附加噪声和波形畸变,即使由多个中继器组成的系统中,噪声和畸变也不会累积,这正是数字通信能实现长距离通信的原因。

在光纤通信系统中,光中继器作为一种系统基本单元,除没有接口、码型变换和控制部分外,在原理、组成元件与主要特性方面与光接收机和光发送机基本相同,但其结构与可靠性设计则视安装地点的不同而会有很大的不同。安装于机房的中继器,在结构上应与机房原有的光终端机和 PCM 设备协调一致。埋设于地下人孔内和架空线路上的光中继器箱体要密封、防水、防腐蚀等。如果光中继器在直埋状态下工作,则要求将更严格。

4.3.2　分插复用器

长途光波系统的通信距离很长,要经过很多市县或特区,为避免重复建设,提高已建线路的投资效益,可在原有数字复用技术的基础上,采用分插复用技术从主通道上分出或插入若干低次群比特流,以便在建设光纤通信干线的同时,实现干线附近的小容量区间通信。完成这种功能的单元称为分插复用器(ADM)。

图 4.3.1 所示为三次群 ADM 的原理示意图,这是一个主码流为 34 Mb/s 的 ADM 功能原理框图。A、B 站之间用三次群码率进行通信,在经过 C 站时,要分出或插入一些话路,例如要分出一个二次群和插入一个二次群,实现 A—C 之间的 120 路通话,在 A—B 之间则有 360 话路可直接用来通信。C—B 之间、B—A 之间原理相同,方向相反。

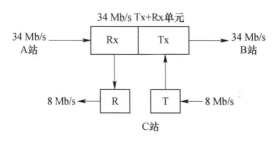

图 4.3.1　三次群 ADM 原理图

为了实现上述功能,设置在 C 站的 ADM 包含两个 34 Mb/s 的线路收发单元,其中一个单元处理 A—B 方向的信码流,另一个单元处理 B—A 方向的信码流(图 4.3.1 中未画)。为了保证能直接传送主通道上的信号,这两个 34 Mb/s 收发单元的发送时钟均不是由自己的晶振产生,而是从收信方向收到的 34 Mb/s 信码流中提取的时钟。C 站本身设置两个二次群收发单元,其中一个用于与 A 站之间的 120 路通话,另一个用于与 B 站之间的 120 路通话。

由于 ADM 具有分出/插入或上下路功能,所以使得通信线路的设计非常灵活,应用上非常方便。对于高次群 PDH 模块和 SDH 模块信号亦能按类似方式实现分插复用。

4.4　光波分复用系统

随着通信网对传输容量不断增长的需求以及网络交互性、灵活性的要求,产生了各种复用技术,在数字光纤通信中除大家熟知的电时分复用(ETDM)方式外,还出现了光时分复用(OTDM)、光波分复用(WDM)、频分复用(FDM)以及微波副载波复用(SCM)等方式,这些复用方式的出现,使通信网的传输效率大大提高。其中,光波分复用技术以其独特的技术特点及优势得到了迅速发展和应用。

4.4.1　光波分复用技术的定义

所谓光波分复用技术就是为充分利用单模光纤低损耗区的巨大带宽资源,采用光波分复用器(合波器),在发送端将多个不同波长的光载波合并起来并送入一根光纤进行传输,在接收端,再由光解复用器(分波器)将这些不同波长承载不同信号的光载波分开的复用方式。

光波分复用系统工作原理如图 4.4.1 所示。从图 4.4.1 中可以看出,在发送端由光发送机 Tx_1,Tx_2,$\cdots$,Tx_n 分别发出标称波长为 λ_1,λ_2,$\cdots$,λ_n 的光信号,每个光通道可分别承载不同类型或速率的信号,如 2.5 Gb/s 或 10 Gb/s 的 SDH 信号或其他业务信号,然后由光波分复用器把这些复用光信号合并为一束光波输入到光纤中进行传输;在接收端用光解复用器把不同光信号分解开,分别输入到相应的光接收机 Rx_1,$\cdots$,Rx_n 中。

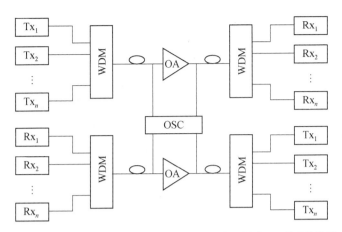

注：$Tx_1, \cdots, Tx_n$：复用通道 $1 \sim n$ 的光发送机；$Rx_1, \cdots, Rx_n$：复用通道 $1 \sim n$ 的光接收机；
　　WDM：光复用/解复用器(合波/分波器)；OA：光放大器（EDFA）；OSC：光监控通道。

图 4.4.1　WDM 系统原理方框图

　　光波分复用系统的关键组成有 3 部分：合波/分波器、光放大器和光源器件。合波/分波器的作用是合波与分波；光放大器的作用是对合波后的光信号进行放大，以便增加传输距离。WDM 系统的光源一般采用外调制方式。图 4.4.1 中的 OSC 为光监控通道，其作用就是在一个新波长上传送有关 WDM 系统的网元管理和监控信息，使网络管理系统能有效地对 WDM 系统进行管理。

　　根据光波分复用器的不同，可以复用的波长数也不同，从两个至几十个不等，这取决于所允许的光载波波长间隔 $\Delta\lambda$ 的大小。$\Delta\lambda = 100 \sim 10 \text{ nm}$ 的 WDM 系统称为粗波分复用(coarse CWDM)系统，采用普通的光纤 WDM 耦合器，即可进行复用与解复用；$\Delta\lambda = 1 \text{ nm}$ 左右的 WDM 系统称为密集波分复用(DWDM)系统，需要采用波长选择性高的光栅进行解复用；若 $\Delta\lambda < 0.1 \text{ nm}$，则称为光频分复用系统(OFDM)。

1. 密集波分复用

　　较早的 WDM 技术使用的是 1310 nm 和 1550 nm 两个波长，波长间隔为 0.8 nm。随着通信业务的迅速增长以及光纤通信技术的不断提高，在 1550 nm 窗口范围内更多波长的复用技术逐步成熟起来。在这个窗口范围内，8 波长、16 波长和 32 波长的光波分复用系统已投入商业使用。根据 ITU - T 建议的波长间隔为 3.2 nm、1.6 nm 和 0.8 nm 等，我国通信行业标准《光波分复用系统总体技术要求》中对 32 路、16 路和 8 路的光波分复用系统各中心波长进行了规范，规定 32 路光波分复用系统的频带通路分配可使用连续频带(对含有掺铒光纤放大器系统)方案或分离频带方案。

　　由于在有限的可用波长 1550 nm 窗口范围内安排了众多的波长用于光波分复用系统，为了区别较早的 WDM 系统，称这种光波分复用技术为密集波分复用技术。

　　因为 DWDM 技术是应用在 1550 nm 窗口附近范围内，而这一窗口至少有 80 nm 的宽度可供利用，所以 DWDM 的扩容和提速能力还有进一步提高的可能。由于 DWDM 技术的扩容、提速能力很强，所以在光纤通信领域中获得了广泛的应用。同时，也由于这个原因，目前所谓的光波分复用技术都是指 DWDM。

2. 粗波分复用技术

粗波分复用也是一种光波分复用技术。它的工作原理和 DWDM 一样,即在一根光纤上,可同时传输多个波长的光载波。但是 CWDM 技术的波长间隔较大,通常为 20 nm。同时,它覆盖的工作波长范围较宽,为 1270～1610 nm。在 2002 年 6 月和 2003 年 11 月,ITU－T 相继通过了 G.694.2 和 G.695 文件,明确指出 CWDM 技术的应用领域为城域网。由于城域网的覆盖范围不大,一般为几十千米,因此在 CWDM 系统中,在一般场合下,就没有必要使用掺铒光纤放大器(EDFA)。这样为 CWDM 系统的使用降低了设备成本和运营成本,为 CWDM 技术的推广使用创造了一定的物质条件。

CWDM 与 DWDM 相比,最大的区别有两点:

一是 CWDM 载波通道的间距较宽,其信道间隔约为 20 nm,而 DWDM 的信道间隔较窄,其信道间隔值从 0.1 nm 到 1.6 nm;二是 CWDM 的调制激光采用的是非冷却激光,而 DWDM 采用的是冷却激光。

冷却激光采用温度调谐,而非冷却激光则采用电子调谐。温度调谐实现起来难度很大,而且成本很高。这是因为在一个很宽的波长区段内温度分布很不均匀。而由于 CWDM 技术采用的是非冷却激光,因此就避开了这个难点,其成本也必然会大幅度降低。据估算,整个 CWDM 系统的成本仅为 DWDM 的 30%。

CWDM 技术在城域网建设方面具有以下优势:

(1) 容易实现

因为 CWDM 技术的波长间隔为 20 nm,传输距离也较短,最大为 80 km,所以只需采用多通道的激光收发器和粗波分的复用/解复用器,不必引入比较复杂的控制技术以维护较高的系统要求。

(2) 支持多种业务接口

虽然器件的成本和对系统的要求都降低了,使得实现起来变得更加容易,但是,CWDM 系统仍能和 DWDM 系统一样,支持多种业务的接口。

(3) 降低网络建设费用

在城域网采用 CWDM 技术时,不必进行新建管道、敷设光缆和拆除旧设备等工作,已有 G.652、G.653 和 G.655 等光纤均可使用。这样,原有的管道、光缆和设备都可利用起来。于是,网络的建设费用必然会下降。

(4) 可兼容 SDH 系统

在城域网的建设前期,已建好并广泛使用的 1310 nm 的 SDH 系统和以太网接口,在采用 CWDM 技术后仍可被兼容。

(5) 系统功率消耗低

由于 CWDM 的调制激光采用的是非冷却激光、电子调谐,所以功率消耗低。据估算,CWDM 的功率消耗约为 DWDM 的一半。

(6) 体积小

因为 CWDM 采用的是非冷却激光、电子调谐,所以使其整个体积变得很小。

CWDM 技术是一种具有较高传输带宽,适用中短距离并支持多种业务,成本较低的光波分复用技术。因此,它特别适用于以下场合:

（1）需要进行低成本扩容升级的场合

CWDM 技术的成本约为 DWDM 技术的 1/3。通常，它可开通 18 个通道，即便在一般传统的光纤 G.652 上，也能开通 13 个通道。根据这一特点，凡已建城域网的地方，在考虑扩容和提高传输速率的需要时，均可考虑采用 CWDM 技术。同样地，凡要新建光纤通信城域网的地方，考虑到今后扩容、提速的必要性，应考虑直接建设 CWDM＋SDH 的光纤通信网。

（2）需要进行多种业务传输的场合

CWDM 技术可以支持以太网、SDH 和 ATM 等多种传输业务。一种业务占用一个工作波长，且各种业务之间不会产生相互影响的问题。因此，凡需要多种业务传输并且考虑到要扩容升级的场合，均可考虑采用 CWDM 技术，组建 CWDM 环形网。

目前，CWDM 技术的相关设备，其跨距一般可达 80 km，而且以太网普遍建于一幢办公大楼内，或一个范围不太大的小区内，它们的工作范围一般不会超过几百米或几千米。对于这种场合，其业务种类较多，建立点到点的专用网是很适合的。采用这种技术，既经济又可达到扩容和承接多种业务传输的目的。特别是由于互联网的迅速发展，更要考虑扩容和承接多种业务的需要。在城市中，利用 CWDM 技术使 HFC 网络升级是 CWDM 技术的实际应用之一。

4.4.2　光波分复用系统的基本形式

光波分复用系统的基本构成主要有 3 种形式：

1. 光多路复用单芯传输

在发送端，Tx_1，Tx_2，…，Tx_n 共 n 个光发送机分别送出波长为 λ_1，λ_2，…，λ_n 的已调光信号，然后通过 WDM 器组合在一起在一根光纤中传输。到达接收端后，通过光解复用器将不同光波长的信号分开并送入相应的光接收机内，完成多路信号单芯传输的任务。由于各信号是通过不同光波长携带的，所以彼此之间不会串扰。

WDM 系统的典型构成形式如图 4.4.1 所示。

2. 光单芯双向传输（单芯全双工传输）

如果一个器件同时具有合波与分波的功能，就可以在一根光纤中实现两个方向信号的同时传输，如图 4.4.2 所示。

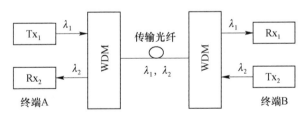

图 4.4.2　光单芯双向传输系统

如果终端 A 向终端 B 发送信号，则由波长 λ_1 携带；如果终端 B 向终端 A 发送信号，则由波长 λ_2 携带，通过一根光纤就可以实现彼此双方的通信联络，因此也称为单芯全双工传输。这对于必须采用全双工通信方式的通信联络，是非常方便和重要的。

3. 光分路插入传输

光分路插入传输系统如图 4.4.3 所示，在端局 A，通过光解复用器将波长 λ_1 光信号从线路中分离出来，利用复用器将波长 λ_3 光信号插入线路中进行传输；在端局 B，通过光解复用器

将波长 λ_3 光信号从线路中分离出来,利用复用器将波长 λ_4 光信号插入线路中进行传输。通过各波长光信号的合流与分流,就可以实现信息的上、下通路,从而可以根据通信线路沿线的业务分布情况,合理地安排插入或分出信号。

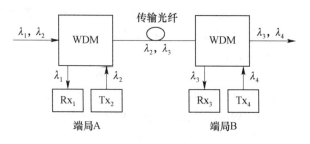

图 4.4.3　光分路插入传输系统

4.4.3　光波分复用技术的特点

光波分复用技术之所以得到如此重视和迅速发展,是由其技术特点决定的。

1. 充分利用光纤的低损耗带宽,实现超大容量传输

WDM 系统的传输容量是十分巨大的,它可以充分利用单模光纤的巨大带宽(约 27 THz)。因为系统的单通道速率可以为 2.5 Gb/s、10 Gb/s 等,而复用光通道的数量可以是 16 个、32 个甚至更多,所以系统的传输容量可达到数百 Gb/s 甚至几十 Tb/s 的水平,而这样巨大的传输容量是目前 TDM 方式根本无法做到的。

2. 节约光纤资源,降低成本

这个特点是显而易见的。对单波长系统而言,1 个 SDH 系统就需要一对光纤;而对 WDM 系统来讲,不管有多少个 SDH 分系统,整个 WDM 系统只需要一对光纤。如对于 32 个 2.5 Gb/s 系统来说,单波长系统需要 64 根光纤,而 WDM 系统仅需要 2 根光纤。节约光纤资源也许对市话中继网络并不重要,但对于系统扩容或长途干线,尤其是对于早期安装的芯数不多的光缆来说就显得非常重要了,可以不必对原有系统做较大改动,就可以使通信容量扩大几十倍至几百倍。随着复用路数的成倍增加以及直接光放大技术的广泛使用,每话路的成本都在迅速降低。

3. 可实现单根光纤双向传输

对必须采用全双工通信方式的,如电话,可节省大量的线路投资。

4. 各通道透明传输,平滑升级扩容

由于在 WDM 系统中,各复用光通道之间是彼此独立、互不影响的,也就是说,光波分复用通道对数据格式是透明的,与信号速率及电调制方式无关,因此就可以用不同的波长携带不同类型的信号。如波长 λ_1 携带音频,波长 λ_2 携带视频,波长 λ_3 携带数据,从而实现多媒体信号的混合传输,给使用者带来极大的方便。

另外,只要增加复用光通道数量与相应设备,就可以增加系统的传输容量以实现扩容,而且扩容时对其他复用光通道不会产生不良影响。所以 WDM 系统的升级扩容是平滑的,而且方便易行,从而最大限度地保护了建设初期的投资。

5. 可充分利用成熟的 TDM 技术

以 TDM 方式提高传输速率虽然在降低成本方面具有巨大的吸引力,但也面临着许多因素的限制,如制造工艺、电子器件工作速率的限制等。据分析,TDM 方式的 40 Gb/s 光传输设备已经非常接近目前电子器件工作速率的极限,再进一步提高速率是相当困难的。

而 WDM 技术则不然,它可以充分利用现已成熟的 TDM 技术,如 2.5 Gb/s 或 10 Gb/s,相当容易地使系统的传输容量达到 80 Gb/s 以上的水平,从而避开开发更高速率 TDM 技术所面临的种种困难。

6. 可利用掺铒光纤放大器实现超长距离传输

掺铒光纤放大器(EDFA)具有高增益、宽宽带、低噪声等优点,使其在光纤通信中得到了广泛的应用。EDFA 的光放大范围为 1530~1565 nm,经过适当的技术处理也可能为 1570~1605 nm,因此它可以覆盖整个 1550 nm 波长的 C 波段或 L 波段。所以用一个带宽很宽的 EDFA,就可以对 WDM 系统中的各复用光通道信号同时进行放大,以实现超长距离传输,避免了每个光传输系统都需要一个光放大器的弊病,减少了设备数量,降低了投资。

WDM 系统的传输距离可达数百千米,可节省大量的电中继设备,大大降低了成本。

7. 对光纤的色散并无过高要求

对 WDM 系统来讲,不管系统的传输速率有多高、传输容量有多大,它对光纤色度色散系数的要求,基本上就是单个复用通道速率信号对光纤色度色散系数的要求。如 80 Gb/s 的 WDM 系统(32~2.5 Gb/s),对光纤色度色散系数的要求就是单个 2.5 Gb/s 系统对光纤色度色散系数的要求,一般的 G.652 光纤都能满足。

但 TDM 方式的高速率信号却不同,其传输速率越高,传输同样的距离所要求的光纤的色度色散系数就越小。

8. 可组成全光网络

全光网络是未来光纤传送网的发展方向。在全光网络中,各种业务的上下、交叉连接等都是在光路上通过对光信号进行调度来实现的。例如,在某个局站可根据需求用光分插复用器(OADM)直接上、下几个波长的光信号,或者用光交叉连接设备(OXC)对光信号直接进行交叉连接,而不必先进行光—电转换,然后再对电信号进行上下或交叉连接处理,最后再进行电—光转换,把转换后的光信号输入到光纤中传输。

WDM 系统可以与光分插复用器、光交叉连接设备混合使用,以组成具有高度灵活性、高可靠性、高生存性的全光网络。

4.4.4　光波长区的分配

1. 系统工作波长区

石英光纤有两个低损耗窗口,即 1310 nm 波长区和 1550 nm 波长区,但由于目前尚无工作于 1310 nm 窗口的实用化光放大器,所以 WDM 系统皆工作在 1550 nm 窗口。石英光纤在 1550 nm 波长区有 3 个波段可以使用,即 S 波段、C 波段和 L 波段,其中,C、L 波段目前已获得应用。S 波段的波长范围为 1460~1530 nm,C 波段的波长范围为 1530~1565 nm,L 波段的波长范围为 1570~1605 nm。

要想把众多的光通道信号进行复用,必须对复用光通道信号的工作波长进行严格规范,否则系统会发生混乱,合波器与分波器也难以正常工作。因此,在该有限的波长区内如何有效地进行通道分配,关系到是否能够提高带宽资源的利用率和减少通道彼此之间的非线性影响。

与一般单波长系统不同的是,WDM 系统通常用频率来表示其工作范围。这是因为用频率比用光波长更准确、方便。

2. 绝对频率参考

绝对频率参考(AFR)是指 WDM 系统标称中心频率的绝对参考点。用绝对参考频率加上规定的通道间隔就是各复用光通道的中心工作频率。

ITU - T G.692 建议规定,WDM 系统的绝对频率参考为 193.1 THz,与之相对应的光波长为 1 552.52 nm。

3. 通道间隔

所谓通道间隔,是指两个相邻光复用通道的标称中心工作频率之差。

通道间隔可以是均匀的,也可以是非均匀的。非均匀通道间隔可以比较有效地抑制 G.653 光纤的四波混频效应(FWM),但目前大部分还是采用均匀通道间隔。

一般来讲,通道间隔应是 100 GHz(约 0.8 nm)的整数倍。2002 年,ITU - T 对 DWDM 的通道间隔在 G.694.1 中进行了新的规范,从原来 G.692 规范的 200 GHz、100 GHz 波道间隔,进一步缩至 50 GHz 甚至 25 GHz。

4. 标称中心工作频率

标称中心工作频率是指 WDM 系统中每个复用通道对应的中心工作频率。在 ITU - T G.692 建议中,通道的中心工作频率是基于 AFR 为 193.1 THz、最小通道间隔为 100 GHz 的频率间隔系列,所以对其选择应满足以下要求:

① 至少要提供 16 个波长,从而可以保证当复用通道信号为 2.5 Gb/s 时,系统的总传输容量可以达到 40 Gb/s 以上的水平。但波长的数量也不宜过多,因为对众多波长的监控是一个相当复杂而又较难应付的问题。

② 所有波长都应位于光放大器增益曲线比较平坦的部分,这样可以保证光放大器对每个复用通道提供相对均匀的增益,有利于系统的设计和超长距离传输的实现。对于 EDFA 而言,其增益曲线比较平坦的部分为 1 540～1 560 nm。

③ 这些波长应该与光放大器的泵浦波长无关,以防止发生混乱。目前 EDFA 的泵浦波长为 980 nm 和 1 480 nm。

按照 ITU - T G.692 建议,所选取的标称中心工作频率可表示为

$$f = (193.1 \pm m \times 0.1) \text{THz} \tag{4.4.1}$$

式中,m 为整数。

5. 中心频率偏移

中心频率偏移又称频偏,是指复用光通道的实际中心工作频率与标称中心工作频率之间的允许偏差。

对于 8 通道的 WDM 系统,采用均匀间隔 200 GHz(约 1.6 nm)为通道间隔,而且为了将来向 16 通道 WDM 系统升级,规定最大中心频率偏移为 ±20 GHz(约 ±0.16 nm)。该值为寿命终了值,即在系统设计寿命终了时,考虑到温度、湿度等各种因素仍能满足的数值。

对于 16 或 32 通道的 WDM 系统,采用均匀间隔 100 GHz 为通道间隔,规定其最大中心频率偏移为 ±10 GHz(约 ±0.08 nm)。该值也为寿命终了值。

4.4.5 光波分复用器

要想实现光波分复用系统,最关键的是器件,而其核心器件是光波分复用器与光解复用

器,是其把几路不同波长的光波进行合路与分路。下面将分析光波分复用器的工作原理及性能。

从原理上讲,根据光路可逆原理,该器件是互易性的。只要将光解复用器的输出端和输入端反过来使用,就是复用器。下面光波分用器原理部分将着重分析光解复用器原理。

1. 光波分复用器的主要性能参数

（1）插入损耗

插入损耗是指某特定波长信号通过光波分复用器相应通道时所引入的功率损耗。光波分复用器的插损影响 WDM 系统的传输距离。假设光波分复用器的插损值为 7 dB,那么合波/分波器加在一起就近 15 dB,导致系统在 1550 nm 波长区的再生传输距离可能从 80 km 减少到 30～40 km,这样短的传输距离是很难满足实际需求的。幸好出现了性能颇佳的掺铒光纤放大器,才解决了这个难题。尽管如此,还是希望光波分复用器的插损越小越好,一般规定小于 10 dB,但性能良好者可望在 5 dB 以下。

（2）隔离度

光波分复用器的隔离度与耦合器的隔离度（端口隔离度）不同,它是指波长隔离度或通道间隔离度,表征分波器本身对其各复用光通道信号的彼此隔离程度,仅对分波器有意义。

通道的隔离度越高,光波分复用器的选频特性就越好;它的串扰抑制比越大,各复用光通道之间的相互干扰影响也就越小。

通道隔离度可以细分为相邻通道与非相邻通道隔离度两种。

1）相邻通道隔离度

它代表分波器本身对其相邻的两个复用通道光信号的隔离程度。具体含义是,某复用光通道的输出光功率和具有相同光功率输出的相邻光通道信号在本通道的泄漏光功率之比。其值自然越大越好,如大于 30 dB,即相邻光通道泄漏光功率仅为本通道输出光功率的千分之一,对本通道信号的不良影响自然很小。

2）非相邻通道隔离度

它代表分波器本身对其非相邻复用通道光信号的隔离程度。具体含义是,某复用光通道的输出光功率和非相邻光通道在本通道的泄漏光功率之比。同样道理,其值自然越大越好,如大于 30 dB。

（3）通道带宽

该参数仅对分波器有意义。目前关于分波器的带宽有两个指标,即−0.5 dB 带宽和−20 dB带宽。它们分别代表当分波器的插入损耗下降 0.5 dB 和 20 dB 时,分波器的工作波长范围的变化值。但−0.5 dB 带宽是描述分波器带通特性的,所以其值越大越好;而−20 dB带宽则是描述分波器阻带特性的,阻带特性曲线应该陡峭,所以其值越小越好。

2. 光波分复用器的要求

光波分复用器是 WDM 系统的重要组成部分,对它的要求是:

① 插入损耗低。所谓插入损耗是指合波/分波器对光信号的衰减作用,从损耗的角度出发,其值越小对提高系统的传输距离越有利。

② 良好的带通特性。合波/分波器实际上是一种光学带通滤波器,因此要求它的通带平坦、过渡带陡峭、阻带防卫度高。通带平坦可使其对带内的各复用通道光信号呈现出相同的特性,便于系统的设计与实施;过渡带陡峭与阻带防卫度高可以滤除带外的无用信号与噪声。

光纤通信

③ 高分辨率。要想把几十个光复用通道信号正确地分开,分波器应该具有很高的分辨率,只有如此才有可能在有限的光波段范围内增多复用光通道的数量,以便实现超大容量传输。目前高性能的分波器的分辨率可低于 10 GHz。

④ 高隔离度。所谓隔离度,是指分波器对各复用光通道信号之间的隔离程度。隔离度越高,则各复用光通道信号彼此之间的相互影响就越小,即所谓串扰越小,因此系统越容易包含众多数量的复用光通道。

⑤ 温度特性好。伴随温度的变化,合波/分波器的插损、中心工作波长等特性也会发生偏移,因此要求它应该具有良好的温度特性。

3. 光波分复用器的类型

目前光波分复用器的制造技术已经比较成熟,广泛商用的光波分复用器根据分光原理的不同分为 4 种类型,分别为熔锥光纤型、干涉滤波型、衍射光栅型和集成光波导型。

(1) 熔锥光纤型

熔锥光纤型 WDM 类似于 X 型光纤耦合器,即将两根除去涂覆层的光纤扭绞在一起,在高温加热下熔融,同时向两侧拉伸,形成双锥形耦合区。通过设计熔融区的锥度,控制拉锥速度,从而改变两根光纤的耦合系数,使分光比随波长急剧变化。如图 4.4.4 所示,直通臂对波长 λ_1 的光有接近 100% 的输出,而对波长为 λ_2 的光输出接近零;耦合臂对波长为 λ_2 的光有接近 100% 的输出,而对 λ_1 的光输出接近零。这样当输入端有 λ_1 和 λ_2 两个波长的光信号同时输入时,λ_1 和 λ_2 的光信号则分别从直通臂和耦合臂输出;反之,当直通臂和耦合臂分别有 λ_1 和 λ_2 的光信号输入时,也能将其合并从一个端口输出。

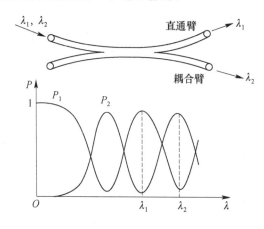

图 4.4.4 熔锥光纤型光波分复用器的结构与特性

熔锥光纤型 WDM 的特点是:插入损耗低,最大值小于 0.5 dB,典型值为 0.2 dB;结构简单;制造工艺成熟;价格便宜;具有较高的光通路带宽与通道间隔比以及温度稳定性。其缺点是:尺寸偏大,复用路数少,典型应用于双波长 WDM,隔离度较低(≈20 dB)。熔锥光纤型 WDM 常用于单模 WDM 系统,如对 1310 nm 与 1550 nm 两个波长进行合波与分波。

(2) 干涉滤波型

干涉滤波型光波分复用器的基本单元由玻璃衬底上交替地镀上折射率不同的两种光学薄膜制成,它实际上就是光学仪器中广泛应用的增透膜。

选择折射率差异较大的两种光学材料,交替地镀敷几十层增透膜,便做成了介质膜干涉型光波分复用器的基本单元。镀敷层数越多,干涉效应越强,透射光中波长为 λ 的成分相对其他波长成分的强度优势越大。将对应不同波长制作的滤光片以一定的结构配置,就构成了一个分波器。实际上此光学系统是可逆的,将图 4.4.4 中所有光线的方向反过来就成了合波器。

已实现实用化的 0.8 nm 信道间隔的 DWDM 用多层介质膜多腔干涉滤光器,是目前使用最广泛的合波/分波器。

图 4.4.5 所示为六波长介质薄膜干涉滤波型 WDM 器件结构。它通常用自聚焦透镜做为准直器件,直接在自聚焦透镜的端面镀上电介质膜以形成滤波器。从图 4.4.5 中可以看出,介质薄膜干涉滤波型的分波器通过在自聚焦透镜的端面上镀有不同滤光特性的电介质膜,每种电介质膜只允许某一波长的光透过。当含有多种波长的光波进入分波器时,每经过一个自聚焦透镜就有一个波长的光波被分离出来,从而实现分波作用。图 4.4.6 所示为八波长介质薄膜干涉滤波型 WDM 器件。

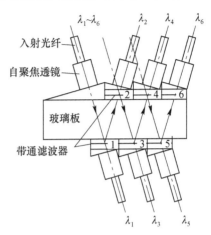

图 4.4.5　六波长介质薄膜干涉滤波型 WDM 器件

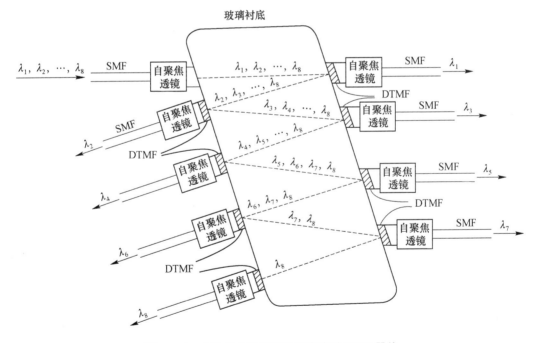

图 4.4.6　八波长介质薄膜干涉滤波型 WDM 器件

介质薄膜干涉滤波型分波器的优点是:① 良好的带通特性,它只允许带内波长的光波通过,而把带外其他波长的光波(包括噪声)过滤掉,从而具有较高的信噪比;② 插入衰耗低,大批量生产可以做到 2～6 dB;③ 复用波长数较多,其典型复用波长数为 2～6 个,最大已达 8 个;④ 温度特性好,其温度系数小于 0.3 pm/℃,因此它的中心工作波长随温度的变化极小,从而保证它具有稳定的工作波长。

介质薄膜干涉滤波型分波器的缺点是：① 分辨率与隔离度不是很高，难以用于 16 通路以上的 WDM 系统；② 插入衰耗随复用通道数量的增加而增大。

（3）衍射光栅型

所谓光栅是指具有一定宽度、平行且等距的波纹结构。当含有多波长的光信号通过光栅时产生衍射，不同波长的光信号将以不同的角度出射。

图 4.4.7 所示为体光栅型光波分复用器的原理图。当光纤阵列中某根输入光纤中的多波长光信号经透镜准直后，以平行光束射向光栅。由于光栅的衍射作用，不同波长的光信号以方向略有差异的各种平行光束返回透镜传输，再经透镜聚焦后，以一定规律分别注入输出光纤之中，实现了多波长信号的分路，采用相反的过程，亦可实现多波长信号合路。

图 4.4.7 中的透镜一般采用体积较小的自聚焦透镜。所谓自聚焦透镜，就是一种具有梯度折射率分布的光纤，它对光线具有汇聚作用，因而具有透镜性质。如果截取 1/4 的长度并将端面研磨抛光，即形成了自聚焦透镜，可实现准直或聚焦。

若将光栅直接刻在自聚焦透镜端面，则可以使器件的结构更加紧凑，稳定性大大提高，如图 4.4.7(b)所示。

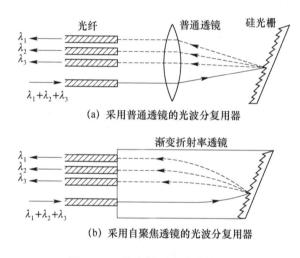

(a) 采用普通透镜的光波分复用器

(b) 采用自聚焦透镜的光波分复用器

图 4.4.7　体光栅型光波分复用器

光栅型光波分复用器的优点是：① 高分辨率，其通道间隔可以达到 30 GHz 以下；② 高隔离度，其相邻复用光通道的隔离度可大于 40 dB；③ 插入损耗低，大批量生产可达到3～6 dB，且不随复用通道数量的增加而增加；具有双向功能，即用一个光栅可以实现分波与合波功能，因此它可以用于单纤双向的 WDM 系统之中。

正因为具有很高的分辨率和隔离度，所以它允许复用通道的数量达 132 个之多，故光栅型波分复用器在 16 通道以上的 WDM 系统中得到应用。

光栅型光波分复用器的缺点是：① 温度特性欠佳，其温度系数约为 14 pm /℃，因此要想保证它的中心工作波长稳定，在实际应用中就必须加温度控制措施；② 制造工艺复杂，价格较贵。

除用体光栅外，还可直接在光敏光纤的纤芯中制作光纤光栅。当折射率的周期性变化满足布拉格光栅的条件时，相应波长的光就会产生全反射，而其余波长的光会顺利通过，这相当于一个带阻滤波器。利用普通的光分路器与多个光纤布拉格光栅就可以构成 WDM 系统使用的分波器,如图 4.4.8 所示。

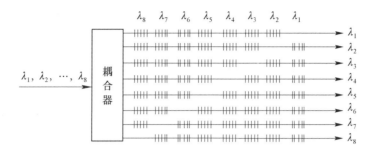

图 4.4.8　八波长光纤布拉格光栅型 DWDM 器件

光纤布拉格光栅型光波分复用器的优点是:① 具有相当理想的带通特性,带内响应平坦、带外抑制比高;② 温度特性较好,其温度系数可以与介质膜干涉滤波器型相媲美;③ 具有很高的分辨率;④ 与普通光纤连接简便。

光纤布拉格光栅型光波分复用器的缺点是成本比较高,插入损耗比较大。

(4) 集成光波导型(AWG)

集成光波导型又称为阵列波导光栅(AWG),还称为相位阵列波导光栅,通常制作成平面结构。它包含输入、输出波导,输入、输出 WDM 耦合器以及阵列波导,如图 4.4.9 所示。

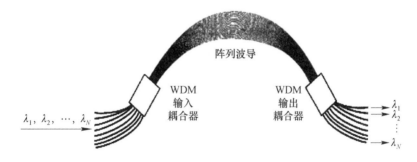

图 4.4.9　集成光波导型光波分复用器

阵列波导由规则排列的波导组成,类似凹面衍射光栅。由光栅方程可知,对于在某指定输入端口输入的多波长复合信号,将被分解至不同的输出端口输出,实现多波长复合信号的分接。

以光集成技术为基础的平面波导型光波分复用器具有一切平面波导的优点,如几何尺寸小、重复性好(可批量生产)、可在掩膜过程中实现复杂的支路结构、与光纤容易对准等。

集成光波导型光波分复用器的优点是:① 分辨率较高;② 高隔离度;③ 易大批量生产。其缺点是:① 插入损耗较大,一般为 6~11 dB;② 带内的响应度不够平坦。

因为具有高分辨率和高隔离度,所以,复用通道的数量达 32 个以上;再加上便于大批量生产,所以 AWG 型的光波分复用器在 16 通道以上的 WDM 系统中得到了非常广泛的应用。目前,AWG 型 WDM 器件的研究越来越被重视,该器件在众多类型的高密集型的 WDM 器件中占有明显优势。日本 NTT 光子学实验室采用由两级 AWG 滤波器构成的 5 GHz 间隔、4 200 信道级联光解复用器供超多波长光源用。

4.5 ROF 系统概述

ROF,即 Radio Over Fiber,称为光载无线通信,又称微波光纤传输,是应高速大容量无线通信需求,新兴发展起来的将光纤通信和无线通信相结合的无线接入技术。它利用光纤的低损耗、高带宽特性,提升无线接入网的带宽,为用户提供"anywhere,anytime,anything"的服务。

ROF 就是利用光纤来传输无线信号,将无线/射频信号直接调制在光上,通过光纤传播到基站,再由基站进行光/电转换恢复为无线/射频信号,然后通过天线发射给用户。由于光载波上承载的是射频信号,因此 ROF 系统不再属于传统的数字传输系统,而是一种模拟传输系统。

4.5.1 ROF 系统的构成

典型的 ROF 系统一般由 3 部分组成:中心局(Center Office,CO)、光纤链路和远端接入点(Access Point,AP)或者基站(Base Station,BS)。ROF 系统结构框图如图 4.5.1 所示。

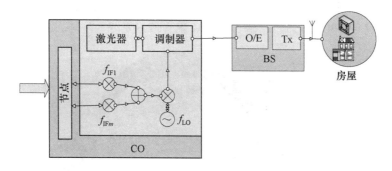

图 4.5.1 ROF 系统结构框图

在图 4.5.1 中,中心局的激光器(laser)通过调制器(MOD)将调制后的信号送入光纤链路(图 4.5.1 中粗箭头所示),到达基站后处理。ROF 系统中的基站不同于现有蜂窝网络或宽带无线通信系统中的基站,在功能、结构和成本等方面有所区别。中心局负责整个通信系统中的路由、交换、无线资源分配及某些基带射频/信号处理等功能。中心局将射频信号调制到光载波上,通过光纤发送到远端的目的基站。基站接收到此光信号后通过光/电转换成可用于无线传播的射频信号,最后通过天线发射出去。于是,终端用户即可接入无线网络。简而言之,ROF 系统中运用光纤作为基站与中心局之间的传输链路,直接利用光载波来传输射频信号。光纤仅起到传输的作用,交换、控制和信号的再生都集中在中心站,基站仅实现光/电转换,这样,可以把复杂昂贵的设备集中到中心站点,让多个远端基站共享这些设备,减少基站的功耗和成本。

光纤传输的射频(或毫米波)信号提高了无线带宽,但天线发射后在大气中的损耗会增大,所以要求蜂窝结构向微微小区转变,而基站结构的简化有利于增加基站数目来减少蜂窝覆盖面积,从而使组网更为灵活,大气中无线信号的多径衰落也会降低;另外,利用光纤作为传输链路,具有低损耗、高带宽和防止电磁干扰的优点。正是这些优点,使得 ROF 技术在未来无线宽带通信、卫星通信以及智能交通系统等领域有着广阔的应用前景。

4.5.2　ROF 技术的应用现状

在移动通信中,丰富的传输带宽、无缝的覆盖范围、大容量、低功耗等优点使得 ROF 系统在无线网络融合中有较大的发展空间。另外,它对信号的调制格式具有透明性,它只提供一个物理传输的媒介,可以把它看成天线到中心控制局之间点到点的透明链路。通过它与现有网络的融合,可以达到集中控制、共享昂贵器件、动态分配网络容量、降低成本的目的。

美国首次将 ROF 技术在 20 世纪 80 年代用于军事,自 20 世纪 90 年代后经过快速的发展,ROF 得到了广泛的应用。2000 年的悉尼奥运会利用 ROF 技术建立了 Tekmar BriteCell-TM 网络。它解决了奥运会期间,大量移动电话同时呼叫的连接问题,实现了宽带传输,避免了拥塞的发生,且在奥运会开幕式时,成功连接了 500 000 无线电话的呼叫。该网络综合了3 个 GSM 运营商的系统,采用多标准的无线通信协议,拥有大于 500 个远端天线单元,采用低射频功率分布式天线系统,可以动态地分配网络容量。

4.5.3　ROF 系统的基本原理

ROF 系统原理框图如图 4.5.2 所示。要实现光纤传输,就要解决如何将目标信号加载到光源的发射光束上(光载波),即电光调制;调制后的光信号经过光纤信道送至接收端,由光接收机鉴别出它的变化,并还原原来的信息,这个过程称为光电解调。在 ROF 系统中,目标信号是射频信号,即模拟信号,因此发送、传输和接收 3 部分的技术都是针对模拟信号的,这就有别于传统的数字光纤传输系统。下面将介绍调制解调的基本原理和相关技术。

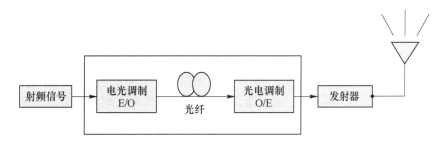

图 4.5.2　ROF 系统原理框图

1. 调制方法

与传统的数字光纤通信系统相同,ROF 系统的调制方法有两种,即直接调制(direct modulation)和外调制(external modulation)。

直接调制适用于半导体光源,这种方法是把要传递的信息转变为电流信号直接输入激光器从而获得调制光信号。可用于 ROF 系统直接调制方式的光源有半导体激光器(LD)和发光二极管(LED)。发光二极管只能用于对性能要求较低的系统,现在应用较少。ROF 系统常用的直接调制光源是半导体激光器。直接调制原理框图如图 4.5.3 所示。

外调制是利用晶体的电光效应、磁光效应、声光效应等性质来实现对激光辐射的调制。具体方法是,在激光器谐振腔外的光路上放置调制器,在调制器上加载调制电压,使调制器的某些物理特性发生相应的变化,当激光通过时,得到调制。由于这种调制方法的光源与调制器是分开的,因此称为外调制。光源与电信号同时输入外调制器,要传送的电信号即作为调制信号作用于外调制器。其原理如图 4.5.4 所示。

图 4.5.3 直接调制原理   图 4.5.4 外调制原理

直接调制具有简单、经济等特点,可以进行强度调制;但直接调制易引入噪声,光源的大带宽会导致严重的色散。

外调制结构相对复杂,不但可以进行强度调制,还可以进行频率及相位调制,调制性能也远优于直接调制。因此对于传输信号带宽大于 GHz 的 ROF 系统,一般使用外调制的方法。

2. 解调方法

对光载无线信号的解调也有两种方法:强度调制直接解调(IM - DD)和相干检测。强度调制直接解调就是对强度调制的光载无线信号直接进行包络检测,也就是说,强度调制信号直接通过光电探测器即可恢复出原信号。

相干检测可检测强度、相位及频率调制的光载无线信号。光信号在进入光接收机之前与接收端的本振激光器(LO)进行混频,产生一个等于本振激光器的频率和原光源频率之差的中频分量。

相干检测中,设接收来的光信号的表达式为

$$E_{s23}(t) = A_1 \exp(j\omega_s t + j\phi_s) \tag{4.5.1}$$

式中,A_1 为光信号的电场幅度,可用于表示强度调制;ω_s 为光载波频率,可用于表示频率调制;ϕ_s 为信号的相位,可用于表示相位调制。接收端本振激光器输出的信号可表示为

$$E_{LO}(t) = A_2 \exp(j\omega_{LO} t) \tag{4.5.2}$$

式中,A_2 为本振光信号的电场幅度,ω_{LO} 为本振光的频率。这里假设本振输出的初始相位为 0,则混频后的中频信号频率为 $\omega_I = |\omega_{LO} - \omega_s|$。此时,输入光电探测器的信号表达式为

$$V_{in} = [A_1 \exp(j\phi_s) + A_2 \exp(\omega_I t)] \exp j\omega_s t \tag{4.5.3}$$

经过光电探测器,有

$$i_O \propto P_i = |V_{in}|^2 \tag{4.5.4}$$

即光电探测器输出的电流与输入功率成正比。将式(4.5.3)代入式(4.5.4),有

$$i_O \propto [A_1^2 + A_2^2 + 2A_1 A_2 \cos(\omega_I t - \phi_s)] \tag{4.5.5}$$

经过滤波器可得式(4.5.5)第三项 $2A_1 A_2 \cos(\omega_I t - \phi_s)$,此项包含表示强度调制的 A_1 和表示相位调制的 ϕ_s。而 $\omega_I = \omega_{LO} - \omega_s$ 直接与表示频率调制的 ω_s 相关。因此,相干检测的方式可以恢复强度、相位及频率调制出的光载无线信号。

与直接检测相比,相干检测更容易获得大的信噪比,可恢复的信号种类较多,且频率选择性较好,更适合密集波分复用系统。但是,相干检测获得较好的检测性质的代价就是大大提高了系统的复杂性,而且缺乏灵活性。

4.5.4 ROF 系统的特点

ROF 系统是一种光纤和无线融合的物理层实现技术。在未来通信系统宽带化和无线化

的驱使下能承载高速数据传输业务的光纤通信技术与无线通信技术的融合是必然趋势,这也是 ROF 技术诞生的意义所在。

作为光纤通信技术的一个分支,ROF 技术拥有无线接入的能力,可以在"任何时间、任何地点"为用户提供无缝的高速率无线接入。作为一种无线接入技术,ROF 技术与现在的移动业务相比,其所能提供的带宽大大增加,且具有传输距离更远、易于敷设、抗电磁干扰能力强、极低的传输损耗及方便的射频信号管理与控制等特点。

此外,在整个无线通信网中,随着数据传输速率的提高和频率资源的不断消耗,信号的载波频率将逐渐从微波波段提高到毫米波波段。频率的提高会导致自由空间损耗增加,信号传输距离缩短,蜂窝小区覆盖的面积减小,这样就需要更多的能处理毫米波波段高频信号的无线基站。而在电域处理高频信号的成本很高、性能相对较差,进而影响到整个通信系统的成本及通信质量。ROF 技术的出现可以克服以上难点。由于 ROF 系统中的基站十分简单,核心部分只需一个光电探测器及电放大器,无须再对信号进行上变频等处理。在可用于 ROF 系统的高带宽的光电探测器能够大规模生产的前提下,系统基站的成本及体积都会得到有效的控制,而且系统省去了基站端对高频信号的处理过程,通信质量也得到了保障。

ROF 系统的特点可以归结为高带宽、可移动、低损耗、简单、成本低。

4.6 系统的性能指标

目前,ITU-T 已经对光纤通信系统的各个速率、各个光接口和电接口的各种性能给出了具体的建议,系统的性能参数也有很多,这里介绍系统最主要的性能指标,包括误码性能和抖动性能。

4.6.1 误码性能

误码性能是衡量数字通信系统质量优劣的重要指标,它反映了数字传输过程中信号受损害的程度。

在数字通信中常用比特率误码率(BER)来衡量误码性能。误码率的大小直接影响系统传输的业务质量,例如误码率对话音的影响程度如表 4.6.1 所列。

表 4.6.1 误码率对话音的影响程度

误码率	受话者的感觉
10^{-6}	感觉不到干扰
10^{-5}	在低话音电平范围内刚觉察到有干扰
10^{-4}	在低话音电平范围内有个别"喀喀"声干扰
10^{-3}	在各种话音电平范围内都感觉到有干扰
10^{-2}	强烈干扰,听懂程度明显下降
5×10^{-2}	几乎听不懂

所谓"平均误码率",就是在一定的时间内出现错误的码元数与传输码流总码元数之比,其表达式为

$$\text{BER}_{av} = \frac{\text{错误接收的码元数}\ m}{\text{传输的总码元数}\ n} = \frac{m}{f_b t}$$

例如，信息码速率为 8.448 Mb/s 的光纤系统，若 $\text{BER}_{av} = 10^{-9}$，求 5 min 内允许的误码数是多少？

解： $\qquad\qquad m = 10^{-9} \times 8.448 \times 10^6 \times 5 \times 60 = 2.5$ 码元

ITU－T 建议的误码质量要求如表 4.6.2 所列。

表 4.6.2　ITU－T 建议的误码质量要求

业务种类	数字电话	2～10 Mb/s 数据	可视电话	广播电视	高保真立体声
平均误码率	10^{-6}	10^{-8}	10^{-6}	10^{-6}	10^{-6}

表 4.6.2 中为电信号从发送端到接收端的总误码率，其中一部分分配给编码、复接、码型变换等过程的误码，然后再折算到光纤传输速率下的误码率。对于低速光纤通信系统的长期平均误码率应小于 10^{-9}，ITU－T 建议高速光纤通信系统的长期平均误码率应小于 10^{-10}，10 Gb/s 以上或带光放大器的光纤通信系统要达到 10^{-12}。

在通信网中除了语音，还有其他业务，为了能综合衡量各业务的传输质量，根据 ITU－T G.821 建议，可将误码性能优劣的指标分为 3 类：① 劣化分 DM；② 严重误码秒 SES；③ 误码秒 ES。其定义和指标如表 4.6.3 所列。

表 4.6.3 中的指标是建立在统计意义上的，其中总的观测时间：$T_L = T_A + T_U$，式中 T_A 为可用时间（如可用分、可用秒），即系统处于正常工作状态的时间；T_U 为不可用时间（如劣化分、严重误码秒、误码秒），亦即故障状态时间。一般而言，总的观测时间以较大为好，如数天或一个月。在工程中常采用平均误码率来衡量系统的总体性能。

表 4.6.3　误码类别、定义和总指标（假设为 27 500 km 数字连接情况）

类别	定义	全程全网指标
DM	在抽样观测时间 $T_0 = 1$ min 下，若 $\text{BER} > 10^{-6}$，则这 1 min 为一个 DM	$\frac{\text{劣化分}}{\text{可用分}} < 10\%$
SES	在抽样观测时间 $T_0 = 1$ s 下，若 $\text{BER} > 10^{-3}$，则这 1 s 为一个 SES	$\frac{\text{严重误码秒}}{\text{可用秒}} < 0.2\%$
ES	在抽样观测时间 $T_0 = 1$ s 下，若误码数至少为 1 个，则这 1 s 为一个 ES	$\frac{\text{误码秒}}{\text{可用秒}} < 8\%$

4.6.2　抖动性能

抖动是数字信号传输过程中产生的一种瞬时不稳定现象。抖动的定义是数字信号的特定时刻（如最佳抽样时刻）相对标准时间位置的短时间偏差。这种偏差包括输入脉冲信号在某一平均位置左右变化和提取时钟信号在中心位置左右变化。

产生抖动的原因很多，主要与定时提取电路的质量、输入信号的状态和输入码流中的连"0"数目有关。抖动严重时，使得信号失真、误码率增大。完全消除抖动是困难的，为保证整个系统正常工作，ITU－T 建议抖动的指标有：输入抖动容限、输出抖动容限和抖动转移（抖动增益）等。

1. 输入抖动容限

光纤通信系统各次群的输入接口必须容许信号含有一定的抖动。根据 ITU - T G. 823 建议,输入抖动容限指,在数字段内,满足误码特性要求时,允许的输入信号的最大抖动范围。输入抖动容限值越大越好。

2. 输出抖动容限

根据 ITU - T G. 921 建议,输出抖动容限指,当系统没有输入抖动的情况时,系统输出端的抖动最大值。该值越小越好,说明设备和数字段产生抖动小。

3. 抖动转移(抖动增益)

抖动转移也称为抖动传递,它定义为系统输出信号的抖动与输入信号中具有对应频率的抖动之比。

关于上面 3 个参数的要求和性能测试,ITU - T 建议有相关的规定,如输入抖动容限的测试方法为:用正弦低频信号发生器调制伪随机码,改变正弦低频信号发生器的频率和幅度,使光端机的输入信号产生抖动,固定一个低频分量的频率,加大其幅值,直到产生误码,用抖动测试仪测出此时的抖动即是输入抖动容限。

4. 7　系　统　结　构

光波通信系统的应用可分为三大类:点到点连接、广播和分配网、局域网。

4. 7. 1　点到点连接

点到点连接构成最简单的光波系统,称为链路,其作用是将可用电信号形式代表的信息从一个地方传送到另一个地方。光纤通信系统最简单的结构形式是工作在波长为 $0.85\ \mu m$、$1.3\ \mu m$ 或 $1.55\ \mu m$ 的点对点的链路,它可以是传输距离为几十米的室内传输,也可以是成千上万千米的跨洋传输。在一幢大楼内或两幢楼之间计算机数据的光纤传输就是一种短距离的点对点系统,在这种应用中,通常不是利用光纤的低损耗及宽带宽能力,而是取其抗电磁干扰等优点。相反,在超长距离的海底光缆系统中,光纤的低损耗和宽带宽对于降低建设和运行成本都具有决定性作用。

当两点间距离超过一定长度时,就必须补偿光纤损耗,否则由于衰减信号变得太弱而不能可靠检测。传统的补偿方法是用中继器,根据不同波长,中继距离在 $20\sim100\ km$ 范围内,这个长度称为中继距离。中继距离是系统的一个重要设计参数,它决定着系统的成本。由于光纤的色散,中继距离与系统码率有关。在点对点的传输中,码率与中继距离的乘积 BL 是表征系统性能的一个重要指标。由于光纤的损耗和色散均与波长有关,所以 BL 也与波长有关。对于工作波长为 $0.85\ \mu m$ 的第一代商用化光纤通信系统,BL 的典型值在 $1(Gb/s)\cdot km$ 左右,而 $1.55\ \mu m$ 波长的第三代系统的 BL 值可以超过 $1000(Gb/s)\cdot km$。

中继距离随光纤损耗的减小而增加,同时它也随光接收机灵敏度和光源输出光功率的提高而增加。

4.7.2　广播和分配网

光波系统的许多应用不仅要求传送信息,而且要求能将信息分配给许多用户。这种应用的例子包括电信业务的本地环路分配和公用天线电视(CATV)中的多路视频信道的广播。研究和发展的重点是通过宽带综合业务数字网(B‑ISDN)分配各种业务,包括电话、传真、计算机数据、可视图文和电视广播。对超宽带 ISDN,其传输距离较短($L<50$ km),但比特率可高达 10 Gb/s。

对于树形拓扑结构,信道分配在中心位置(集线器)进行,交叉连接设备在电域内自动交换信道,光纤的作用与点对点线路类似,城市内的电话网络就是这种情况。由于光纤带宽远大于单个中心局所要求的带宽,因此几个局可以共享通向中心局的一根光纤。在一个城市中,电话网采用树形拓扑结构分配音频信道。树形拓扑结构中,一根光纤的中断可能影响大部分的业务,所以结构的可靠性十分重要,重要中心点间的直接连接都敷设备用光纤。对于总线拓扑结构,单根光缆承载整个业务范围的多信道光信号,并通过光分接头完成分路,光分路器将一小部分功率分送给每个用户。总线拓扑结构的一个简单应用是城市中由多路视频信道分配组成的 CATV 系统。光纤的带宽比同轴电缆的要宽得多,允许分配约 100 个信道。对单信道比特率达 100 Mb/s 的高清晰度电视(HDTV),也要求使用光缆传送。

总线拓扑结构的缺点在于信号损耗随耦合器数量的增加而呈指数增加,从而限制了单根光纤总线服务的范围和用户。若忽略光纤自身的损耗,并假定耦合器的分光比和插入损耗都相同,则第 N 个分支可得到的功率为

$$P_N = P_T C[(1-\delta)(1-C)]^{N-1} \tag{4.7.1}$$

式中,P_T 为发送功率;C 为耦合器的功率分路比;δ 是耦合器的插入损耗,并假设每个分路器的 C 和 δ 都相同。

若取 $\delta=0.05,C=0.05,P_T=1$ mW,$P_N=0.1\ \mu$W,则 N 的最大值不超过 60。在总线上周期地接入光放大器提升功率,可以克服上述限制,只要光纤色散的影响限制在可忽略的程度,允许分配的用户数将可大大增加。

4.7.3　局域网

光波系统的许多应用,要求在网络中一个局部区域内(如在一个大学校园)的大量用户相互连接,使任何用户可以随机地进入网络,将数据传送给其他任何用户,这样的网络称为局域网(LAN)。由于传输距离较短(<10 km),因此在 LAN 应用中光纤低损耗的意义并不很大,使用光纤的主要意义在于光波系统能够提供宽的带宽。

在多路访问局域网中,每个用户能够发送信息到网络中所有其他的用户,同时也能接收所有其他用户发来的信息,电话网和计算机以太网就是这种网络的例子。

环形和星形是 LAN 广泛使用的两种结构。对于环形网络,点到点连接将节点依次相连以形成单个闭合环。各节点中均设置有发送机—接收机对,均可发送和接收数据,也可用作中继器。一个令牌(一个预先确定的比特率)在环内传递,每个节点都监视比特率以监听它自己的地址和接收数据。随着光纤分布式数据接口 FDDI 的标准接口的出现,光纤 LAN 开始普遍采用环形拓扑结构。对于星形网络,所有节点都通过点到点连接接到中心站(中枢节点)上,包

括有源星形结构和无源星形结构两种。前者是指所有到达的光信号都通过光接收机转换为电信号,再将电信号进行分配以驱动各个节点的光发送机;后者采用星形耦合器等无源光器件在光域进行分配。由于是从一个节点输入被分配到许多节点输出,因此传送到每个节点的功率将受用户数的限制。

如果只有一个光载波,则采用电的 TDM 和分组交换,以及必要的协议就可以构成多路访问 LAN;如果使用光波分复用技术,则采用交换、选择路由或分配载波频率的技术来实现用户之间的无阻塞连接。

网络的极限容量受分配损耗和插入损耗的限制。对于 $N \times N$ 的星形耦合器,每个用户接收的功率 P_N 降低为

$$P_N = (P_T/N)(1-\delta)^{\log_2 N} \tag{4.7.2}$$

式中,P_T 是平均发射功率;N 是用户数;δ 是星形耦合器的每个方向耦合器的插入损耗。若 $\delta = 0.05$,$P_T = 1$ mW,$P_N = 0.1$ μW,则可得 $N = 500$。而在总线网中,同样条件下的最大用户数为 $N = 60$。由于总插入损耗仅随 N 呈对数增长,因此插入损耗并不是无源星形网络的主要限制因素,所以星形拓扑结构在 LAN 应用中具有明显优点。

为了满足网络工作的要求,接收到的光功率应该超过光接收机灵敏度 $\overline{P}_{rec}$。

4.8　光纤损耗和色散对系统性能的影响

光波系统的设计,要求最大限度地利用光纤的频带资源,达到最高的通信能力或容量,提供最大的通信效益,为此需要研究限制通信能力的因素。光发送机、中继器、光接收机和光纤传输媒质等光波系统组成单元都对通信能力的提高产生限制。本节主要讨论光纤传输媒质对光波通信能力的影响。第 2 章中的讨论指出,光纤损耗和色散特性是影响光波系统通信容量(BL 积)的重要因素,而损耗和色散又都随工作波长变化,因此工作波长的选择和光纤特性参数对通信容量的影响程度就成为光波系统设计的一个主要问题。

4.8.1　损耗限制系统

假设发射机光源的最大平均输出功率为 $\overline{P}_{out}$,光接收机探测器的最小平均接收光功率为 $\overline{P}_{rec}$,光信号沿光纤传输的最大距离 L 为

$$L = -\frac{10}{\alpha_f} \lg(\overline{P}_{out}/\overline{P}_{rec}) \tag{4.8.1}$$

式中,α_f 是光纤的总损耗(单位为 dB/km),包括熔接和连接损耗。由于

$$\overline{P}_{out} = \overline{N}_{ph} h\nu B \tag{4.8.2}$$

所以 $\overline{P}_{out}$ 与码率 B 有关。式(4.8.2)中,$\overline{N}_{ph}$ 为光接收机要求的每比特平均光子数;$h\nu$ 为光子能量,因此传输距离 L 与码率 B 有关。在给定工作波长下,L 随着 B 的增加呈对数减小。

在 0.85 μm 波段下,由于光纤损耗较大(典型值为 2.5 dB/km),根据码率的不同,中继距离通常被限制在 10～30 km 范围。而在 1.3～1.6 μm 波段下,由于光纤损耗较小,在 1.3 μm 波长处损耗的典型值为 0.3～0.4 dB/km,在 1.55 μm 波长处为 0.2 dB/km,中继距离可以达到 100～200 km,尤其在 1.55 μm 波长处的最低损耗窗口,中继距离可以超过 200 km,如

图 4.8.1 所示。

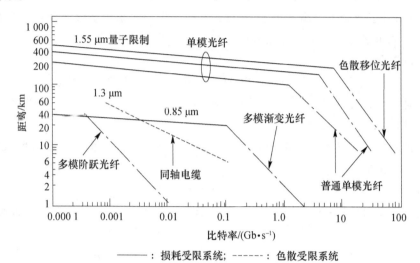

图 4.8.1　各种光纤的传输距离与传输速率的关系

4.8.2　色散限制系统

光纤色散导致光脉冲展宽,从而构成对系统 BL 乘积的限制。当色散限制的传输距离小于损耗限制的传输距离时,称系统是色散限制系统;或者说,当传输距离主要由色散所限制时,该系统是色散限制系统。导致色散限制的物理机制随波长不同而不同,下面分别进行讨论。

1. 0.85 μm 光纤通信系统

早期发展的第一代 0.85 μm 光纤通信系统中,通常采用低成本的多模光纤作为传输媒质。多模光纤的主要限制因素是模间色散。多模阶跃光纤的 BL 可根据第 2 章中的公式 $BL < \dfrac{n_2}{n_1^2}\dfrac{c}{\Delta}$ 计算得到。由图 4.8.1 可以看出,对于这种多模阶跃光纤构成的系统,即使是在 1 Mb/s 的较低码率下,其 L 值也限制在 10 km 以内。因此,除了一些数据连接应用,多模阶跃光纤很少用于光纤通信系统中。使用多模渐变光纤可大大提高 BL 值,可用近似关系式 $BL < 2c/(n_1\Delta)^2$ 计算。在这种情况下,如图 4.8.1 所示,0.85 μm 光波系统在比特率小于 100 Mb/s 时为损耗限制系统,当比特率大于 100 Mb/s 时为色散限制系统。第一代陆上光波系统就是采用这种多模渐变光纤,比特率在 50～100 Mb/s 之间,中继距离接近 10 km,于 1978 年投入商业运营。

2. 1.3 μm 光纤通信系统

第二代光纤通信系统采用最小色散波长在 1.3 μm 附近的早期单模光纤。该系统最大的限制因素是由较大的光源谱宽支配的由色散导致的脉冲展宽。此时,BL 值可表示为

$$BL \leqslant (4 \,|\, D \,|\, \sigma_\lambda)^{-1} \tag{4.8.3}$$

式中,D 为光纤的色散参数;σ_λ 为光源的均方根谱宽。$|D|$ 值与工作波长接近零色散波长的程度有关,典型值为 1～2 ps/(km • nm)。如果在式(4.8.3)中取 $|D|\sigma_\lambda = 2$ ps/km,则 BL 的受限值为 125 (Gb/s) • km。一般来说,1.3 μm 光波系统在 $B < 1$ Gb/s 时为损耗限制系统,在 $B > 1$ Gb/s 时可能成为色散限制系统。

3. 1.55 μm 光纤通信系统

第三代光纤通信系统使用在 1.55 μm 波长具有最小损耗的单模光纤,由于色散参数 D 相当大,在这种系统中光纤色散是主要的限制因素。这个问题可采用单纵模半导体激光器而获得解决。在这种窄线宽光源下,系统的最终限制为

$$B^2 L < (16|\beta_2|)^{-1} \tag{4.8.4}$$

式中,β_2 为群速度色散,其与色散参数 D 的关系为 $\beta_2 = -\lambda^2 D/2(2\pi c)$。

对于这种 1.55 μm 理想系统,$B^2 L$ 可达 6 000 $(Gb/s)^2 \cdot km$,当 $B > 5\ Gb/s$,传输距离超过 250 km 时就成为色散受限系统。实际上,直接调制中产生的光源频率啁啾将引起脉冲频谱展宽,加剧色散限制。例如将 $D = 16\ ps/(km \cdot nm)$ 和 $\sigma_\lambda = 0.1\ nm$ 代入式(4.8.3),可得 $BL < 150(Gb/s) \cdot km$,即使损耗限制距离可能超过 150 km,但考虑光源啁啾后,即使比特率低至 2 Gb/s,传输距离也只能达到 75 km。

解决频率啁啾导致 1.55 μm 波长系统受色散限制的一个方法是采用色散位移光纤。这种光纤群速色散的典型值为 $\beta_2 = \pm 2\ ps^2/km$,对应的 $D = \pm 1.6\ ps/(km \cdot nm)$。在这种系统中,光纤的色散和损耗在 1.55 μm 波长都成为最小值,系统的 BL 值可以达到 1600$(Gb/s) \cdot km$,在 20 Gb/s 比特率下,中继距离也可达到 80 km。半导体光源一般为负啁啾,当采用预啁啾补偿技术时,BL 值也可进一步提高。

4.9　光纤通信系统的设计

对数字光纤通信系统而言,系统设计的主要任务是:根据用户对传输距离和传输容量(话路数或比特率)及其分布的要求,按照国家相关的技术标准和当前设备的技术水平,经过综合考虑和反复计算,选择最佳路由和局站设置、传输体制和传输速率以及光纤光缆和光端机的基本参数和性能指标,以使系统的实施达到最佳的性能价格比。在技术上,系统设计的主要问题是确定中继距离,尤其对长途光纤通信系统,中继距离设计是否合理,对系统的性能和经济效益影响很大。

在实际光纤通信系统的设计中,除了考虑光纤损耗和色散对 BL 的固定限制外,还有许多问题需要考虑,如工作波长、光纤、光发送机、光接收机、各种光无源器件的兼容性、性能价格比、系统可靠性及扩容升级要求等。在设计过程开始,首先确定系统设计要求达到的技术指标和应满足的性能标准,主要的技术指标是码率 B 和传输距离 L,而要满足的系统性能是误码率,典型值是 BER < 10^{-9}。接着决定工作波长,例如选用 0.85 μm 波长时,BL 小且成本低;而选用 1.3～1.6 μm 波长时,BL 大且成本高。参考图 4.8.1 有助于对工作波长作出合理的选择。

4.9.1　功率预算

光纤通信系统功率预算的目的是:保证系统在整个工作寿命内,光接收机具有足够大的接收光功率,以满足误码率 10^{-9} 的要求。如果光接收机的接收灵敏度为 $\overline{P}_{rec}$,光发射机的平均输出光功率为 $\overline{P}_{out}$,则它们应该满足

$$\overline{P}_{out} = \overline{P}_{rec} + L_{tot} + P_m \tag{4.9.1}$$

式中,L_{tot} 是通信信道的所有损耗;P_m 为系统的功率余量。$\overline{P}_{out}$ 和 $\overline{P}_{rec}$ 的单位为 dBm,L_{tot} 和 P_m

的单位为 dB。为了保证系统在整个工作寿命内,在因元器件劣化或其他不可预见的因素引起接收灵敏度下降时系统仍能正常工作,在进行系统设计时必须分配一定的功率余量,一般考虑 P_m 为 6～8 dB。

信道的损耗 L_{tot} 应为光纤线路上所有损耗之和,包括光纤传输损耗、连接及熔接损耗。通常光纤的熔接损耗包含在传输光纤的平均损耗内,连接损耗主要是指光发射机及光接收机与传输光纤的活动连接损耗。假如 α 表示光纤损耗系数(单位为 dB/km),L 为传输长度,L_{con} 为光纤连接损耗,L_{spl} 为光纤熔接损耗,则光纤线路上的总损耗可表示为

$$L_{tot} = \alpha L + L_{con} + L_{spl} \qquad (4.9.2)$$

在选定系统元部件后,可根据式(4.9.2)估算最大传输距离。

例如设计一个工作于 50 Mb/s、最大传输距离为 8 km 的光纤链路,参照图 4.8.1,若采用多模渐变光纤,系统可设计工作在 0.85 μm 波长下,这样比较经济。确定了工作波长后,必须确定合适的光发送机和光接收机。GaAs 光发送机可用半导体激光器或发光二极管作为光源。类似地,可采用 PIN 或 APD 硅光接收机设计,从降低成本考虑,可选择 PIN 光接收机。在目前工艺水平下,为保证在误码率 BER$<10^{-9}$ 时能可靠工作,光接收机平均要求 5 000 个光子/比特,接收机的灵敏度为 $\overline{P}_{rec} = \overline{N}_p h\nu B = -42$ dBm。基于 LED 和 LD 的光发送机的平均发送功率一般分别为 50 μW 和 1 mW。表 4.9.1 给出了按以上方法所做功率预算的一个例子。

表 4.9.1 0.85 μm 光纤通信系统的功率预算

参 量	符 号	LD 光发送机	LED 光发送机
发送功率/dBm	$\overline{P}_{out}$	0	−13
光接收机灵敏度/dBm	$\overline{P}_{rec}$	−42	−42
系统裕量/dB	P_m	6	6
信道总损耗/dB	L_{tot}	36	23
连接器损耗/dB	L_{con}	2	2
光缆损耗/(dB · km^{-1})	α	3.5	3.5
最大传输距离/ km	L	9.7	6

对于 LED 光发送机,传输距离限制在 6 km,若需延长至 8 km,可采用 LD 光发送机或采用 APD 光接收机代替 PIN 光接收机,灵敏度可提高到 7 dBm 以上,这样可以使 $L>8$ km。在选择光发送机和光接收机类型时,经济是通常考虑的因素。

4.9.2 上升时间预算

系统带宽应满足传输一定码率 B 的要求,即使系统各个部件的带宽都大于码率,但由这些部件构成系统的总带宽却有可能不满足传输该码率信号的要求。对于线性系统来说,常用上升时间来表示各组成部件的带宽特性。上升时间预算的目的在于检验所选用的光源、光纤和检测器的响应速度是否满足系统设计的要求,以确保系统在预定的比特率下能正常工作。

上升时间定义为:系统在阶跃脉冲作用下,从幅值的 10% 上升到 90% 所需要的响应时间,

如图 4.9.1 所示。

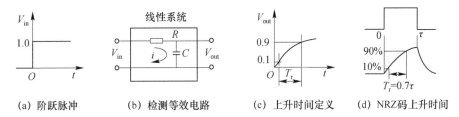

(a) 阶跃脉冲　　(b) 检测等效电路　　(c) 上升时间定义　　(d) NRZ 码上升时间

图 4.9.1　上升时间

线性系统的上升时间 T_r 与带宽 $\Delta f_{3\,dB}$ 的关系为

$$T_r = \frac{2.2}{2\pi\Delta f_{3\,dB}} = \frac{0.35}{\Delta f_{3\,dB}} \tag{4.9.3}$$

即 T_r 与 $\Delta f_{3\,dB}$ 成反比关系，$T_r \cdot \Delta f_{3\,dB} = 0.35$。

对于任何线性系统，上升时间都与带宽成反比，只是 $T_r \cdot \Delta f$ 的值可能不等于 0.35。

在光纤通信系统中，常利用 $T_r \cdot \Delta f_{3\,dB} = 0.35$ 作为系统设计的标准。

码率 B 对带宽 $\Delta f_{3\,dB}$ 的要求依据码型的不同而不同，对于归零码（RZ），$\Delta f_{3\,dB} = B$，因此 $BT_r = 0.35$；而对于非归零码（NRZ），$\Delta f_{3\,dB} = B/2$，要求 $BT_r = 0.7$。

因此，光纤通信系统设计必须保证系统上升时间满足

$$T_r \leqslant 0.35/B, \quad 对 RZ 码 \tag{4.9.4}$$

$$T_r \leqslant 0.70/B, \quad 对 NRZ 码 \tag{4.9.5}$$

光纤通信系统的 3 个组成部分（光发射机、光纤和光接收机）具有各自的上升时间，系统的总上升时间 T_r 与这 3 个上升时间的关系是

$$T_r^2 = T_{tr}^2 + T_f^2 + T_{rec}^2 \tag{4.9.6}$$

式中，T_{tr}、T_f 和 T_{rec} 分别为光发射机、传输光纤和光接收机的上升时间。

光发射机的上升时间主要由驱动电路的电子元件和光源的电分布参数决定。一般来说，对 LED 光发射机，T_{tr} 为几纳秒；而对 LD 光发射机，T_{tr} 可短至 0.1 ns。

光接收机的上升时间主要由接收前端的 3 dB 电带宽决定，在已知该带宽的情况下，可利用式（4.9.3）求出光接收机的上升时间。

4.9.3　色散预算

色散预算的目的在于检验某实际系统是受功率限制还是受色散限制。在光纤通信系统中，光纤的材料色散和波导色散与长度呈线性关系，总色散随距离增大，模式色散会不同。当求光纤模式色散时，应考虑模式转换的影响。由于光纤宏观结构上不均匀（包括尺寸不均匀、弯曲或接头）等导致模式间的相互转换是一种随机无规则过程，结果使各模式的能量在达到接收端时产生模式能量转移，一部分导模转换为辐射模，增加了光纤损耗，但改善了色散特性。若单位长度光纤的模式色散导致脉冲的均方根展宽为 σ_1，则在考虑到模式转换的影响后，长度为 L 的多模光纤的模式色散展宽为

$$\sigma_{mod} = \sigma_1 L^a \tag{4.9.7}$$

式中，a 为光纤的质量指数，在 $0.5\sim1$ 之间取值，高质量光纤 $a\approx0.9$，中等质量光纤 $a\approx0.7$，低质量光纤 $a\approx0.5$。

光纤的总色散展宽可表示为

$$\sigma_T^2 = \sigma_{mod}^2 + \sigma_{mat}^2 + \sigma_{wag}^2 \tag{4.9.8}$$

式中，σ_{mat} 和 σ_{wag} 分别为材料色散和波导色散的均方根展宽。

为确定光纤通信系统是受损耗限制还是受色散限制，定义参量 W 为

$$W = \overline{P}_{out} - \overline{P}_{rec} - L_{tot} - P_m \tag{4.9.9}$$

若光纤损耗为 α，则 W/α 为受功率限制的最大中继距离。若选用多模光纤，模式色散占主导影响，则当传输距离为 W/α 时，系统在不受色散限制时所决定的临界比特率为

$$B_{cr} = \frac{1}{4\sigma_1 (W/\alpha)^a} \tag{4.9.10}$$

如果系统的比特率 $B > B_{cr}$，则系统是受色散限制的。而在色散限制下的最大中继距离为

$$L_{max} = \frac{1}{(4\sigma_1 B)^{1/a}} \tag{4.9.11}$$

对单模光纤，不存在模式色散，其色散为材料色散与波导色散之和，随光纤长度成比例增大，系统不受色散限制的临界比特率为 $B_{cr} = 1/(4\sigma) = 1/(4\sqrt{\sigma_0^2 + \sigma_D^2})$。其中，$\sigma_0$ 为输入脉冲均方根脉宽，$\sigma_D = |D| L\sigma_\lambda$ 为色散引起的脉冲展宽，对很窄的脉冲，$\sigma \approx \sigma_D = |D| L\sigma_\lambda$，$\sigma_\lambda$ 为输入脉冲均方根谱宽，因此有 $B_{cr} = 1/(4|D| L\sigma_\lambda)$。由此可得色散限制下的最大中继距离为

$$L_{max} = \frac{1}{4B|D|\sigma_\lambda} \tag{4.9.12}$$

只有当系统要求的传输距离 $L < L_{max}$ 时，才能满足系统设计要求。

4.9.4　系统功率代价

前面的讨论表明，光纤损耗和色散均会影响光波系统的设计和性能。在 $B < 100$ Mb/s 时，只要系统组成单元的选择符合上升时间预算，大多数光波系统均受光纤损耗而不受色散限制。然而当 $B > 500$ Mb/s 时，光纤色散开始支配系统的性能，尤其是光接收机的灵敏度受到与色散相关的一些因素的影响，使判决再生电路的信噪比 SNR 退化，影响光接收机的灵敏度，产生系统功率预算的代价。引起光接收机灵敏度降低的因素包括模噪声、色散展宽、激光器模式分配噪声、频率啁啾等。

1. 模噪声

在多模光纤中，由于振动和微弯等机械扰动，各传输模式间的干涉在光检测器受光面上产生了一个斑纹图样，称为斑图。与斑图相关的强度不均匀分布本身是无害的，因为光接收机的性能是由探测器面积分所得总功率决定的。然而，如果斑图随时间波动，将导致接收功率波动并附加到总的光接收机噪声中，导致信噪比降低，这种波动称为模噪声。另外，对接和连接器起空间滤波器的作用，使任何瞬时变化都变成斑点波动，亦增加了模噪声。

模噪声与光源的谱宽 $\Delta\nu$ 和在光纤各模式下光在光纤中传输的时间差 ΔT（模间延迟，具体计算见第 2 章）有很大关系，因为只有在相干时间（$\Delta t \approx 1/\Delta\nu$）大于 ΔT 时，即满足 $\Delta\nu \cdot \Delta T < 1$ 的条件下才会出现模间干涉效应。对于 LED 光发送机，由于 $\Delta\nu$ 较大（约 5 THz），所以不容易发生模间干涉，因此大多数多模光纤系统都采用 LED 作为光源。当同时采用多模光纤和半导体激光器时，模噪声成为严重问题。通常将模噪声加到光接收机其他噪声中计算误码率，以估计模噪声导致的灵敏度降低和系统功率代价。

图 4.9.2 表示 1.3 μm 光纤系统当速率为 140 Mb/s、BER 为 10^{-12} 时,计算出的功率代价与模式选择损耗以及纵模数的关系(所用光纤纤芯直径为 50 μm,承载 146 个模式)。

功率代价取决于对接和连接器的模式选择耦合损耗,也取决于半导体激光器的纵模光谱。

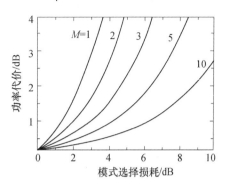

2. 色散展宽

单模光纤系统避免了模间色散和与之相关的模噪声,但群速色散导致的光脉冲展宽限制了系统的 BL 值。此外,这种色散导致的脉冲展宽效应还会使接收灵敏度下降,产生系统功率代价。

色散引起脉冲展宽可能对系统的接收性能形成两方面的影响:首先,脉冲的部分能量可能 **图 4.9.2 功率代价与模式选择损耗和纵模数的关系**
逸出到比特时间以外而形成码间干扰(Intersymbol Interference,ISI)。这种码间干扰可以采用线性通道优化设计,即使用一个高增益的放大器(主放)和一个低通滤波器,有时在放大器之前也使用一个均衡器,以补偿前端的带宽限制效应,使这种码间干扰减到最小。其次,由于光脉冲的展宽以及在比特时间内光脉冲的能量减少,导致在判决再生电路上 SNR 降低,因此,为了维持一定的 SNR,需要增加平均入射光功率。由于色散导致的光脉冲展宽而引起光接收机灵敏度下降的功率代价可用 δ_d 表示。对 δ_d 的精确计算相当困难,因为它与光接收机展宽了的脉冲形状等许多因素有关,通常采用假设是高斯脉冲展宽来进行粗略的估算。δ_d 可近似写成

$$\delta_d = 10 \lg f_b \tag{4.9.13}$$

式中,f_b 为脉冲展宽系数,在光源谱线很宽的情况下,展宽系数可表示为

$$f_b = \sigma / \sigma_0 = \sqrt{1 + (DL\sigma_\lambda / \sigma_0)^2} \tag{4.9.14}$$

式中,σ_0 为光纤输入端脉冲的均方根宽度;σ_λ 为在假设光源是高斯谱宽时的均方根宽度。

式(4.9.13)和式(4.9.14)可以估算出采用多模半导体激光器或发光二极管作为光源的单模光纤通信系统中,由于色散导致脉冲展宽而引起的接收灵敏度下降多少。在码率 B 满足 $4B\sigma \leqslant 1$ 的情况下,码间干扰可以忽略,所以如果假设 $\sigma = (4B)^{-1}$,则将式(4.9.14)代入式(4.9.13)中,可得

$$\delta_d = -5 \lg [1 - (4BLD\delta_\lambda)^2] \tag{4.9.15}$$

图 4.9.3 给出了 δ_d 随无量纲色散参数 $BLD\sigma_\lambda$ 的变化曲线。在 $BLD\sigma_\lambda = 0.1$ 时,灵敏度的下降可以忽略($\delta_d = 0.38$ dB);但当 $BLD\sigma_\lambda = 0.2$ 时,δ_d 增加到 2.2 dB;当 $BLD\sigma_\lambda = 0.25$ 时,δ_d 成为无穷大,光接收机灵敏度严重恶化,不能正常工作。光纤通信系统设计一般都要求 $BLD\sigma_\lambda < 0.2$,$\delta_d < 2$ dB。

3. 激光器模式分配噪声

多纵模半导体激光器在调制时,其各个模式一般是不稳定的,即使各个模式功率的总和(总功率)不随时间变化,但各个模式的功率却随时间成

图 4.9.3 无量纲色散参数 $BLD\sigma_\lambda$ 产生的功率代价

随机波动。当不存在色散时,所有模式在传输和检测中保持同步,这种波动是无害的。但在实际有色散的光纤中,工作于不同波长的不同模式将以不同的速度传播,造成各模式间不同步,引起光接收机电流附加的随机波动,SNR 降低,这种现象称为模式分配噪声(Mode - Partition Noise,MPN)。为维持 SNR 不变,保证满足误码率(BER)的要求,需要付出功率代价,以 δ_{mpn} 表示。

在多模激光器的情况下,δ_{mpn} 可表示为

$$\delta_{mpn} = -5\lg(1-Q^2 r_{mp}^2) \tag{4.9.16}$$

式中,$Q=\dfrac{I_1-I_D}{\sigma_1}=\dfrac{I_D-I_0}{\sigma_0}$;$r_{mp}$ 为考虑模式分配噪声时接收到的相对噪声功率电平。当激光器在连续波工作时总功率保持不变,平均模式功率为按均方根脉宽为 σ_λ 的高斯分布分配,当光接收机判决再生电路的脉冲形状用余弦函数描述时,r_{mp} 可近似写成

$$r_{mp} = -\frac{k}{\sqrt{2}}\{1-\exp[-(\pi BLD\sigma_\lambda)^2]\} \tag{4.9.17}$$

式中,k 为模式分配系数,在 0~1 之间取值,其具体大小很难估算。对于不同激光器,k 值也不同。典型 k 值为 0.6~0.8。

对于给定 k 值,模式分配噪声的功率代价 δ_{mpn} 随 $BLD\sigma_\lambda$ 的变化趋势与图 4.9.3 类似。

4. 频率啁啾

对半导体激光器进行调制时,有源区的折射率、传播常数及光脉冲的相位均发生变化,这种由调幅到调相的转换导致光谱的加宽称为频率啁啾。频率啁啾是限制光波系统性能的重要因素,即使采用高边模扼制比(Mode - Suppression Ratio,MSR)的单纵模半导体激光器来产生数字比特流,这种影响也是不可忽视的。

带有频率啁啾的光脉冲在色散光纤中传输时,脉冲形状将发生变化。例如对矩形脉冲,频率啁啾分量主要出现在前沿和后沿,使前沿出现蓝移(频率升高),后沿出现红移(频率降低)。由于频率的移动,当脉冲在光纤中传输时,包含在脉冲啁啾分量的部分功率将溢出比特时隙。该功率损耗降低了光接收机的 SNR,导致了功率代价 δ_c,其大小可近似表示为

$$\delta_c = -10\lg(1-4BLD\Delta\lambda_c) \tag{4.9.18}$$

式中,$\Delta\lambda_c$ 为与频率啁啾相关的谱移量。式(4.9.18)的适用条件为 $LD\Delta\lambda_c < t_c$,t_c 为啁啾脉冲宽度,取决于驰豫振荡周期,约为半个振荡周期,其典型值为 100~200 ps。在 $LD\Delta\lambda_c = t_c$ 前,因为所有的啁啾功率都已逸出比特时间,所以功率代价停止增加。

式(4.9.18)中没有考虑在光接收机处接收到的脉冲的形状,对基于升余弦滤波的 PIN 光接收机的精确计算,可得到较准确的功率代价值为

$$\delta_c = -20\lg\left\{1-\left(\frac{4}{3}\pi^2-8\right)B^2LD\Delta\lambda_c t_c\left[1+\frac{2B}{3}(LD\Delta\lambda_c-t_c)\right]\right\} \tag{4.9.19}$$

对于比特率较高的系统($B>2$ Gb/s),通常脉冲持续时间可能比脉冲所产生的啁啾时间还短,在这种情况下,整个光脉冲持续时间都产生线性频率啁啾。即使码率较低,光脉冲也不具有很陡的上升沿和下降沿,即不是方波而是高斯波形,线性啁啾在整个光脉冲持续时间内出现,频率啁啾在脉冲持续时间内线性增加,由此引起的功率代价可表示为

$$\delta_c = 5\lg[(1+8C\beta_2 B^2 L)^2+(8\beta_2 B^2 L)^2] \tag{4.9.20}$$

式中,C 为啁啾参数。

在理想情况下,只要 $|\beta_2|B^2L<0.05$,功率代价就可以忽略。如果啁啾参数 $C=-6$,则 $\delta_c>5$ dB。为使 $\delta_c<0.1$ dB,系统设计应使 $|\beta_2|B^2L<0.002$,当 $|\beta_2|=20$ ps^2/km 时,$B^2L\leqslant100$(Gb/s)^2·km。采用 G.653 和 G.655 光纤或 DCF 色散补偿光纤,可使 B^2L 大大提高。

半导体激光器的频率啁啾起源于由线宽增强系数 β_c(典型值为 4~8)决定的、由载流子引入的折射率变化,若 $\beta_c=0$,则半导体激光器不存在频率啁啾,但这是不可能的。如果采用量子阱结构设计,则 β_c 可以减小一半。因此高速光纤通信系统多采用量子阱结构 DFB 半导体激光器,以减小频率啁啾的影响。还有一种消除频率啁啾的方法是,用直流驱动半导体激光器使之发光,然后采用外调制器进行外调制。

思考与练习题

1. 光发送机的基本功能和组成各是什么?
2. 光发送机的主要技术要求有哪些?
3. 外调制方式是利用什么物理效应实现的?
4. 影响光源与光纤耦合效率的主要因素是什么? 光源与光纤耦合方式有哪两种?
5. 光纤通信接收机的组成有哪些?
6. 光接收机的任务是什么?
7. 衡量光接收机性能的主要指标有哪些?
8. 光中继器与分插复用器的作用是什么?
9. 在光纤通信系统中,为什么要采用光波分复用技术?
10. 简述光波分复用技术的原理与特点。
11. 光波分复用系统的基本构成形式有哪些?
12. DWDM 和 CWDM 间的区别是什么?
13. CWDM 技术最适合应用在什么领域?
14. 描述光波分复用器的性能参数主要有哪些?
15. 光波分复用器的种类有哪些?
16. 简述各种光波分复用器的工作原理与特点。

第5章 同步数字传输体系

光同步数字传输网(SDH/SONET)的出现和发展适应了长距离、大容量数字电路的建设,以及网络控制和宽带综合业务数字网的发展需要。在光纤通信技术和大规模集成电路高速发展的条件下,这种传输网体制不仅适用于光纤也适用于微波和卫星传输,是一种通用的技术体制。本章主要讲述 SDH(Synchronous Digital Hierarchy)的特点、构成、帧结构、映射、复用和指针等技术。

5.1 SDH 的引入

5.1.1 准同步数字系列 PDH

标称速率相同,实际允许有一定偏差的数字系列,称为准同步数字系列,记为 PDH (Pseudosynchronous Digital Hierarchy)系列。世界上,PDH 系列有两种制式:一种是以 1 544 kb/s 为第一级比特率而构成的;另一种是以 2 048 kb/s 为第一级比特率而构成的。我国使用后一种制式,其基群、二次群、三次群、四次群的速率依次为 2 048 kb/s、8 448 kb/s、34 368 kb/s、139 264 kb/s。话路容量依次为 30、120、480、1 920 路。

5.1.2 PDH 的复用

PDH 的 T 系列和 E 系列各等级复用关系如图 5.1.1 所示。

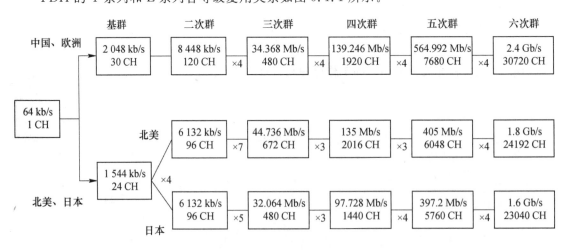

图 5.1.1 PDH 体系结构

由于 ITU 推荐了两种不同的基群方案,由此组成的高次群(二次群以上的系统叫高次群),其构成也不同。我国采用的是以 2 048 kb/s 为基群的数字系列。基群含有 30 个话路,基群以上的高次群每增加一个等级则话路数扩大 4 倍。但传输速率并不是 4 的整倍数,因为低次群信号首先要进行码速调整,使不同信号源瞬时数码率完全一致,然后进行复用。基群的容量为 30/32 路,二次群的容量为 120 路,三次群的容量为 480 路,四次群的容量为 1 920 路,五次群的容量为 7 680 路。相应地,一次群、二次群、三次群、四次群、五次群的传输速率依次为 2 048 kb/s、8 448 kb/s、34 368 kb/s、139 264 kb/s、564 992 kb/s。

5.1.3　PDH 的缺点

在光纤通信网中采用的准同步数字系列,在灵活组网过程中存在许多问题。

1. 没有统一的数字速率标准

准同步数字信号速率在世界上有两大系列,三个地区标准。这两大系列一种是以 1 544 kb/s 为基群的 T 系列和以 2 048 kb/s 为基群的 E 系列。如图 5.1.1 所示,三个地区标准分别为欧洲、北美和日本地区标准,由它们构成各自不同的各高次群码速率关系。由于基群码速率不同,从而使传输制式之间不能互相兼容和直接互通。

2. 没有国际统一的光接口规范

在各种准同步数字系列间,光接口不统一。所谓光接口指线路码型、工作波长范围、发送平均光功率范围、光源谱线宽度、最小消光比、最小接收灵敏度等。由于这些接口不统一,故使不同厂家生产的设备不能互通,必须转换为标准接口后才能互通,从而增加了设备的成本,而且不灵活。

一方面是数字信号速率标准不统一;另一方面是由于在 PDH 系统中要进行码型变换,以此使"0"、"1"分布均匀,避免长连"0"或长连"1",便于时钟提取、不中断业务的误码检测、公务联络以及系统监控等功能。但码型变换的种类繁多、其帧结构也不一致。所以使光接口难以统一规范。

PDH 的码型变换种类相当繁多,如二进制扰码、mBnB 码、插入比特码等。不同的码率可以采用不同的码型变换方案,即使同一码率也有不同的码型变换方案。以 140 Mb/s 系统为例,我国原规定可采用 5B6B、CMI、4B1H、NRZ 加扰码等方案中的任何一种。而不同的码型变换方案,致使光线路信号传输速率不同、信号的帧结构也不相同。此外,即使同一码型变换方案,不同生产厂家的设备,其帧结构也并非完全一致。因此可以说,PDH 系统的线路码帧结构是五花八门,要想在光路上互通是根本不可能的。

过去,要想互通(国与国之间的通信所必需),必须先进行光/电转换,双边都把光信号转换成符合 G.703 建议的标准电接口信号,然后在电接口进行互通。这样做大大增加了网络的成本和设备的复杂性,同时也限制了应用的灵活性。

3. 上下电路不方便、成本高

准同步数字系列的复接方式是异步复接,使低速支路信号不能从高速支路直接取出,必须将高速支路一步步分解复用,把低速支路信号解出,然后再由低向高一步步复用上去。即所谓逐级复用与解复用方法,如图 5.1.2 所示。这样的复用方法需要大量的硬件设备,成本高,灵活性差。硬件设备的数量增加,必然导致故障率上升,降低了系统的可靠性与稳定性。因此,PDH 系统的上下电路方式存在着极大的弊端。显然,从经济性和设备复杂性来说都是不利的。

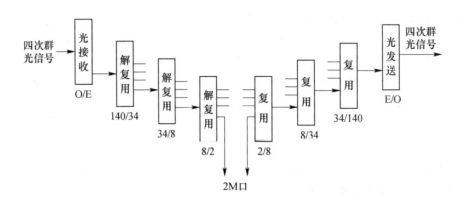

图 5.1.2　准同步系统上下电路示意图

4. 网络的运行、管理、维护能力差

准同步数字系列的帧结构中没有足够的管理比特,这是由于受码型变换要求的局限(码速率不宜提高过大),PDH 系统不可能安排很多的附加比特以用于网络的运行、管理与维护。而伴随技术的不断发展和用户要求的日益提高,信息传输网变得越来越复杂,对网络的运行、管理与维护 OAM(Operation Administration and Maintenance)能力提出了越来越高的要求。因此,PDH 系统附加比特的不足和系统本身过于僵化的硬件、缺乏灵活的软件,已经成了提高网络运行、管理与维护能力的严重障碍。

5.1.4　SDH 的特点

SDH 是指在光纤通信网中传输数字信号时,所采用的一种不同于 PDH 的传输制式。它由一些 SDH 网元 NE(Network Element)组成,在光纤上进行同步信号传输、复用和交叉连接的网络。它是针对准同步数字传送体系(PDH)的许多缺点而提出的,在许多方面比准同步数字系列有很大改进。1986 年,美国贝尔研究所提出一种新的传输制式——光同步网络(SO-NET)。其原目的是为了对光接口进行规范化,以实现在美国电信网上不同生产厂家的光传输设备在光路上的互通,然而由于不少国家的通信是由国家垄断的,即使采用准同步数字系列,在其一国之内尚无很多矛盾。因而这个新的传输制式直到 1988 年才为国际电报电话咨询委员会接受,并命名为同步数字传送系列。这就是说这种制式不单适用在光纤网中,也适用于数字微波和卫星网中。

SDH 的主要特点如下:

1. 速率统一

SDH 把世界上两大数字体系和三个地区标准在四次群以上兼容互通,将其共同的两速率变为 155.520 Mb/s,构成一个基本模块信号 STM-1。这样就为目前已经存在的准同步数字系列的两种基群码速率系统信息的交换提供了有利条件。使 1.5 Mb/s 和 2 Mb/s 两大数字体系(三个地区性标准)在 STM-1 等级以上获得统一。今后,数字信号在跨越国界通信时,不再需要转换成另一种标准,第一次真正实现了数字传输体制上的世界性标准。

2. 标准化的光接口

SDH 有标准化的同步传送模块 STM(Synchronous Transport Module)等级,不仅与同等级的 STM-N 具有相同的传输速率,而且其信号的帧结构也完全一致,在网中有多厂家设备的情况下也能有效地组网。由于将标准光接口综合进各种不同的网元,减少了将传输和复用分开的需要,所以简化了硬件,缓解了布线拥挤。例如网元有了标准光接口后,光纤可以直通到数字交叉连接设备 DXC,省去了单独的传输和复用设备,以及又贵又不可靠的人工数字配线架。

3. 一步复用特性

与 PDH 不同的是,SDH 一方面采用同步复用方式,使各种不同等级的低速支路信号在 STM - N 帧结构中排列有规律,位置相对固定;另一方面,由于净负荷与网络是同步的,因此只需利用软件即可使高速信号一次直接分插出低速支路信号,即所谓的一步复用特性。这样既不影响别的支路信号,又不需要对全部高速复用信号进行解复用,省去了全套背靠背复用设备,网络结构得以简化,使上下业务容易方便,降低了成本,而且提高了设备的稳定性与可靠性。

4. 具有强大的网管功能

SDH 在其帧结构中安排了丰富的开销比特,其容量占整个信息量的 5％ 左右。它可以用于性能监视、故障监测、公务联络、保护倒换等。所以 SDH 系统的运行、管理、维护与预置(OAM&P)能力大大提高,完全可以适应信息传输网的现代化管理要求。

SDH 设备由于具有一定的交叉连接能力和丰富的光/电接口,所以可根据不同的应用场合组成线型网、树形网、枢纽网、环形网和网格型网等较复杂的网络,以适应现代信息传输网的组网要求。此外,由其组成的环形网还具有自愈功能,大大提高了网络的安全性。

在 SDH 中还提出了一个环形自愈网的概念。因为一芯光纤的容量往往是一条同轴电缆容量的几十倍至几百倍,若光缆中的纤芯损坏,那么造成的损失是巨大的。为此,在 SDH 中采用一种称为自愈网的结构,如图 5.1.3所示。它是由主用和备用环形网构成的。在正常情况下,信号能同时沿顺时针和逆时针在环形网中传送。在接收端收到两个方向传来的信号,根据传输质量选择一个

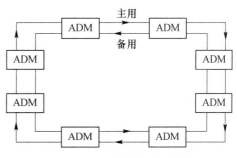

图 5.1.3　光纤自愈网示意图

为主用信号,另一个则为备用信号,一旦光缆中主用信号被切断,则可将备用信号变为主用信号,从而维持通信的正常进行。在环形网中接有一系列 SDH 的分插复用器(ADM),它具有上下业务的功能,可进行业务量的疏导。

当然,作为一种新的技术体制不可能尽善尽美,也必然会有它的不足之处,如开销较大,传输效率较低。尽管光同步传送网也有其不足之处,但毕竟比传统的准同步传输有着明显的优越性。毫无疑问,发展方向应该是这种高度灵活和规范化的 SDH/SONET 网,目前已逐步取代 PDH 传输体制,成为国家信息基础设施的核心网。

5.1.5　SDH 的基本组成

1. SDH 的等级

SDH 具有统一规范的速率。SDH 信号以同步传送模块的形式传输,其最基本的同步传送模块是 STM - 1,节点接口的速率为 155.520 Mb/s。STM - N 的速率是 STM - 1(155.520 Mb/s)的 N

倍，N 值为 4 的整数次幂，目前 SDH 仅支持 $N=1$、4、16、64、256，如表 5.1.1 所列。

表 5.1.1　SDH 的等级、速率与容量

等　级	速率/(Mb·s⁻¹)	2M 口数量/个	话路容量/路
STM - 1	155.520	63（常用）	1 890
STM - 4	622.080	252	7 560
STM - 16	2 488.320	1 008	30 240
STM - 64	9 953.280	4 032	120 960
STM - 256	39 813.120	16 128	483 840

2. SDH 的网元设备

构成 SDH 网络的基本网络单元称为网元。网元设备有终端复用器（TM）、分插复用器（ADM）、再生器（REG）和数字交叉连接设备（DXC）四种。

（1）终端复用器（TM）

终端复用器 TM（Termination Multiplexer）的基本功能是：能把 PDH 信号复用进 SDH 信号，能将低阶 SDH 支路信号复接成高阶 STM - N 线路信号的复用与解复用，如图 5.1.4 所示。

在发送端将 PDH 支路信号（如 2M、34M 或 140M 信号等）经过映射、同步复用、指针调整等处理复用进 SDH 信号，或把 SDH 支路信号进行同步复用，纳入到 STM - N 的帧结构之中变成 STM - N 电信号，再通过光发送机进行电/光转换使之成为 STM - N 的光线路信号送到光纤中进行传输；在接收端，其功能正好与之相反。此外，它还具有操作、管理与维护功能，如误码监测、性能告警、公务联络等。

（2）分插复用器（ADM）

分插复用器 ADM（Add - Drop Multiplexer）的基本功能是：能从线路信号中将任何低阶支路信号分出和插入，如图 5.1.5 所示。它拥有两个（东向与西向）或两个以上的线路端口，它可以把 STM - N 线路信号中的任意低速支路信号 m（$m<N$）在本局站进行直接提取或接入，以完成上下电路功能。在组网方面具有极大的灵活性。

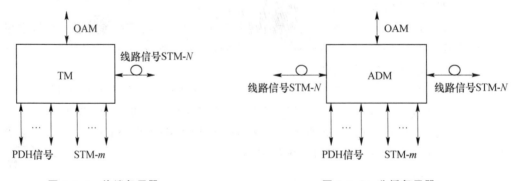

图 5.1.4　终端复用器　　　　图 5.1.5　分插复用器

低速支路信号的上与下是用软件控制进行的，而且是一步到位，用软件可把所需低速支路信号从线路信号中直接提取或插入，并非像 PDH 系统那样依靠硬件进行逐级复用与解复用来完成。此即分插功能，也就是前面所说的"一步复用特性"。

　　此外,分插复用器通常还具有一定的交叉连接能力,可以对低速支路信号进行交叉连接处理,以满足上下电路与组网需求。

　　分插复用器同样具有运行、管理、维护与预置(OAM&P)功能,如误码监测、性能告警、公务联络等。

　　(3) 再生器(REG)

　　再生器 REG 的基本功能是:接收从光纤线路来的信号,仅对 STM - N 线路信号进行光/电转换、数据再生和电/光转换处理,如图 5.1.6 所示。它同样具有运行、管理、维护与预置(OAM&P)功能,如误码监测、性能告警、公务电话等。

　　(4) 数字交叉连接设备(DXC)

　　数字交叉连接设备 DXC(Digital Cross Connect)是一种兼有同步复用、分插、交叉连接、网络的自动保护与恢复、网络的自动化管理等多项功能的 SDH 设备。如图 5.1.7 所示,数字交叉连接设备拥有二个以上的光线路端口和多个 PDH 与 SDH 支路接口,它不仅具有分插功能,而且具有强大的交叉连接功能。即可以把任意端口的速率信号(包括其子速率信号)和其他端口的速率信号(包括其子速率信号)进行透明地可控连接与再连接。

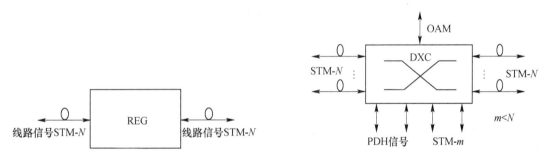

图 5.1.6　再生器　　　　　　　　　　　图 5.1.7　数字交叉连接设备

　　用数字交叉连接设备可以组成非常复杂的网络,我们可以把它置于网络的汇接点,用其 STM - N 端口去连接各个子网,利用其分插能力可在本汇接点实现电路信号的分离与插入;利用其强大的交叉连接能力可以实现各个子网之间的电路调度、业务传送和业务疏导等。此外,数字交叉连接设备还配有功能丰富的软件,可实现网络的自动保护与恢复。

　　数字交叉连接典型设备有:

　　DXC4/4:端口为 140/155 Mb/s,在 VC - 4 等级上实现交叉连接,交叉连接矩阵常为多级空分结构。主要用于骨干网上业务汇集点的 VC - 4 调度及骨干网的恢复。

　　DXC4/1:端口有 2 Mb/s、34 Mb/s、140/155 Mb/s。交叉连接矩阵可在 VC - 12、VC - 3、VC - 4 等级上实现交叉连接。主要用于业务汇集点业务量上下网关。

5.1.6　我国 SDH 的网络结构

　　按照我国光同步传输网技术体制的规定,我国的 SDH 网络结构分为 4 个层面,如图 5.1.8所示。

　　最高层面为省际干线网,主要省会城市及业务量较大的汇接节点城市装有 DXC4/4,其间由高速光纤链路 STM - 16/STM - 64 连接,形成了一个大容量、高可靠的网孔形国家骨干网结构,并辅以少量线形网。这一层面将能经济有效地开展业务,并能实施大通道业务量调配和监视。

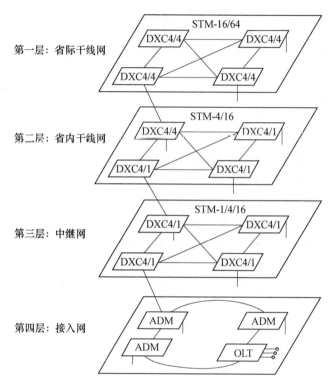

第一层：省际干线网 STM-16/64 DXC4/4 DXC4/4 DXC4/4 DXC4/4

第二层：省内干线网 STM-4/16 DXC4/4 DXC4/1 DXC4/1 DXC4/1

第三层：中继网 STM-1/4/16 DXC4/1 DXC4/1 DXC4/1 DXC4/1

第四层：接入网 ADM ADM ADM OLT

图 5.1.8　SDH 网络结构

第二层面为省内干线网，主要汇接节点装有 DXC4/4、DXC4/1 和 ADM，其间由高速光纤链路 STM－4/STM－16 连接，形成省内网状或环形骨干网结构，并辅以少量线形网结构。对于少数业务量很大且呈均匀分布的地区，可以在省内干线网上首先形成一个以 VC－4 为基础的 DXC4/4 网状网，也可以只形成以 VC－12 为基础的 DXC4/1 网状网，多数地区则可以以环形网为基本结构。由于 DXC4/1 有 2 Mb/s、34 Mb/s、140 Mb/s 接口，所以原来 PDH 系统也能纳入统一管理的省内干线网，并具有灵活调度电路的能力。第二层面每个省原则上至少应保证有两个与第一层面的连接点。同时应尽量控制连接点的数目。具体网络结构可按照实际业务量分布灵活选取。

第三层面为中继网（即长途端局与市话端局之间的部分），可以按区域划分为若干个环，使用 ADM 组成自愈环，其传输速率为 STM－1/STM－4/STM－16，也可以是路由备用方式的两节点环。这些环具有很高的生存性，又具有业务量疏导功能。环形网主要是复用段倒换环方式，究竟是四纤还是二纤取决于业务量和经济比较。环间由 DXC4/1 沟通，完成业务量疏导和其他管理功能。同时也可以作为长途网与中继网之间的网关或接口，最后还可以作为 PDH 与 SDH 之间的网关。

第四层面为接入网，由于处于网络的边界处，业务容量要求低，且大部分业务量汇集于一个节点（端局）上，因而通道倒换环和星形网都十分适合于该应用环境，所需设备除 ADM 外还有光线路终端 OLT。速率为 STM－1/STM－4，接口可以为 STM－1 光/电接口，PDH 体系的 2 Mb/s、34 Mb/s 或 140 Mb/s 接口，普通电话用户接口，小交换机接口，2B＋D 或 30B＋D 接口等。

上述分层结构简化了网络规划设计，使各个层面的规划建设具有一定的独立性，并可在层内最优化。

5.1.7　SDH 的发展

目前,ITU - T 标准化的 SDH 最高速率等级是 STM - 256(40 Gb/s)。再继续采用电时分复用技术扩大传输容量已很困难,而采用光波分复用(WDM)技术扩大传输容量是行之有效的方法,即将上述时分复用的数字信号分别调制在不同波长的光源上,但用同一光纤传输。目前,已经商用化的 WDM 方式所复用的波长数为 160 个,实验室则已达 1 022 个。

WDM 进一步发展,总的可用带宽将受限于电光/光电转换节点。若能设法去掉电光/光电转换瓶颈,便可实现全光传输的固有巨大带宽,形成所谓的透明光网络(TON)。此时传送层将由光学层和 SDH 层组成。光学层借助纯光的 OADM 和 OXC 来执行简单的选路由和网络恢复功能,而 SDH 层则用于监视和告警等功能。此时,由于传输节点上也装备了 OXC,消除了电光/光电转换瓶颈,在整个路由上都开放了巨大传输容量。容量将分配给 OXC 中的不同波长,以便为节点间业务量选路由并提供备用路由。波长可以重新使用;开始时引入较少的波长,以后再增加新波长以便适应业务量的增长和具有更大灵活性。可能想象得到的发展步骤大致为:

① 在中长距离通信中引入点到点波分复用系统和 SDXC。

② 引入简单的波长选路由光交叉连接或光分插复用器,用于光通路上的业务量疏导和网络恢复,其他层中仍然靠 ADM、DXC 进行业务量疏导、监视和控制。

③ 在网络的较低层(例如局间中继网)使用简单的波分复用器连接交换机,而其他层仍保留 SDH。全网的光联网范围进一步扩展至中继网乃至接入网。

随着技术的发展,网络中的光处理、监视和控制能力越来越强,越来越广泛,最终则有可能在光学领域基本实现目前电学领域的 SDH 主要功能,其带宽则几乎不受限,构成一个最大透明的、高度灵活可靠和超大容量的全光网(OAN)。

5.2　分层模型与帧结构

5.2.1　SDH 传送网分层模型

SDH 传送网分层模型是一般传送网分层模型的特例,见图 5.2.1。图的左边是适用于我国 SDH 传送网的分层模型,图的右边是各层的名称。

1. 电路层网络

电路层网络直接为用户提供通信业务,诸如电路交换业务、分组交换业务和租用专线业务等。按照提供业务不同,可以区分不同的电路层网络。电路层网络与相邻的通道层网络是相互独立的。

电路层网络的主要节点设备有交换机和用于租用线业务的交叉连接设备等。电路层网络的端到端连接一般由交换机建立。

电路层不属于 SDH 标准规范的内容,所以称非 SDH 客户,SDH 所承载的 PDH 信号,

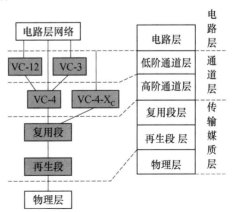

图 5.2.1　SDH 传送网的分层模型

例如 2 048 kb/s、34 368 kb/s 和 139 264 kb/s 等信号的技术指标都已在 PDH 的标准中规定。

2. 通道层网络

通道层网络支持一个或多个电路层网络,为电路层网络节点(如交换机)提供透明的通道(即电路群)。VC-12 可以看作电路层网络节点间通道的一种基本传送单位,VC-3/VC-4 可以作为骨干通道的基本传送单位。通道的建立可以由网管操作控制交叉连接设备完成,通过交叉连接设备提供半永久性连接。

通道层网络与相邻的传输媒质层网络是相互独立的,但它可以将各种电路层业务映射进复用段层所要求的格式内。

3. 传输媒质层网络

传输媒质层网络与传输媒质(光缆或微波)有关,它支持一个或多个通道层网络,为通道层网络节点,例如为交叉连接设备(DXC)之间提供合适的通道容量,STM-N 可以作为传输媒质层网络的标准等级容量。

传输媒质层网络进一步可划分为段层网络和物理媒质层网络(简称物理层)。其中段层网络涉及提供通道层网络节点间信息传递的所有功能,而物理层网络涉及具体的,支持段层网络的传输媒质,如光缆和微波。

在 SDH 网中,段层网络还可以细分为复用段层网络和再生段层网络。其中复用段层网络为通道层提供同步和复用功能,并完成复用段开销的处理和传递;再生段涉及再生器之间或再生器与复用段终端设备之间的信息传递,诸如定帧、扰码、再生段误码监视以及再生段开销的处理和传递。

物理层网络主要完成光电脉冲形式的比特传送任务,与开销无关。

5.2.2   SDH 的帧结构

SDH 的帧结构非常规范,STM-N 由横向 270×N 列(N=1、4、16、64、256)和纵向 9 行字节(1 字节为 8 比特)矩形块状结构组成,如图 5.2.2 所示。

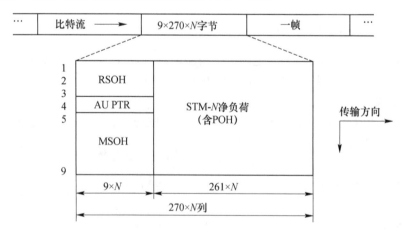

图 5.2.2   SDH 的帧结构

它是一个连续的比特流,按顺序排列成平面矩阵形,称为一帧。字节的传输从左向右,按"行"进行。首先由图中左上角第一个字节开始,从左向右,由上而下按顺序传送,直至整个

$9 \times 270 \times N$个字节都传送完毕，再传送下一帧。如此一帧一帧地传送，对于任何 STM 等级，传送一帧的时间均是 $125~\mu s$，每秒传送 8 000 帧。

图 5.2.2 中，前 $9N$ 列 $\times 9$ 行字节为开销，后 $261N$ 列 $\times 9$ 行字节为信息净负荷（也含有少量通道开销）。

对 STM－1 而言，传送速率为 9 行 $\times 270$ 列 $\times 8$ 位 $\times 8\,000$ 帧/秒＝155.520 Mb/s。

SDH 的帧结构大体可分为三个部分。

1. 段开销（SOH）

段开销 SOH(Section OverHead)是指 STM 帧结构中为了保证信息正常传送所必需的附加字节，主要是一些维护管理字节。这些字节数可以实现如不间断误码监测、自动倒换、公务通信、数据通信等。段开销(SOH)可分为再生段开销(Regenerator OverHead,RSOH)和复用段开销(Multiplex Section OverHead,MSOH)。

2. 信息净负荷（Payload）

信息净负荷就是网络节点接口码流中可用于电信业务的部分，也就是存放各种信息业务容量的地方。

3. 管理单元指针（AU PTR）

管理单元指针 AU PTR(Administrtive Unit Pointer)是一种指示符，主要用来指示净负荷的第一个字节在 STM－N 帧内的准确位置，以便接收端正确分解。图 5.2.2 中第四行的 $9 \times N$个字节是保留给指针用的。采用指针是 SDH 的重要创新，可以使之在 PDH 环境中完成复用同步和帧定位，消除了常规 PDH 系统中滑动缓存器所引起的延时和性能损伤。

为了便于在接收端定时提取，要求 STM－N 信号的传输码流应含有足够的定时信息，SDH 采用扰码的办法来解决(PDH 系统采用码型变换)。其扰码序列长度为 127，生成多项式为 $X7+X6+1$。在发送端用 7 级扰码器对 STM－1 模块的码流进行扰码，然后经电/光变换后送到光纤中进行传输，在接收端再用解扰器恢复原来的码流序列。

为了加深对再生段、复用段、通道的理解，特画出 SDH 系统分层结构示意图，如图 5.2.3 所示。

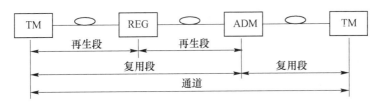

图 5.2.3　SDH 系统的分层结构

从图中可以看出，所谓再生段是指两个相邻再生站之间、再生站与相邻 ADM 站或 TM 站之间的部分；而复用段是指两个相邻 ADM 站或 TM 站的部分。通道则不然，它是针对信息而言的，在有些情况下，信息需要从一个 ADM(或 TM)站传送到另一个 ADM(或 TM)站，中间要经过几个再生段或复用段，那么这两个 ADM(TM)站之间的所有部分皆称之为这些信息的通道，两个 ADM(TM)站就是该通道的起始点。当然，通道有时也会和复用段重合。

5.2.3 段开销

开销有段开销与通道开销之分。段开销又分为再生段开销与复用段开销,而通道开销(Path Over Head,POH)与信息净负荷一起包封传送,仅在信息的终结点分解。

再生段开销既可以在再生站接入或终结,也可以在 TM 站或 ADM 站接入或终结;而复用段开销则只能在 TM 站或 ADM 站接入或终结,透明地通过再生站。

通道开销也可以分为两种,即高阶通道开销(VC-4 POH / VC-3 POH)与低阶通道开销(如 VC-12 POH)。通道开销是作为信息净负荷的一部分,所以只能在信息的终结站(TM 或 ADM)接入或终结。

1. STM-1 的段开销

STM-1 的帧和段开销字节安排如图 5.2.4 所示。STM-1 的段开销共有 9 行×9 列,81 个字节。其中,第 1~3 行(3 行×9 列,27 个字节)为再生段开销字节(RSOH);第 4 行为管理单元指针(AU PTR);第 5~9(5 行×9 列,45 个字节)为复用段开销字节(MSOH)。

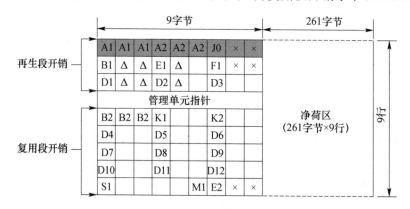

图 5.2.4 STM-1 帧和段开销

(1) A1 和 A2——帧定位字节

A1,A2 字节的用途是识别每一帧的起始位置。STM-1 帧定位规定为 A1 和 A2 两种固定代码,并且 A1 = 11110110 (F6H),A2 = 00101000 (28H)。

在再生器中,帧定位字节应不经扰码,全透明传送。

(2) J0——再生段踪迹字节

J0 字节重复发送再生段"接入点标识符",以便接收机能够确认它是否与发送机保持着连接状态。

国内使用时,J0 字节内容按 G.831 第三节规定的符号格式;国际边界使用时,可按 G.831 第三节规定的格式,也可双方协商新的符号格式。

G.831 规定采用 E.164 编码格式,又称 16 字节帧。具体规定如下:16 字节帧码顺序重复发送,且第一字节为对上一帧的 CRC-7 校验结果,随后的 15 个字节为再生段"接入点标识符"(ASCII 码),如表 5.2.1 所列。

表 5.2.1　J0 字节格式(E.164 编码格式)

字　节	8 比特								说　明
1	1	C1	C2	C3	C4	C5	C6	C7	帧起始符
2	0	×	×	×	×	×	×	×	ASCII 码
⋮	⋮	⋮	⋮	⋮	⋮	⋮	⋮	⋮	⋮
16	0	×	×	×	×	×	×	×	ASCII 码

　　(3) B1——再生段的误码监测字节

　　B1 字节用于再生段奇偶校验字节(BIP-8)。误码检测的方法是比特间插奇偶校验,因为 B1 字节为 8 比特,故又称 BIP-8。

　　发送端待扰码当前帧内 B1 字节的 8 比特,是通过对上一帧扰码后的全部比特进行奇偶校验的结果。

　　B1 字节的产生过程如下:

　　将一帧内的全部比特按顺序排列,分为 8 列,对每列计算奇偶性。如果在一列中有偶数个"1",则奇偶性为"偶"(以"0"表示);如果在一列中"1"的个数是奇数,则奇偶性为"奇"(以"1"表示)。计算方法见表 5.2.2。

表 5.2.2　B1 字节的产生

假设	第一列	第二列	第三列	…	第八列
第一行	1	0	1	…	1
第二行	1	1	0	…	1
⋮	⋮	⋮	⋮	⋮	⋮
第 N 行	1	1	1	…	0
计算奇偶	奇	偶	奇/偶	…	奇/偶
BIP-8	1	0	b3	…	b8

　　在发送端将一列的计算结果放入下一帧的 B1 字节处。

　　在接收端将每一列的计算结果与下一帧的 B1 字节比较。

　　在接收端,B1 字节的内容,是通过对当前帧解扰码前的全部比特进行偶校验的结果。并将该结果和下一帧收到的 B1 字节(即发送端对当前帧扰码后的偶校验结果)进行比较。若不一致便认为产生一个误码块。

　　由此可见,接收端一旦发现校验矩阵出错,被检验的 n 个字节可能发生了 1 个比特错误,也可能发生了几个或几十个比特错误,这一点与 PDH 系统不同。

　　(4) E1 和 E2——公务联络字节

　　E1 和 E2 字节用来提供公务联络语声通路,E1 和 E2 各提供速率为 64 kb/s 的语声通路。E1 用于再生段公务联络,可在中继器中终结;E2 用于终端间直达公务联络,应在复用段终端接入。

　　(5) F1——使用者通路字节

　　F1 字节留给使用者(为网络运营商)使用,主要目的是提供速率为 64 kb/s 的数据/音频通路。

（6）D1～D12——数据通信通路字节（DCC）

D1～D3 是再生段数字通路字节（DCCR），用于再生段终端间传送再生器的 OAM 信息，共 192 kb/s（3×64 kb/s）。

D4～D12 是复用段数字通路字节（DCCM），用于复用段终端间传送 OAM 信息，共576 kb/s（9×64 kb/s）。

SDH 安排了丰富的开销以支持越来越复杂的信息传输网络的运行、管理、维护与指配功能（OAM&P），而 DCC 通道正是为这些信息的传送提供传送通道。

在实际系统中，每个局站或网元皆会有大量的操作、管理与维护信息需要传送到网络管理系统中进行处理，而网络管理系统又会向各个局站或网元发出要求它们执行的指令，所有这一切的传送都需要一个专门的数据通信通道来完成，这就是由 D1～D12 字节组成的 DCC 通道。由于这些字节是嵌入进光信号进行传输的，所以 DCC 通道是嵌入式通信通道（ECC）的物理层。

（7）Δ——与传输媒质有关的字节

SDH 的传输媒质，既可能是光纤也可能是微波，还可能是卫星。Δ 字节是留给与传输媒质有关的特定应用，如用一根光纤进行双向传输时，可用该字节辨别信号的传输方向。

（8）B2——复用段奇偶校验字节（BIP - 24）

该字节用于复用段的误码检测。误码检测的方法与 B1 字节完全一样，只是将一帧内的全部比特（再生段开销的第 1～3 行字节除外）按顺序排列（分为 24 列）。因为在 STM - 1 的段开销中共有 3 个 B2 字节，共计 24 比特，故又称之为 BIP - 24。

（9）K1 和 K2——自动保护倒换（APS）字节

K1 和 K2 字节用于传送自动保护倒换 APS（Automatic Protection Switching）协议。

K1（b1～b4）指示倒换请求的原因，K1（b5～b8）指示请求倒换的信道号；K2（b1～b4）指示确认桥接到保护信道的信道号。

复用段远端故障指示（MS - RDI）字节：K2（b6～b8）MS - RDI 用于向发信端回送一个指示信号，表示收信端检测到来话方向故障或正接收复用段告警指示信号（MS - AIS）。解扰码后 K2 字节的第 6～8 比特构成"110"码，即为 MS - RDI 信号；"111"表示接收 MS - AIS 信号。

（10）S1——同步状态字节

S1 用来表示 SDH 设备的同步状态，进而可以保证整个系统处于良好的同步状态。

S1 字节的 b1～b4 暂不使用，b5～b8 的规定如表 5.2.3 所列。

表 5.2.3　S1 字节比特编码

b5～b8	说　明
0000	同步质量未知
0010	一级时钟（G.811）
0100	二级时钟（G.812 加强型）
1000	三级时钟（G.812）
1011	SDH 设备时钟（G.813）
1111	不应用作同步
其余	保留

因为 SDH 设备可以随时读取、检查上游 SDH 设备发送的 S1 字节,从而可获知上游的 SDH 设备究竟处于何种同步状态。若得知上游 SDH 设备处于较低级别的同步状态,如处于设备时钟同步状态(S1＝1011),则一方面它不会从上游来的 STM－N 信号中提取定时,另一方面,若条件允许可以进行时钟倒换,从而保证设备处于良好的同步状态。

S1 字节是一个十分重要的字节,有效地使用它可以保证整个 SDH 网络系统处于良好的同步状态,并能防止定时环路的产生。

(11) M1——复用段远端差错指示(MS－REI)

M1 字节用来指示 B2(BIP－24N)对复用段误码块检测的结果,即误块数指示。

对于 STM－1 而言,M1 字节的误块数指示范围为 0～24,其计数方法是标准的二进制计数(M1 字节的 b1 比特不作规定)。

2. 比特间插奇偶校验原理

比特间插奇偶(BIP)校验是一种监视传输质量的方法。基本原理是:发送端将附加的奇偶信息插入发送信号中,接收端对同一奇偶性进行验算,并与信号中插入的奇偶信息相比较,如二者不一致,则表明传输过程中发生了差错。但是,这种方法不能说明产生的差错是多少。

比特间插奇偶(BIP－X)校验有多种,如 BIP－24,BIP－8,BIP－2,BIP－1 等,它们都基于同样的原理,只是校验长度(X 位数)不同。

以再生段 B1 字节奇偶校验字节的 BIP－8 为例说明 BIP 校验算法。在发送端产生 B1 字节的过程和接收端核算过程是相同的,具体步骤如下:

① 接收参与计算的全部比特(即 STM－N 帧中的全部比特),将这些比特每 X 比特分为一组,顺序排列。

② 对每列计算奇偶性。如果在一列中有偶数个"1",则 BIP－X 相应位以"0"表示;如果在一列中"1"的个数是奇数,则奇偶性为"奇"以"1"表示。

③ 在发送端将一列的计算结果,放入下一帧的 B1 字节处。在接收端将每一列的计算结果与下一帧的 B1 字节比较。

图 5.2.5 给出了一个较短的比特序列(32 位)10010111 01011001 10111110 11100100 的奇偶性计算例子。

图 5.2.5　BIP－8 校验算法

5.3　复用和映射

5.3.1　复用的基本原理

1. 复用的概念

对 PDH 系统而言,所谓复用,就是把几个相同等级的较低速率支路信号按一定规则组合成更高等级速率的信号;其逆过程称之为解复用。参与复用的支路信号有:2 Mb/s、8 Mb/s、34 Mb/s、140 Mb/s 等。例如可以把 4 个 2 Mb/s 支路信号复用成一个 8 Mb/s 支路信号;4 个

8 Mb/s 支路信号复用成一个 34 Mb/s 支路信号;4 个 34 Mb/s 支路信号复用成一个 140 Mb/s支路信号,等等。对 PDH 系统而言,复用也称之为复接。

对 SDH 系统而言,复用就是把几个相同等级的支路单元 TU(Tributary Unit)、支路单元组 TUG(Tributary Unit Group)、管理单元 AU(Administrative Unit)、管理单元组 AUG(Administrative Unit Group)按一定规则组合成更高等级速率的支路单元组(TUG)、虚容器(VC)、管理单元(AU)、管理单元组(AUG)或同步传送模块(STM – N)等。例如,可以把 3 个 TU – 12 复用成一个 TUG – 2;把 7 个 TUG – 2 复用成一个 TUG – 3;把 3 个 TUG – 3 复用成一个 VC – 4,等等。但其复用方法与 PDH 系统不同。

2. 传统的复用方法

将低速率支路信号复用成更高等级速率的支路信号,有两种传统的复用方法。

(1)异步复用——码速率调整法

在 PDH 中,码速率调整法的缺点是因为插入码既可能是"调整码",也可能是"信息码",所以无法从高速信号中直接提取或接入低速支路信号。

(2)固定位置映射法

它用一高稳定度的主时钟来控制多个低速支路信号,使它们的码速率统一在主时钟频率上,并以 125 μs 缓存器进行相位校正与频率校正。这样,多个低速率支路信号可以按简单的规则(低速支路信号位置固定)组合在一起形成高速率信号。固定位置映射法的优点是可以从高速率信号中直接提取或接入低速支路信号,因为低速支路信号在高速率信号中的位置是固定的。

固定位置映射法的缺点是不能保证高速率信号与低速支路信号之间的相位对准,需要用 125 μs 缓存器进行相位校正或频率校正,所以易产生信号延时和滑动损伤;此外,一旦主时钟出现故障,会出现全网瘫痪。

3. SDH 的复用方法

SDH 采用的复用方法是最具有特色的同步复用方法,它较好地吸收了传统异步复用和同步复用的优点,但又巧妙地避开了它们的缺点。

SDH 的复用方法采用了净负荷指针技术,可以进行速率调整,从而允许低速支路信号的速率有一定的差异,但由于未使用 125 μs 缓存器,所以避免了传统同步复用方法的弊病,即产生信号延时和滑动损伤。另一方面,它采用了字节间插复用方法,使被复用的低速支路信号在高速率信号中的相对位置固定;而净负荷指针又可以指示净负荷在帧中的位置,所以可从高速率信号中直接提取或接入低速支路信号,故避开了传统异步复用的缺点。

SDH 同步复用方法所付出的代价是必须设置和处理指针。

5.3.2 复用的结构

ITU – T 在 G.709 建议中对复用的结构作出了规范,但 ITU – T 规范的是最一般也最完整的复用与映射结构,它适应于世界各国各种不同的情况。各个国家和地区可以根据自己的实际情况对之进行简化,制定出符合本国国情的复用与映射结构。

ITU – T 新建议对复用结构进行了修改,如图 5.3.1 所示。图 5.3.1 是简化的复用与映射结构。

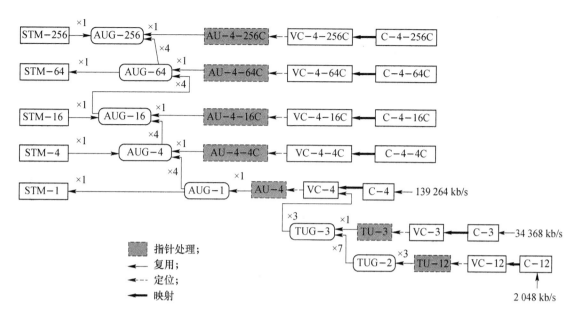

图 5.3.1　我国基本复用结构

1. 容　器

容器 C(Container)是净负荷的信息结构。它们可以装载目前 PDH 系统中最常用的所有支路信号,如 2 Mb/s、34 Mb/s、140 Mb/s(注意不含 8 Mb/s)以及北美制式的 1.5 Mb/s、6.3 Mb/s、45 Mb/s、100 Mb/s。但不同等级的 PDH 支路信号只能装入相应阶的信息容器,且装入时要进行速率调整。

目前,ITU-T 建议的信息容器共有五种,即 C-11、C-12、C-2、C-3、C-4。但我国规定仅使用其中的三种,即 C-12、C-3、C-4,如图 5.3.2 所示。

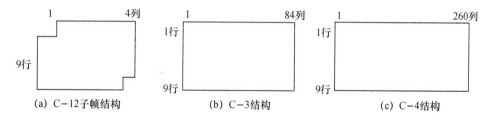

(a) C-12子帧结构　　　　(b) C-3结构　　　　(c) C-4结构

图 5.3.2　信息容器 C 的种类与结构

C-12 子帧含有 34 个字节,C-12 通常以复帧出现,一个复帧含有 4 个子帧;C-3 含有 84×9=756 个字节;C-4 含有 260×9=2 340 个字节。

C-12 仅可装载 2 048 kb/s 支路信号。它的速率为 2 176 kb/s,如图 5.3.2(a)所示。

C-3 既可装载 34.368 Mb/s 支路信号,也可装载 44.736 Mb/s 支路信号。它的速率为 48.384 Mb/s,是 9 行×84 列的块状结构,如图 5.3.2(b)所示。

C-4 仅可装载 139.264 Mb/s 支路信号。它的速率为 149.760 Mb/s,是 9 行×260 列的块状结构形状,如图 5.3.2(c)所示。

2. 虚容器 VC

虚容器 VC(Virtual Container)是 SDH 系统中最重要的信息结构,它用来支持 SDH 通道层的连接。

它不仅可以装载各种不同速率的 PDH 支路信号(指 VC4),而且除了在 VC 的组合点与分解点外,整个 VC 可以在传输过程中保持完整不变。因此 VC 可以作为一个整体,独立地在通道层提取或接入,也可以独立地进行复用和交叉连接,十分灵活方便。

同阶信息容器 C 加上相应的通道开销(POH),便可构成相应的虚容器。

目前,ITU-T 建议的虚容器共有五种,即 VC-11、VC-12、VC-2、VC-3、VC-4。根据我国规定,只使用其中三种,即 VC-12、VC-3、VC-4。

(1) VC-12

信息容器 C-12 加上一个字节的通道开销(POH),便构成了虚容器 VC-12,如图 5.3.3 所示。

从图 5.3.3 可以看出,虚容器 VC-12 的结构为 9 行×4 列-1 的块状结构,其速率为 2.240 Mb/s,共计 9×4-1=35 个字节。它只能装载 2.048 Mb/s 支路信号。

虚容器 VC-12 往往以复帧形式出现,如 500 μs 复帧,一个复帧由 4 个子帧组成。

(2) VC-3

信息容器 C-3 加上一列 9 个字节的通道开销(POH),便构成了虚容器 VC-3,如图 5.3.4 所示。虚容器 VC-3 的结构为 9 行×85 列的块状结构,共计 9×85 = 765 个字节,其速率为 48.960 Mb/s。它既可装载 34.368 Mb/s 支路信号,又可装载 44.736 Mb/s 支路信号。

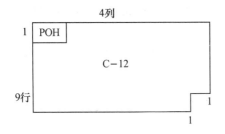

图 5.3.3　虚容器 VC-12 的结构(子帧)

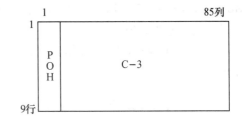

图 5.3.4　虚容器 VC-3 的结构

(3) VC-4

虚容器 VC-4 的组成与 VC-12、VC-3 不同,它有两种结构形式:信息容器 C-4 加一列通道开销(POH),3 个 TUG-3 加一列通道开销(POH)、两列填充字节(R1 和 R2),如图 5.3.5 所示。

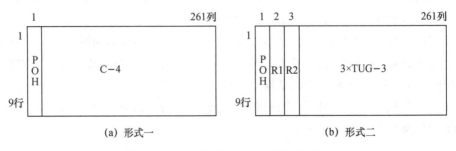

(a) 形式一　　　　　　　　　　　(b) 形式二

图 5.3.5　虚容器 VC-4 的两种结构形式

从图 5.3.5 可以看出,虚容器 VC - 4 的结构为 9 行×261 列的块状结构,其速率为 150.336 Mb/s,共计 9×261 = 2 349 个字节。

需要注意的是,虽然虚容器 VC - 4 具有两种结构形式,但可以装载三种 PDH 支路信号。当结构为 C - 4 加一列 POH 时,它装载一个 139.264 Mb/s 支路信号。当结构为 3 个TUG - 3 加一列 POH、二列填充字节(R1 和 R2)时,它可以装载 3 个 34.368 Mb/s 支路信号,此时每个 TUG - 3 装载一个 34.368 Mb/s;还可以装载 63 个 2.048 Mb/s 支路信号,但此时每个 TUG - 3 装载 7 个 TUG - 2(每个 TUG - 2 可装载 3 个 2.048 Mb/s)。

因此虚容器 VC 与信息容器 C 不同,某阶的信息容器 C,只允许装载相应的 PDH 支路信号,而高阶虚容器(如 VC - 4)则不然,它可以根据需要装载多种业务支路信号。

（4）VC - 4 - Xc

在实际应用中,可能需要传送多个 VC - 4 容量的净负荷,如高清晰度电视的数字信号或 IP 信号等。可以把多个 VC - 4 级联在一起,于是就构成了 VC - 4 - Xc,其中 X=4、16、64、256。

所谓级联,实际上是一种组合过程。就是把 X 个 VC - 4 的首尾依次组合在一起,使组合后的容量可以作为单个实体使用,如进行复用、交叉连接与传送等;但能保持单个 VC - 4 比特序列的完整性,如图 5.3.6 所示。

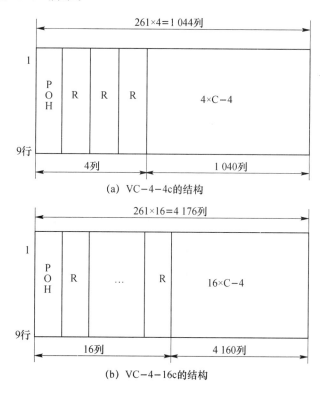

(a)　VC-4-4c的结构

(b)　VC-4-16c的结构

图 5.3.6　VC - 4 - Xc 的两种结构

级联有两种方式,即相邻级联与虚级联。所谓相邻级联就是级联的 VC - 4 是相邻的;而虚级联则级联的 VC - 4 可以是不相邻的。

级联后的 VC-4-Xc 只有一列通道开销(POH),为整个 VC-4-Xc 提供支持,原 VC-4 通道开销的位置改为填充字节 R。

伴随 SDH 技术的不断发展(如 TDM 方式的 10G、40G)和 IP 技术的崛起,采用 VC-4-Xc 来承载业务的应用也将会越来越广泛。

5.3.3 映射的基本原理

1. 映射的基本概念

所谓映射(Mapping),就是把业务信号纳入到 SDH 系统各阶虚容器 VC 中的匹配过程。映射的实质就是使各种支路信号和相应的虚容器同步。映射并不复杂却很繁琐。映射共有三类五种方式,但其中最常用的是异步映射、浮动的字节同步映射。被映射的各种业务信号包括 PDH 系统中的各种支路信号,如 PDH 一次群 2.048 Mb/s、三次群 34.368 Mb/s、四次群 139.264 Mb/s,还有 ATM 信元等。

2. 映射的种类

映射的分类是比较繁琐的,如果按净负荷在高阶虚容器中是浮动的还是锁定的,可分为浮动与锁定两大类模式;按净负荷是否与网络同步,可以分为异步映射与同步映射。其中同步映射又可分为比特同步映射与字节同步映射,等等。总起来讲,映射共有三类五种方式,如表 5.3.1 所列。

表 5.3.1 映射的种类

种 类	浮动模式	锁定模式
异步方式	异步映射	不存在
字节同步	浮动的字节同步映射	锁定的字节同步映射
比特同步	浮动的比特同步映射	锁定的比特同步映射

所谓浮动模式,是指信息净负荷在帧内的位置是可以浮动的,其起点位置可由指针来确定的一种工作模式。

由于采用了指针处理来容纳 VC 净负荷与 STM-N 帧的频差与相位差,所以无须使用滑动缓存器就可以实现同步,且引入的信号延时较小(约 10 μs)。

因此,浮动模式对被映射信号的速率没有什么限制,它可以是与网络同步的同步信号,也可以是与网络不同步的异步信号。这就是浮动模式既可以包括异步映射方式又可以包括同步映射方式(字节同步与比特同步)的原因。

而所谓锁定模式,是指信息净负荷必须与网络同步,且其位置固定从而不需要指针的一种工作模式。

由于在锁定模式中信息净负荷在帧结构中的位置固定,所以可以直接从中提取或接入其支路信号。另一方面,净负荷指针(如果有的话)已经失去作用,可以用来传送净负荷信息,提高了传输效率。这是锁定模式的两大优点。

锁定模式要求信息净负荷必须是与网络同步的信号,这就是锁定模式只能适用于同步映射方式(字节同步与比特同步)的原因。

因此,锁定模式的缺点是不能传送异步信号,从而限制了它的应用范围。其二,需要使用 $125~\mu s$ 的滑动缓存器来容纳 VC 净负荷与 STM - N 帧的频差与相位差,引入的信号延时较大(约 $150~\mu s$)。

(1) 异步映射

所谓异步映射,是指用码速率调整方法来实现和网络同步或不同步信号的映射方式。

异步映射采用净负荷指针调整的办法来容纳映射信号的速率不同步和相位差,即具有速率调整能力;而且也不必使用 $125~\mu s$ 缓存器来实现同步,避免了滑动损伤,其信号延时最小。图 5.3.7 给出 2 048 kb/s 支路的异步映射。

异步映射对映射信号没有任何限制性要求。在信号结构方面,映射信号可以具有一定的帧结构,也可以不具有帧结构。在信号速率方面,映射信号的速率可以与网络同步,如 64 kb/s 或 $N \times$ 64 kb/s信号等;也可以不与网络同步,如 ATM 信元等。

异步映射的优点:其一是可以适用于多种信号,即同步的和异步的信息净负荷,具有最大的通用性与灵活性;其二是接口简单,信号延时最小(复用与解复用仅各延时约 10 μs);其三是异步映射可以提供 TU 通道性能的端对端监测。

异步映射的缺点是不能从净负荷信号中直接提取或接入支路信号。注意,此处的直接提取或接入支路信号,是指对映射前净负荷信号中支路信号的直接提取或接入,如 2M 信号中的 64 kb/s 支路信号或 140 Mb/s 信号中的 2M 支路信号等,而不是指在 SDH 的特点里所讲的“一步复用特性”。

举例来讲,在 VC - 4 信号中含有 63 个 2M 信号,因为每个 2M 信号是先映射进 VC - 12,然后经

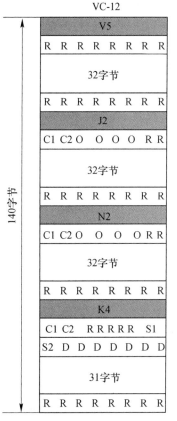

D—数据比特;　　S—调整机会比特;
O—开销比特;　　R—固定填充比特;
C—调整控制比特

图 5.3.7　2 048 kb/s 支路的异步映射

过一系列复用过程而形成了 VC - 4,所以我们可以直接对之进行提取或接入,即所谓一步复用特性。但如果把含有 64 个 2M 信号的 PDH 140 Mb/s 信号通过映射处理进入到虚容器 VC - 4中,则不能对其中的 2M 信号直接提取或接入。

(2) 字节同步映射

同步映射与异步映射的最重要区别之一,就是同步映射要求映射信号的速率必须与网络同步。

所谓字节同步映射,是一种要求映射信号具有块状帧结构,且必须与网络同步,从而无需码速调整就可以实现适配的映射方法。

因此,字节同步映射要求映射信号的速率不仅应和网络同步,而且映射信号应仅包括 64 kb/s或 $N\times64$ kb/s 支路信号。

字节同步映射的最大优点是可以从 TU 帧内直接提取或接入 64 kb/s 或 $N\times64$ kb/s 信号,而且还允许对 VC-12 进行独立地交叉与连接。

字节同步映射的缺点是,对净负荷信号速率有较严格限制,而且引入的延时较大,如复用器要引入约 150 μs 的延时(解复用器仍为 10 μs);此外其硬件接口也比较复杂。

浮动字节同步映射与锁定字节同步映射的区别是,信息净负荷在帧内的位置是浮动的还是锁定的。浮动的字节同步映射,其信息净负荷在帧内的位置是可以浮动的,它采用净负荷指针来指示映射信号在帧内的位置。而锁定的字节同步映射,信息净负荷在帧内的位置是锁定的,因位置固定,所以不需要净负荷指针,但需要使用 125 μs 滑动缓存器。

(3)比特同步映射

所谓比特同步映射,是一种对映射信号结构无任何限制,但必须与网络同步,从而无需码速率调整就可以实现适配的映射方法。它要求信息净负荷可以是也可以不是仅包括 64 kb/s 或 $N\times64$ kb/s 的信号,但信号的速率必须与网络同步。该方式的硬件接口相当复杂,与传统的 PDH 方式相比,并无明显的优越性,所以目前尚无人采用。

异步映射可以适用于多种信号(即同步的和异步的净负荷信号),具有最大的通用性与灵活性;而且其接口简单,信号延时最小。它是 SDH 映射的首选方式。因此在 SDH 系统中,139.264 Mb/s 信号映射进虚容器 VC-4,34.368 Mb/s 信号映射进虚拟容器 VC-3,全部采用异步映射方式。

异步映射的缺点是不能从净负荷信号中直接提取或接入支路信号,所以在有些应用场合显得不方便。如有时需要从 2M 信号中直接提取或接入 64 kb/s 或 $N\times64$ kb/s 信号,异步映射无法做到这一点。

字节同步映射尽管其接口比较复杂,但可以从 TU 帧内直接提取或接入 64 kb/s 或 $N\times64$ kb/s 信号,解决了异步映射方式不能解决的难题,而且还允许对 VC-12 进行独立地交叉与连接,所以字节同步映射在 SDH 中也得到了应用。

比特同步映射无明显的优越性,所以目前尚无人采用。

5.3.4 2 048 kb/s 到 STM-1 的映射和复用

载送 2 048 kb/s 信号的容器是 C-12,见图 5.3.1。C-12 加上低阶通道开销称为虚容器 VC-12。依现有网中 2 048 kb/s 的不同情况,有 3 种映射方式,即 2 048 kb/s 支路的异步映射(见图 5.3.7)、2 048 kb/s 支路的字节同步映射(具有共路或随路信令的 30 条信道,见图 5.3.8)、31×64 kb/s 支路信号的字节同步映射(见图 5.3.9)。3 种映射方式的共同特点是 140 个字节的复帧分为 4 个子帧,每个子帧 35 个字节,4 子帧开头的字节为通道开销,分别是 V5、J2、N2、K4。对于异步映射,140 个字节包含:1 023 个数据比特(D)、6 个正/零/负调整控制比特(C1 和 C2 控制 2 个调整机会比特 Sl、S2)、49 个固定填充比特(R)、8 个开销通信通路比特(O)。C-12 加上 4 个通道开销字节称为虚容器 VC-12,对应速率为 2 240 kb/s。

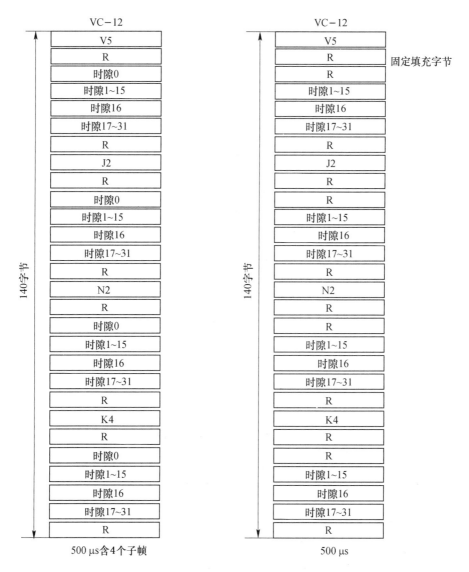

图 5.3.8　2048 kb/s 支路信号的字节同步映射　　图 5.3.9　31～64 kb/s 支路信号的字节同步映射

虚容器 VC-12 到 TU-12 的过程称为定位。VC-12 在 TU-12 中的位置是浮动的,即 VC-12 的第一个字节 V5 在 TU-12 中的位置不固定。TU-12 指针和编号见图 5.3.10,图中标出了从 0 到 139 共 140 个字节的编号。V5 字节处于哪个编号由 TU-12 指针来指示。

举一个特殊的例子,便于理解 TU-12 和 VC-12 的相位关系。假设 TU-12 指针值恰好为 105,V5 字节正好在 V1 字节后面。我们将图 5.3.7 和图 5.3.10 放在一起,并绘成平面帧的形式,见图 5.3.11。

3 个 TU-12(子帧 36 字节)以字节间插方式进行同步复用,复用成 9 行×12 列块状结构的支路单元组 TUG-2(见图 5.3.12)。

7 个 TUG-2 同步复用成支路单元组 TUG-3,形成 9 行×86 列的块状结构。前两列为固定填充(第一列填充前三个字节为空指针指示字节 NPI,其余为填充字节)。

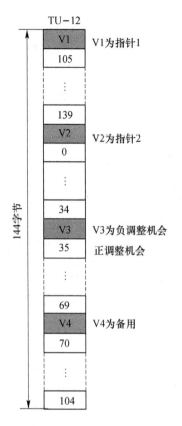

图 5.3.10　TU-12 指针和编号

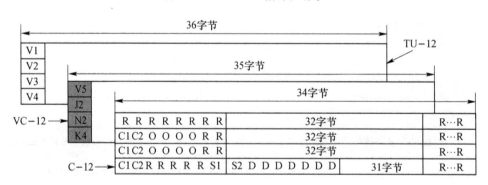

图 5.3.11　异步映射 C-12、VC-12 和 TU-12

3 个 TUG-3 同步复用成 VC-4。三个支路单元组 TUG-3 以字节间插方式进行复用，复用的结果形成了 9 行×258 列的块状结构，然后再附加上两列填充字节 R1、R2 和一列通道开销 VC-4 POH，最后组成了具有 9 行×261 列块状结构的虚拟容器 VC-4（见图 5.3.13）。

VC-4 经 AU-4 复用成 AUG-1（见图 5.3.14）。VC-4 在 AU-4 中的位置是浮动的，即 VC-4 的第一个字节 J1 在 AU-4 中的位置不固定。

AUG-1 加上段开销就构成了 STM-1 信号。

从 2048 kb/s 支路信号到 STM-1 的映射和复用可以用图 5.3.15 来说明，这张图清楚地表明了映射和复用都是按字节为单位间插构成的。图中表示 TU-12 指针值为 105，AU-4

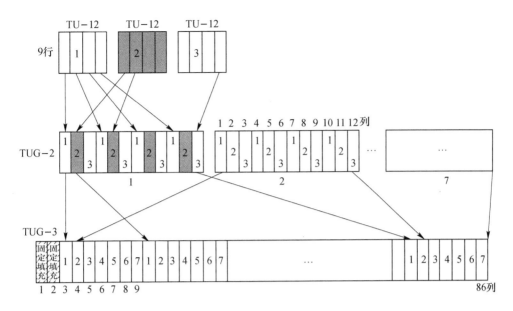

图 5.3.12　3 个 TU - 12 复用成 TUG - 2,7 个 TUG - 2 复用成 TUG - 3

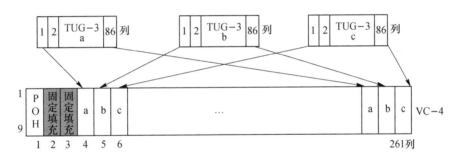

图 5.3.13　3 个 TU - 3 同步复用成 VC - 4

指针值为 522 的特殊情况。

　　SDH 的通道开销也可以分为两部分,即高阶通道开销(VC - 4 /VC - 3 POH)与低阶通道
开销(VC - 12 POH)。它们主要分别用于高阶通道与低阶通道的运行、管理、维护与预置
(OAM&P)。

　　通道开销 POH 是根据信息传送的目的地在信息的终点站进行终结/分解。因此,它透明
地通过再生站,也可能透明地通过某些 ADM 站。

1. 高阶通道开销 VC - 3/VC - 4/VC - 4 - Xc POH

　　虚容器 VC - 3 拥有 9 行×85 列块状结构,其中的第一列 9 个字节是其通道开销 VC - 3
POH;虚容器 VC - 4 拥有 9 行×261 列块状结构,其中的第一列 9 个字节是通道开销 VC - 4
POH;虚容器 VC - 4 - Xc 拥有 9 行×261×X 列块状结构,其中的第一列 9 个字节是通道开销
VC - 4 - Xc POH。它们有相同的功能,故放在一起介绍,参考图 5.3.14。

　　(1) J1——通道跟踪字节

　　J1 字节用来重复发送高阶通道接入点识别符(APID),在通道的接收端通过对接入点识
别符的验证,就可以知道是否正确地连接在预定的发送端上。

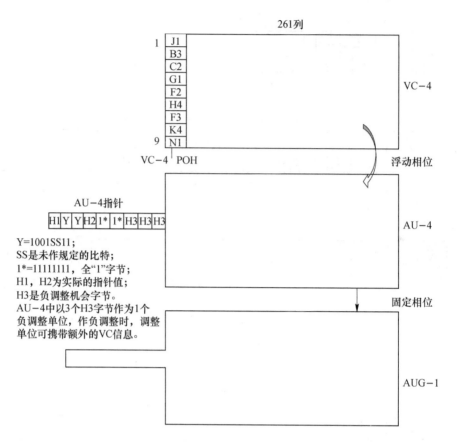

图 5.3.14 AU-4 复用成 TUG-1

同段开销中的 J0 字节一样,国内应用时,J1 字节可以使用 64 字节自由格式,也可以使用 G.831 建议的 E.164 编码格式。国际应用时,只能使用 E.164 编码格式。

(2) B3——通道奇偶校验字节(BIP-8)

B3 字节用于高阶通道的误码块检测。它和段开销 SOH 中 B1、B2 字节的工作原理相似,即采用比特间插偶校验的方式。

(3) C2——信号标记字节

C2 字节用来指示高阶虚容器的信息结构和信息净负荷性质。

高阶虚容器 VC-4 有两种组成结构。一是由 C-4 加上通道开销 POH 组成,此时装载的是 140 Mb/s 支路信号;二是由 3×TUG-3 复用后再加上通道开销 POH 组成,此时装载的可能是 3×34 Mb/s 支路信号(TUG-3 由 VC-3 组成时),也可能是 63×2 Mb/s 支路信号(TUG-3 由 7×TUG-2 组成时)。当然,VC-4 还可能装载其他类型的信号,如 ATM 信元等。

高阶虚容器 VC-3 仅有一种信息结构,即由 C-3 加上通道开销 POH 组成,装载的是 34 Mb/s 支路信号。

为了软件处理方便,C2 字节的作用就是指示高阶虚容器的信息结构种类和净负荷信息性质。具体说明如表 5.3.2 所列。

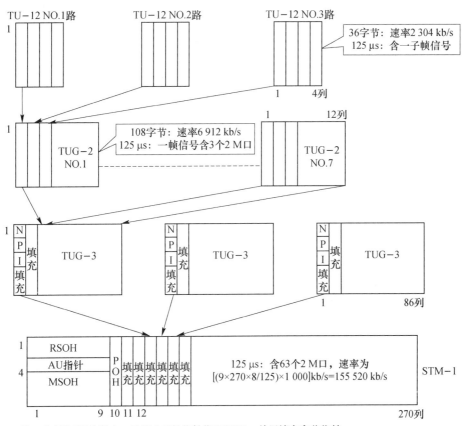

图 5.3.15 2 048 kb/s 到 STM-1 的映射和复用

表 5.3.2 C2 字节编码

C2	说 明	C2	说 明
00H	未装载	12H	139.264 Mb/s 信号异步映射
01H	装载非特定净负荷	13H	ATM
02H	TUG 结构	14H	MAN
03H	锁定 TU 方式	15H	FDDI
04H	34.368 Mb/s 信号异步映射	FEH	测试信号

表 5.3.2 中的 MAN 是分布式排队双总线模式（DQDB），FDDI 是指光纤分布式数据接口。

（4）G1——通道状态字节

G1 字节的功能就是监测高阶通道的状态和性能，并回传到通道的起始点，以便可在高阶通道的任意端或透明点进行监测。

G1 字节各比特的用途安排如表 5.3.3 所列。

表 5.3.3　G1 字节用途

比特序号	b1 b2 b3 b4	b5	b6 h7	b8
用途	REI(FEBE)	FDI(FERF)	备用	备用

1）REI——远端差错指示

G1 字节的 b1~b4 比特用于远端误码块指示 REI(以前称 FEBE)，即表示 B3 字节对高阶通道进行误码块检测的结果——误码块数。其具体编码规则如表 5.3.4 所列。

表 5.3.4　G1 字节编码

G1 字节的 b1 b2 b3 b4	误块数	G1 字节的 b1 b2 b3 b4	误块数
0001	1	0110	6
0010	2	0111	7
0011	3	1000	8
0100	4	其他	9
0101	5		

2）FDI——远端缺陷指示

G1 字节的 b5 比特用于高阶通道的远端缺陷指示 FDI(以前称 FERF)。RDI 指示连接性缺陷和服务器缺陷。当它置"1"时，表示 VC - 4/VC - 3 通道出现 RDI；当它置"0"时，表示 VC - 4/VC - 3 通道无 RDI。

（5）F2 和 F3——通道使用者字节

这两个字节可以为通道使用者提供方便，如用于通道之间的通信，它与净负荷无关。

（6）H4——位置指示字节

H4 字节可用来指示净负荷在高阶通道中的位置。例如用来指示 TU - 12 子帧在复帧中的位置(注意，不是 VC - 12 在 TU - 12 帧内的位置)。

对于 500 μs 复帧，可用 H4 简化编码来确定。

H4 字节的简化编码如表 5.3.5 所列。

表 5.3.5　H4 字节的简化编码

b1	b2	b3	b4	b5	b6	b7	b8	子帧序号	b1	b2	b3	b4	b5	b6	b7	b8	子帧序号
×	×	1	1	×	×	0	0	0	×	×	1	1	×	×	1	0	2
×	×	1	1	×	×	0	1	1	×	×	1	1	×	×	1	1	3

×为将来国际标准留用，目前暂定为"1"。

（7）K3——通道自动保护倒换字节(APS)

同段开销 SOH 中的 K1、K2 字节相类似，K3 字节专门用于高阶通道的自动保护倒换。K3 字节的 b1~b4 比特用来传送 APS 信令，b5~b8 比特留作备用。

(8) N1——网络操作者字节

N1 字节为网络操作者的使用提供了方便,它一般用于高阶通道串联连接监视。高阶通道串联连接的确切过程尚需进一步研究,所以 N1 字节目前尚未得到有效的应用。

2. TU - 12 的编号方案

SDH 的映射和复用由软硬件结合实现,所以在 STM - 1 群路信号中各个支路信号的位置原理上是可以随意改变的。STM - 1 接口互连,各支路信号互通时,就需要对 TU - 12 信号统一编号。(光同步传送网技术体制)对时隙编号和支路编号作出规定。为了实现不同厂家设备互通,支路编号和时隙编号的对应关系至少可以在一个 VC - 4 中通过软件设置完成,对于不能改变的设备,按图 5.3.11 进行编号。

一个 STM - 1 帧由 270 列组成,其中前 9 列为 SOH,余下的 261 列才是净负荷。净负荷可以用 3 位数 K、L、M 来编址:

● M 表示 TU - 12 的序号,所以 M＝1～3(一个 TUG - 2 含 3 个 TU - 12);
● L 表示 TUG - 2 的序号,所以 L＝1～7(一个 TUG - 3 含 7 个 TUG - 2);
● K 表示 TUG - 3 的序号,所以 K＝1～3(一个 VC - 4 含 3 个 TUG - 3)。

TU - 12 的编号方案如图 5.3.16 所示。

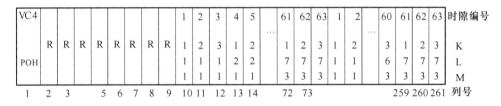

图 5.3.16　　TU - 12 的编号方案

5.3.5　34.368 Mb/s 到 STM - 1 的映射和复用

1. C - 3 映射进 VC - 3

34.368 Mb/s 支路信号首先经过正/零/负码速调整异步装入容器 C - 3(9 行×84 列),C - 3 加上一列 9 字节的通道开销(VC - 3 POH),映射进具有 9 行×85 列块状结构的虚容器 VC - 3(见图 5.3.4)。

2. VC - 3→TU - 3

虚容器 VC - 3 加上 3 个字节的支路单元指针(H1、H2、H3)就构成了支路单元 TU - 3。其结构为 9 行×85 列＋3(字节)的块状结构,速率为 49.1520 Mb/s,共计 9×85＋3＝768 个字节。指针位于 TU - 3 帧内第一列的头三个字节位置见图 5.3.17。

当支路单元组 TUG - 3 由一个支路单元 TU - 3 组成时,由于支路单元 TU - 3 的第一列仅有 3 个字节的支路单元指针 H1、H2、H3,为构成 9 行×86 列的标准 TUG - 3 块状标准结构,剩余的 6 个字节用填充字节(R)来补足。

当支路单元组 TUG - 3 由 7 个支路单元组 TUG - 2 复用而成时,由于支路单元组 TUG - 2

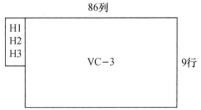

图 5.3.17　支路单元 TU - 3 的结构

的结构为 9 行×12 列,复用后仅为 9 行×84 列;为形成 9 行×86 列的标准 TUG－3 块状结构,则在复用块前边加两列字节:第一列的前三个字节为无效指示(NPI),其余的 6 个字节和第二列用填充字节(R)来补足。

3. TU－3→TUG－3

支路单元 TU－3 加上 6 个填充字节 R,构成具有 9 行×86 列块状结构的支路单元组TUG－3(见图 5.3.18)。

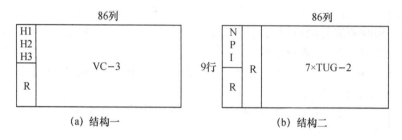

(a) 结构一   (b) 结构二

图 5.3.18　支路单元组 TUG－3 的两种结构

这样,只要用软件查看支路单元组 TUG－3 第一列的前三个字节,就可以知道 TUG－3 的组成形式。若前三个字节为指针 H1、H2、H3 字节,则支路单元组 TUG－3 是由一个支路单元 TU－3 组成的,其成分是一个 34.368 Mb/s 支路信号;若前三个字节为无效指针(NPI),则支路单元组TUG－3是由三个支路单元组 TUG－2 组成的,其成分是 21 个 2.048 Mb/s 支路信号。

4. 3 个 TUG－3 同步复用成 VC－4

三个支路单元组 TUG－3 以字节间插方式进行复用,复用的结果形成了 9 行×258 列的块状结构,然后再附加上两列固定填充字节 R1、R2 和一列通道开销 VC－4 POH,最后组成了具有 9 行×261 列块状结构的虚容器 VC－4。

5. VC－4→AU－4

34 Mb/s 映射复用进 STM－1 的过程可用图 5.3.19 来完整说明。

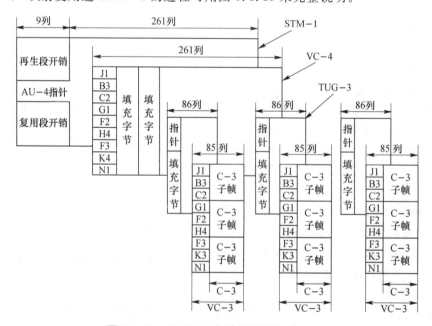

图 5.3.19　34 368 kb/s 映射复用进 STM－1

34 Mb/s 首先经过正/零/负码速调整异步装入容器 C-3(9 行×84 列)中,加上通道开销形成虚容器 VC-3(9 行×85 列),经由支路单元指针 TU-3 PTR(3 个字节)调整实现相位同步。加上 6 个字节的固定填充字节形成 TUG-3(9 行×86 列),用 3 个 TUG-3 可形成高阶虚容器 VC-4(9 行×261 列,其中第 1 列为 VC-4 POH,第 2,3 列为固定填充字节);经过 AU-4 PTR 调整形成管理单元组 AUG,最后加上段开销形成 STM-1 帧信息。

5.3.6　139.264 Mb/s 到 STM-1 的映射和复用

1. C-4 映射进 VC-4

装载 139.264 Mb/s 支路信号的信息容器 C-4,加上一列 9 字节的通道开销 POH,映射进具有 9 行×261 列块状结构的虚容器 VC-4,如图 5.3.20 所示。

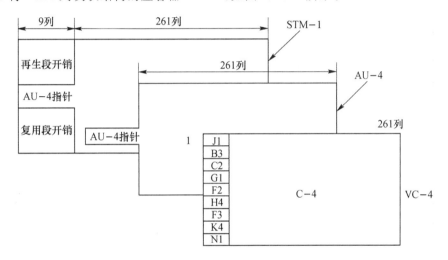

图 5.3.20　140 Mb/s 映射复用进 STM-1

2. VC-4→AU-4(AUG)

虚容器 VC-4 经定位校准后加上一行 9 字节的管理单元指针 AU PTR 便构成了管理单元 AU-4。

虚容器 VC-4 在管理单元 AU-4 帧内的位置是可以浮动的,其具体位置即它的第一个字节相对于 AU PTR 最后一个字节的偏移值由指针 AU PTR 给出。

对于我国规定的复用与映射结构而言,AU-4 就是管理单元组 AUG-1。

3. AU-4 加上段开销 SOH 即构成 STM-1 帧信息

这一过程与 2.048 Mb/s 到 STM-1 的映射和复用过程以及 34.368 Mb/s 到 STM-1 的映射和复用过程的最后一步完全相同。

5.3.7　4 个 AUG-N 复用进 AUG-4N

如前所述,2 Mb/s、34 Mb/s、140 Mb/s 映射进 STM-1 时,都涉及到 VC-4 经由 AU-4 指针调整后装入 AUG。虽然 AU-4 与 AUG 的信息规模相同(9×261 列+9),但又有着本质的区别,即容许 VC-4 在 AU-4 中的相位浮动,而在 AUG 中相位是固定不变的。这也正是同步复用所必备的条件。将 4 个 AUG-N 复用进 AUG-4N 中时,每个 AUG-N 与 AUG-4N 帧都必须有固定的相位关系。因此,根据图 5.3.1 的复用结构,当 N=1 时,4 个 AUG-1 只需要按逐字节间插复用得到 AUG - 4,再加上段开销就可形成 STM - 4 帧。当 $N=4$ 时,4 个 AUG - 4 复用进 AUG - 4N 且需要按码块间插而成。

4 个 AUG - 1 以字节间插方式同步复用成 AUG - 4 的过程如图 5.3.21 所示。

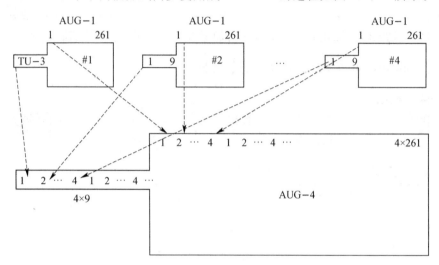

图 5.3.21　　4 个 AUG - 1 以字节间插方式同步复用成 AUG - 4

5.3.8　ATM 信元的映射

异步传送模式 ATM 是一种快速分组交换技术。它一方面继承了电路交换方式中速率的独立性,另一方面又具有分组交换方式对任意速率的适应性。

ATM 技术把信息流按固定的长度分为一个个 ATM 信元,每个信元的长度为 53 个字节。起始的 5 个字节称为信头 H,它装载着该信元的地址信息和一些控制信息,如信头误码控制等;其余的 48 个字节装载着真正的信息,称为信息字段。ATM 的分配不是依靠固定的时隙而是依靠信头 H;ATM 的速率并不取决于网络的参考时钟而是由信源决定。

ATM 具有出色的多业务与多比特处理能力,能适应各种任意速率的新业务信号。采用 ATM 技术之后,新业务的提供不再受网络本身发展规划变化的限制,最终可以实现与业务无关的网络。

ATM 信元的映射,是利用 ATM 信元的字节结构与虚容器的字节结构进行定位校准的办法来完成的。因为虚容器的容量不一定是 ATM 信元长度(53 字节)的整数倍,所以允许 ATM 信元跨越虚容器的边界,但只要找到 ATM 信元的信头 H,就可以获得该 ATM 信元的地址信息和其他一些控制信息,剩下的就是装载信息的信息段了。

显然,采用 ATM 方式后,由于信元中每帧都需要传信元头,故用户能使用的线路传输速率会有所下降。例如,155.52 Mb/s 的线路速率只能传输 140 Mb/s(155.52×48/53)有效信息。

可见,ATM 方式是以降低传输速率来换取能适应用户的不同速率分配的要求。

ATM 方式能非常灵活地适配用户的各种不同的速率要求。例如,用户希望按 2:1 的比例来划分 155.52 Mb/s 的信息传输能力,即用约 100 Mb/s 与 A 通信,用约 50 Mb/s 与 B 通信。此时只要在连接的宽带用户线上每发两个信元给 A 时接着发一个信元给 B 即可。

ATM 速率适配灵活性的代价还在于终端设备要逐个分析 ATM 信元的信元头,这在高速传输情况下是一个很大的负担。例如,在一个 2.5 Gb/s 的光纤传输系统中,1 s 要处理约 5 亿个 ATM 信元头,这已超过了现有数字处理技术的能力。因此,为避免高速处理 ATM 信元头的困难,ATM 的速率不宜过高。

将 SDH 大容量高速传输与 ATM 灵活适应用户各种速率要求的能力结合起来,构成 B-ISDN 网是发挥 STM 和 ATM 各自之长、互补所短的极好方法,即将 ATM 信元映射进 SDH 的虚容器 VC 中,变成 SDH 信号在光纤网上传输。

为了防止伪信元定界和信元信息字段重复 STM-N 帧定位码,在将 ATM 信元信息字段映射进 VC-X 或 VC-X-mc 前,应先进行扰码处理。扰码器只对信元信息字段进行扰码,而信元头透明传送,其状态维持不变。

信元映射进虚容器后即可随其在网络中传送,当虚容器终结时,信元也得以恢复。

ATM 信元头中的第 5 个字节是信头差错控制 HEC(Header Error Control)字节,仅用于对 ATM 信元标头进行差错检测和纠正,不针对信元本身的实际数据或信息。用 HEC 校验可纠正一位码错误,如果发生多位码错误时因无法纠正,ATM 将丢弃整个信元。

1. ATM 信元异步映射进 VC-12

浮动 TU 模式 VC-12 结构由 4 个子帧构成一个复帧。2.176 Mb/s 的 ATM 信元异步映射进 VC-12,如图 5.3.22 所示。ATM 信元装入 VC-12 净荷区只需将信元边界与任何 VC-12 字节边界对准即可。

由于 VG-12 净荷区规格与 ATM 信元长度无关,因此 ATM 信元边界与 VC-12 结构的对准对每一帧都不相同,但每 53 帧重复一次。信元边界的位置只能利用 HEC 信元定界法来确定,信元允许跨越 VC-12 边界。

2. ATM 信元异步映射进 VC-4

ATM 信元以异步映射的方式映射进高阶虚容器 VC-4,如图 5.3.23 所示。从图 5.3.23 可以看出,在进行映射时只要把 ATM 信元的字节边界(不是比特边界)和虚容器 VC-4 净负荷的字节边界进行对准就可以。VC-4 净负荷容量为 260×9＝2340 字节,它并不是 ATM 信元 53 字节的整数倍,但只要把 ATM 信元顺序排列即可。所以 ATM 信元可以超过一个 VC-4 进入另一个 VC-4。

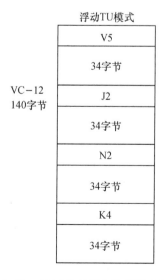

图 5.3.22　ATM 信元异步映射进 VC-12

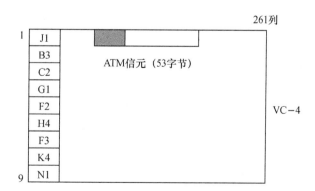

图 5.3.23　ATM 信元异步映射进 VC-4

5.3.9　IP 数据包的映射

因特网是近几年来迅速崛起的技术,这是一种由不同计算机网络和其他网络经过路由器互联在一起的网络。其互联协议采用 TCP－IP(传输控制协议-因特网协议)。近几年,IP 业务呈爆炸性发展,显示了其光明的发展前景,因此能否支持 IP 业务,已成为新技术是否具有生命力的重要标志之一。

目前,SDH 与 ATM 均支持 IP 业务,分别称为 IP Over SDH 与 IP Over ATM。IP Over ATM 利用 ATM 的速度快、容量大和多业务支持能力的优点以及 IP 的简单、灵活与易扩充等优点,可实现优势互补。其缺点是结构复杂,传输效率较低,开销大。而 IP Over SDH 则恰好能克服上述缺点。

IP Over SDH 的基本方法是,首先把 IP 数据通过点到点协议(PPP 协议)封装进 PPP 分组,然后利用高级数据链路控制规程(HDLC),按照一定的规程组帧,最后再以字节同步方式映射进 SDH 的帧结构中。

IP Over SDH 的优点是,简化了网络结构,提高了传输效率,降低了成本,而且基本保留了IP 网的无连接特征;此外,利用 SDH 成熟的网络保护与恢复技术还可以极大地提高网络的可靠性。因此,它是以运载 IP 业务为主的网络的较理想方案。其缺点是,网络的流量与拥塞控制能力差。

5.4　指　　针

5.4.1　指针的作用

指针的作用非常重要,是 SDH 的关键技术之一。

指针的作用有以下三个:

① 当网络处于同步工作状态时,指针用于进行同步的信号之间的相位校准。网络处于同步工作状态时,SDH 的网元工作在相同的时钟下,从各个网元发出的数据传输到某个网元时,各个信号所携带的网元时钟的工作频率是相同的,所以无需速率适配。但是,从瞬时上看,可能忽快、忽慢,因而需要进行相位校准。

② 当网络失去同步时,指针用作频率和相位校准。当网络处于异步工作时,指针用作频率跟踪校准。网络失去同步或异步工作时,不同网元工作于有频差的状态,需要频率校准,从瞬时来看,就是相位往单一方向(即单调的增加或减小)变化,频率校准伴随相位校准。

③ 指针还可用来容纳网络中的相位抖动和漂移。抖动和漂移可以看成是承载容器(AU)和数据净荷(VC)之间瞬时相位差,指针调整可以改变这种相位关系。

5.4.2　指针的位置

AU－4 的指针位于 STM－1 帧的第 4 行前 9 个字节,用于记载帧中相应数据信息起点(第一个字节)的位置(为了确定 VC－4 位置,实际只需要 H1 和 H2 两个字节),即用它们来表征数据信息的相位,这些字节就称为指针。图 5.4.1 所示为 AU－4 指针位置和偏移编号。

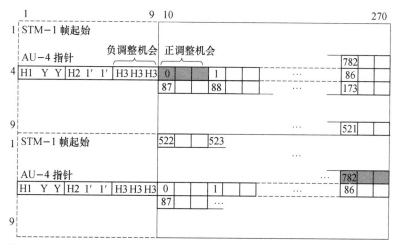

注：H1和H2是实际指针值；H3是负调整机会字节；Y=1001SS11，若SS比特取值"10"，
则表示AU和TU的类型是AU-4，AU-3，TU-3；1'=11111111，全"1"。

图 5.4.1　AU-4 指针位置和偏移编号

为了指明 VC-4 帧的起始位置，在 AU-4 净荷中规定了相对 H3 的偏移量编号，从图 5.4.1可以看出，位置编号从第 4 行的第 10 个字节开始，每三个字节一个编号，编号从 0～782，共 $783 \times 3 = 2\,349$ 个字节。

5.4.3　指针的调整

1. 指针调整原理

为了解释指针调整，我们从一个新角度来看 2 048 kb/s 信号嵌入 SDH 信号的过程，参见图 5.4.2。

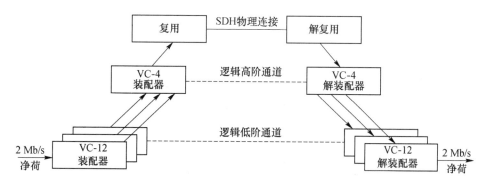

图 5.4.2　SDH 信号的构成

在 VC-12 装配器设置低阶通道容器时，可以将它看成一种在低阶通道上实现端到端传送的小集装箱。从网络观点看，就是在 VC-12 层建立端到端的连接。小集装箱将放入大集装箱 VC-4 中来传送，而且每个 VC-12 在 VC-4 内有特定的位置，根据初始编号便能在 SDH 信号中找到相应的 VC-12。在 VC-4 装配器中设置高阶通道容器，即大集装箱，同样，在网上可在 VC-4 层建立端到端连接。而且 VC-4 能够承载沿 VC-4 通道插入和分出的 VC-12。

　　复用器将段开销加入到信号中形成 SDH 信号,例如 STM-1 信号,可以看成是一种更大的集装箱。这就有一个货物和集装箱(对大集装箱而言,小集装箱就是它的货物)速度适配的问题。假设要运的货物的速度比集装箱快,解决的办法只能是每箱多装一些;反之,每箱少装一些,即填充冗余物。在我们研究的问题中,货物就是要运载的信息(VC-4),它和集装箱(AU-4)的速度适配就是用指针调整来实现的,各种速率关系的调整状态如表 5.4.1 所列。显然,STM-1 帧中的负调整机会字节(三个 H3 字节,第 4 行第 7、8、9 字节)和正调整机会字节(第 4 行第 10、11、12 字节,参见图 5.4.1),就是留作达到这种调节的空间。当信息速率比容器高时,用 H3 来多装信息;当信息速率比容器低时,第 4 行第 10、11、12 字节也不装信息。实际上,表 5.4.1 中的 H3 和填充字节都是一个空字节没有内容,在接收端不必理会。

表 5.4.1　指针调整状态

状态名称	STM-1 帧中的正负调整机会字节在不同状态中的内容及字节编号						速率关系
	7	8	9	10	11	12	
零调整	H3	H3	H3	信息	信息	信息	信息=容器
正调整	H3	H3	H3	填充	填充	填充	信息<容器
负调整	信息	信息	信息	信息	信息	信息	信息>容器

　　下面分别将正调整和负调整的操作情况予以说明。

　　(1) AU-4 指针正调整

　　VC-4 帧速率相对于 AU-4 帧速率低时,为了速率适配,必须周期性地在本该传送信息的净荷区内插入一些填充比特,以提高 VC-4 的速率,则 VC 的定位必须周期性地后滑。在这个 AU-4 帧的最后一个 H3 字节之后插入三个正调整机会字节,这三个字节复用器虽然发送但并未装信号。相应地,在这之后的 VC-4 的起点将后滑三个字节,其编号将增加 1,即指针值加 1。其过程如图 5.4.3 所示,在图示例子中指针值由 176 变为 177。

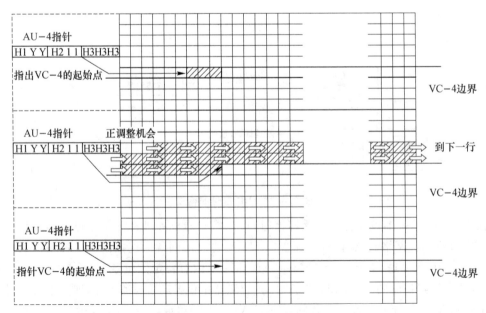

图 5.4.3　AU-4 指针正调整

显然,每次调整相当于 VC‒4 帧"加长"了三个字节,每字节约 $0.053\ \mu s$,三个字节约 $0.16\ \mu s$。

（2）AU‒4 指针负调整

当 VC‒4 帧比 AU‒4 帧速率高时,随着时间的延长,VC‒4 净荷信息若按原来的起点（即将溢出）,为了速率适配,必须周期性地在本该传送信息的净荷区外填入一些信息,则 VC 的定位必须周期性地前移,此时三个负调整机会字节显现于 AU‒4 帧的三个 H3 字节,即这三个字节用来装该帧 VC‒4 的信号,相当于 VC‒4 帧"减"了三个字节。在这帧之后,VC‒4 的起点就向前移三个字节,其编号（即指针值）随之减 1。其过程如图 5.4.4 所示,在图示例子中指针值由 177 变为 176。显然,每次负调整,相位变化约 $0.16\ \mu s$。

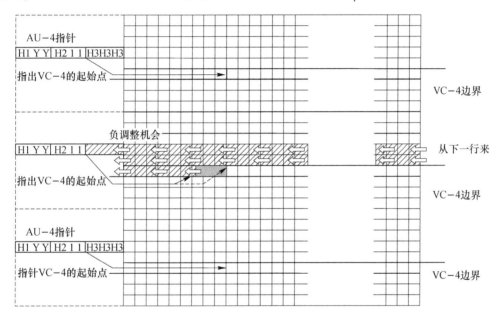

图 5.4.4　AU‒4 指针负调整

上述正或负的调整,将根据 VC‒4 相对于 AU‒4 的速率差一次又一次地周期性进行,直到二者速率相当。只不过这种调整操作至少要隔三帧才允许进行一次调整。

总之,指针的作用是提供在 AU 帧内对 VC 灵活和动态定位的方法,以便 VC 在 AU 帧内浮动,适应 VC 与 AU 或 TU 之间相位的差异和帧速之间的差异。

2. 指针调整规则

AU‒4 中 H1 和 H2 构成的 16 位指针码的含义如图 5.4.5 所示。

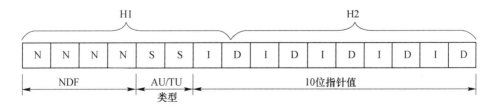

图 5.4.5　AU‒4 中 H1 和 H2 构成的 16 位指针码

在图 5.4.5 中,前 4 位码（N）称为新数据标识（NDF）,用以表示所载净荷容量有无变化;SS 为指示 AU/TU 的类别;后 10 位码组成指针值。

当净荷无变化时,NDF 为正常值"0110";在净荷有变化的那一帧,NDF 反转为"1001",此时指针值随新数据的速率作相应改变。若净荷不再变化,下一帧 NDF 又返回到正常值"0110",并至少 3 帧内指针值不应改变。分配给 NDF 的 4 个比特具有误码纠错功能,只要其中至少有 3 个比特与规定的 NDF(1001)相符,NDF 解释为新数据标志"起作用",可表示净荷有新数据。指针值应随着 NDF 的变化按变化后的净荷重新取值,净荷变化后的 VC 起始位置则由新指针值来指示。

- 对于 AU - 4、AU - 3、TU - 3、TU - 12,SS=10;
- 对于 TU - 2,SS=00;
- 对于 TU - 11,SS=11。

指针值由图 5.4.5 中后 10 位码组成,其中奇数位记为 I 比特,偶数位记为 D 比特,可指示的范围为 1024,实际使用范围为 783。在指针调整过程中,以 5 个 I 比特和 5 个 D 比特中的全部或多数比特发生反转来分别指示指针值应增加或减少,因此 I 和 D 分别称为增加比特和减少比特。

例 1:通过一个指针正调整的操作来说明指针变化的情况。

参见图 5.4.6,当要发生指针值增加时,指针字节中的 5 个 I 比特翻转(Hl H2 字节从 01101010 00001010 变成 0110100010100000),在 AU - 4 帧的这一帧内立即出现三个正调整机会字节。在接收端用"多数表决"的准则来识别 5 个 I 比特是否取反,如是,则判明三个正调整机会字节的内容是填充而非信息。在下一帧表示 VC 起点位置编号的指针值应当增加 1,即 Hl H2 字节的后 10 个比特变为 1000001011,其十进制值从原先的 522 变为 523,并持续至少 3 帧。

指针值		H1 binary		H2 binary		H1	H2
Dec	Hex	NNNN	SSID	IDID	IDID	Hex	Hex
522	20A	0 1 1 0	1010	0000	1010	6A	0A
			↓	↓↓	↓↓		
I比特反转,值加 1		0 1 1 0	1000	1010	0000	68	A0
523	20B	0 1 1 0	1010	0000	1011	6A	0B

(a) 指针值增加

指针值		H1 binary		H2 binary		H1	H2
Dec	Hex	NNNN	SSID	IDID	IDID	Hex	Hex
177	0B1	0 1 1 0	1000	1011	0001	68	B1
			↓	↓↓	↓↓		
D比特反转,值减 1		0 1 1 0	1001	1110	0100	69	E4
176	0B0	0 1 1 0	1010	1011	0000	68	B0

(b) 指针值减少

图 5.4.6　AU - 4 指针值增减的例子

例 2：指针负调整。

图 5.4.6 给出了图 5.4.4 中 3 帧的 H1 和 H2 值的变化，指针值原先是 177，指针负调整则 5 个 D 比特取反，指针值减 1 变为 176。

（1）级联指示（CI）

CI 用 1001SS1111111111（SS 未规定）来表示，当 H1 H2 被置为这个代码时，表示 AU-4级联。在需要提供一个比 C-4 更大的净荷，例如，要通过 SDH 来传送速率高于 C-4 的宽带业务时，就将几个 AU-4 级联起来运用。在这种情况下，被级联的第一个 AU-4 指针仍然具有正常的指针功能，其余均置为 CI 使其指针处理器实现和第一个 AU-4 相同的操作。

（2）指针调整规则

① 当 VC-4 帧与 AU-4 帧速率相同时，指针值确定了 VC-4 帧在 AU-4 帧内的起始位置，NDF 设置为"0110"。

② 当 VC-4 帧速率比 AU-4 帧速率低时，5 个 I 值反转，表示要做正调整。该 VC-4 净荷的起点字节后移，下一帧指针值是 I 值反转前的值加 1。

③ 当 VC-4 帧速率比 AU-4 帧速率高时，5 个 D 值反转，表示做负调整。该 VC-4 起始点字节前移，下一帧指针值是 D 值反转前的值减 1。若原 VC-4 的第一字节在编号"0"的位置，此种情况下，将 VC-4 的实际信息写入负调整位置 H3 中。

④ 当 NDF 出现更新值 1001 时，表示净荷容量有变化，指针值应做相应的增减，然后NDF 回到正常值 0110。

⑤ 指针值完成一次调整后，至少停 3 帧才可以进行新的调整。

⑥ 接收端对指针解码时，除仅对连续 3 次以上收到前后一致的指针进行解读外，将忽略任何变化的指针。

当 VC-4 帧速率与 AU-4 帧速率间存在频率偏差时，AU-4 的指针值将随机加 1 或减1，同时伴随着相应正或负调整字节的出现或变化。当频率偏移较大，需要连续多次进行指针调整时，相邻两次指针调整操作必须相隔 3 帧，即每隔 4 帧才能进行指针调整操作，两次指针调整操作之间的指针值应保持不变。

5.4.4　支路单元指针调整技术

1. TU-3 PTR 调整技术

TU-3 指针提供 VC-3 在 TU-3 帧中灵活和动态的定位方法。TU-3 指针由 TU-3帧结构中第 1 列的前 3 个字节 H1、H2、H3 组成，其中 H1、H2 为指针值，H3 为负调整机会。它们的含义与 AU-4 指针完全相同，不同的是 AU-4 中有 3 个 H3 字节，而 TU-3 中只有1 个 H3 字节。TU-3 指针在 TU-3 中的位置和偏移编号如图 5.4.7 所示。从图中可见，在TU-3 净荷中，从紧邻 H3 字节开始为正调整区，每一个字节顺序编号作为正调整单位时隙，编号范围为 0~764（85×9＝765），表示 TU-3 指针与 VC-3 的第一个字节之间的偏移量。TU-3 PTR 调整规则与 AU-4 PTR 相同。

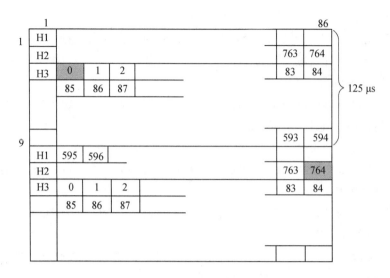

图 5.4.7　TU-3 指针位置和偏移编号

2. TU-12 PTR 调整技术

TU-12 指针提供 VC-12 在 TU-12 帧中灵活和动态的定位方法。

TU-12 PTR 包含在 TU-12 复帧结构的 V1～V4 字节中,详见图 5.3.10。图中 V1、V2 为 TU-12 的指针值;V3 为负调整机会;其后的字节为正调整机会(编号为 35);V4 作为预留字节。从紧邻 V2 字节起,以 1 个字节规定为一个正调整单位,依次按相对 V2 的偏移量给予编号,编号范围为 0～139。VC-12 复帧的首字节 V5 定位于某一偏移编号位置,该编号对应的二进制数即为 TU-12 的指针值。TU-12 指针调整规则与 AU-4 PTR 相同。

5.5　SDH 网同步

5.5.1　网同步的基本原理

同步是指通信网中运行的所有数字设备的时钟在频率或相位上都控制在预先确定的容差范围内。在模拟通信网中实现的是点同步,即:发送端时钟自由运行,接收端从接收数字信号中恢复定时信号,产生本地时钟,并依据本地时钟读出缓存器中的数据。

在 PDH(准同步数字体系)中,网上出现了高次群复用设备,被复接的 4 个支路信号有一样的标称比特率,但允许存在频差,故称为准同步。PDH 采用比特填充技术,实现正码速调整,把各支路信号速率适配到统一的较高速率,然后进行比特间插复接;分接时则抽去填充比特,恢复支路输出信号的速率。在复接与分接过程中,分接侧从接收数字信号中恢复定时信号,这种方式仍为点同步。

在数字通信网中,如果发送设备的时钟频率快于接收设备的时钟频率,接收端就会周期性地丢失一些信息,即为漏读滑动;如果接收端的时钟频率快于发送端时钟频率,接收端就会周期性地复读一些信息,即为重读滑动。为克服发送端和接收端相位差的影响,在数字设备中常采用缓存器。典型的缓存器可保留大于一帧的数据量,当缓存发生漏读或重读现象时,就会漏读或重读整个一帧的数据,称为受控滑动。

为了降低滑动现象,减少滑动损伤对业务质量的影响,使网内各交换节点间数字码流都能有效地交换和传输,就必须使网内各数字设备的时钟频率差保持在一定的范围内,即实现网同步。

数字通信网的网同步包括比特同步和帧同步。比特同步又可称为位同步,是指接收、发送两端的时钟频率必须有相同的频率及相位,可通过从接收端的 PCM 码中提取发送端的时钟频率以控制接收端的时钟频率来得以实现。

帧同步是指在比特流中以“帧”为单位,在多路复用或时隙交换的过程中经过帧调整器的调整,从而达到帧同步的目的。

网同步要求整个通信网中各数字设备时钟保持同步,时钟同步的含义包括频率同步和时间同步。

频率同步时维持各点的频率相同,它们可以是任意相位,但会产生跟踪的相位误差积累和传输损伤带来的相位误差积累。

时间同步要求各点之间的时间相同。维持时间同步比维持频率同步要困难,它要求在维持频率同步的同时,还要严格维持相位同步,不允许有相位误差积累。要消除时钟设备跟踪过程中带来的相位误差以及传输过程中引入的相位损伤,技术难度相当高。

SDH 中净荷是异步传输的,发送端与接收端的速率不同,可以通过指针调整减小频率差。但是指针调整会使输出信号产生抖动和漂移,过大的抖动会造成失帧,漂移过大也会造成接收端的滑动。因此,SDH 同步的目的是限制和减少网元指针的调整次数。

5.5.2　数字网中的同步方式

同步网络能够提供定时参考信号,这是数字通信实现网同步的保障。同步网络中的网络节点通过链路连接,并按照一定的同步控制方式传送定时信号。基本的同步方式主要有以下四种。

1. 主从同步方式

主从同步方式是指在同步网内设置一系列的等级时钟,最高级的时钟称为基准主时钟,上一级时钟和下一级时钟形成主从关系,即:主时钟向它的从时钟提供定时信号,从时钟从主时钟提取信号频率,见图 5.5.1。在主从同步网中,基准主时钟的定时信号由上级主时钟向下级从时钟逐级传送,各从时钟直接从其上级时钟获取唯一的同步信号。通过使用锁相环技术,使从时钟的相位与定时基准信号的相位偏差保持在一定的范围内,从而使节点从时钟与基准主时钟同步。

主从同步的优点是对从时钟频率精度性能要求较低,控制简单,适合于树形结构和星形结构的网络,网络组网灵活,稳定性好,建网费用低,并且网络的滑动性能较好。其缺点是对基准时钟依赖性较大,一旦基准时钟发生故障,整个网络将会出现问题,因此需要采用基准时钟备份等措施提高网络的可靠性。同时,传输链路的不可靠及定时环路的产生都将影响定时信号的传输质量。

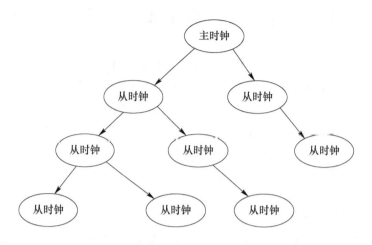

图 5.5.1 主从同步方式

2. 互同步方式

互同步方式是指同步网内各个节点接收从与它相连的其他节点时钟送来的定时信号，并根据所有接收到的定时信号频率的加权平均值来调整自身频率，将所有的时钟都调整到一个稳定、统一的系统频率上，实现全网的同步，如图 5.5.2 所示。互同步方式中，各时钟相互控制，当网络参数选择合适时，全网的时钟将趋于一个稳定的系统频率，实现网内时钟同步。

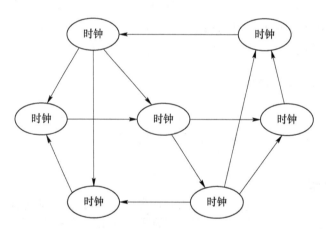

图 5.5.2 互同步方式

互同步方式的优点是对时钟性能要求不高，网络可靠性较高，对网络中链路的故障不敏感。由于网络的系统频率是各个时钟频率的加权平均值，故网络系统频率的稳定性比单个时钟的稳定性要高。但是整个网络系统复杂，网络稳态频率不确定且受外界因素的影响较大，因此网络参数的变化容易影响系统性能的稳定性。

3. 准同步方式

准同步方式又称为独立时钟方式，是指在网内各个节点上都设立高精度的独立时钟。这些时钟具有统一的标称频率和频率容差，各时钟独立运行，互不控制。虽然各个时钟的频率不可能绝对相等，但由于频率精度足够高，频差较小，因此产生的滑动可以满足指标要求。

准同步方式的优点是简单、灵活,缺点是对时钟性能要求高,成本高,同时存在周期性的滑动。

4. 主从同步和准同步相结合的混合同步方式

混合同步方式将全网划分为若干个同步区,同步区内采用主从同步方式,在区内设置一个主基准时钟,其他节点时钟跟踪主基准时钟,各同步区内的主基准时钟则采用准同步方式。根据邮电技术规定《数字同步网的规划方法与组织原则》,现阶段我国数字同步网采用准同步与等级主从同步相结合的混合同步方式。这种混合同步方式可以减少时钟级数,使传输链路定时信号传送距离缩短,改善同步网性能。同步区内采用精度高的主基准时钟时,可减小同步链路的周期性滑动,满足定时指标要求,网络可靠性更高。

5.5.3 从时钟的工作方式

主从同步方式中,节点从时钟通常有三种工作方式。

1. 锁定工作方式

锁定工作方式是指在正常业务条件下的工作方式,是一种正常工作方式,此时从时钟的振荡频率同步于外部输入的基准时钟信号。外部输入的基准定时信号可以是网络中的主时钟定时信号,也可以从另一更高等级从时钟中获取定时。SDH 设备时钟的外部定时信号可以通过两种方式获得。一种是网元直接从外部 2 048 kHz 或 2 048 kb/s 的同步定时源获得;另一种是从接收的 STM - N 线路信号中提取。

2. 保持工作方式

当从时钟丢失所有定时基准后,进入保持工作方式。进入保持工作方式后,从时钟利用定时基准信号丢失之前所存储的最后频率信息作为其定时基准信号,在受控振荡器上维持一定的电压。由于从时钟采用的定时基准信号不是当前主时钟的定时信号,因此振荡器的固有频率会慢慢地漂离当前主时钟的频率,但只要时钟性能稳定,仍可以保证从时钟频率在长时间内与基准频率的偏差保持在一定的范围内,使滑动损伤仍然在允许的指标要求内。在 SDH 网中一些重要的网元,如 DXC 等时钟都具备保持功能。一些简单的网络单元(如 REG)的时钟也可以不具备此功能。

3. 自由运行方式

当从时钟不仅丢失了所有定时基准信息,而且丢失了定时基准记忆或者从时钟根本没有保持功能时,从时钟内部振荡器工作于自由工作方式。另外,当从时钟处于保持模式的时间超过了规定的时间时,也会进入自由振荡方式。在 SDH 网中,当再生器输入光信号丢失时,时钟就处于自由运行方式。

5.5.4 我国 SDH 同步网的结构

我国幅员辽阔,为了便于规划、管理维护,并提高同步性能和可靠性,现阶段我国采用的是分布式混合同步方式,将我国同步网按照省、自治区和直辖市划分为 31 个同步区(不包括台湾、香港、澳门)。每个同步区都设立一个基准时钟,区内采用主从同步方式。同时,整个同步网设立两个高精度基准时钟,对网络内各节点划分等级,节点之间是主从关系。各同步区内的基准时钟之间为准同步,如图 5.5.3 所示。

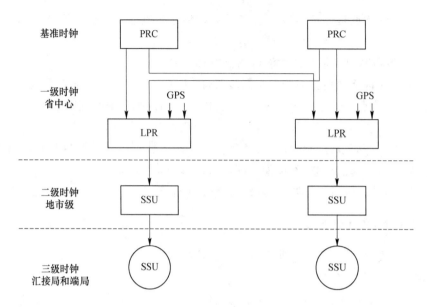

图 5.5.3　我国时钟同步等级

1. 一级时钟

目前,我国同步网内的一级时钟包括主基准时钟 PRC(Primary Reference Clock)和区域基准时钟 LPR(Local Primary Reference source)两种。

PRC 是符合 G.811 的含铯原子钟的全国基准时钟,它产生的定时基准信号通过定时基准传输链路送到各省中心。具体而言,在北京和武汉建立两个铯原子钟,是基于铯原子的能级跃迁形成的时钟源。铯原子钟是目前应用的长期频率稳定度和精度最好的一种时钟,其稳定度优于 1×10^{-11},通常作为全网等级最高的主基准时钟。

LPR 是在同步供给单元上配置全球定位系统 GPS(或其他卫星定位系统)组成的区域基准时钟。它也可以接受 PRC 的同步,或以铯时钟组为主的、与 GPS 接收机相结合的高精度基准时钟。LPR 以 GPS 信号为主,当 GPS 信号出现故障或信号质量不满足要求时,LPR 将通过地面链路直接或间接跟踪北京或武汉的 PRC。LPR 之间采用准同步方式,各省、市、自治区以区内 LPR 为基准时钟建立区内的等级主从数字同步网。

2. 二级时钟

二级节点设置的时钟性能相当于 G.812 中 I 型时钟,可由铷钟构成或由晶体振荡器组成,其性能均应满足二级时钟性能标准。各省中心的长途通信楼内应设置二级时钟,在地、市级长途通信楼和汇接长途话务量大的、重要的汇接局也应设置二级时钟。

3. 三级时钟

三级时钟一般由晶振组成,满足三级时钟性能指标。三级时钟分为加强型三级时钟和三级时钟,性能相当于 G.812 时钟。在本地网内,除采用二级时钟的汇接局以外,其他汇接局应设置三级时钟。

5.5.5　定时基准的分配

我国 SDH 同步网结构采用分布式混合同步方式,根据网络应用场合的不同,同步定时基准分配分为局内应用和局间应用两类。

1. 局内应用

局内定时分配是指同步网内各种设备直接从同步网节点上获取定时信息。当局内设有不低于三级或二级的 G.812 时钟，一般为大楼综合定时供给系统（BITS）时，局内所有其他网络单元的 G.813 时钟作为低一级时钟，并以此时钟为局内最高时钟基准。

局内同步分配采用星形拓扑结构，如图 5.5.4 所示。G.813 时钟直接从该局内最高质量的时钟 BITS 获取定时基准信号，BITS 通过同步分配链路提取局外节点传送的定时基准信号，直接或间接地跟踪全网的基准时钟，并滤除由于传输所带来的各种损伤，重新产生高质量的信号，以此同步局内各种通信设备。

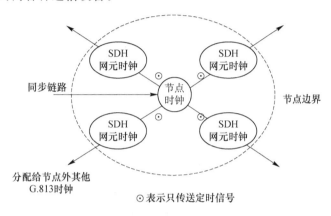

图 5.5.4　局内定时信号分配结构图

为了将基群信号适配到 VC-12 容器中，SDH 对 2 Mb/s 支路信号采用"＋/0/－"码速调整。由于 SDH 采用了指针调整技术，VC-12 传送过程中会受到链路抖动、漂移或不同步等产生的指针调整的影响。该基群信号不适合作为同步定时信号，即不采用 VC-12 传送同步定时信号。因此，在局内直接采用 STM-N 线路信号传送定时基准信息。

2. 局间应用

同步网中各节点间定时信息的传递被称为局间定时的传递。局间同步定时分配采用如图 5.5.5 所示的树形拓扑结构。

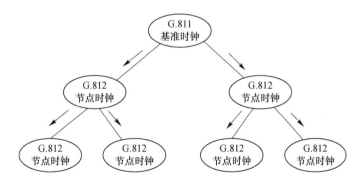

图 5.5.5　局间定时信号分配结构图

局间同步定时信号的传送，必须确保低等级的时钟只能接收较高等级时钟的定时信号，并避免形成定时环路。为保证各级时钟间的正确关系，下游时钟通过定时键路从上游时钟获取定时信号，滤除传输损伤，重新生成高质量的信号，继续向下游传递。

5.5.6　同步网定时信号传输链

指针调整会引起 PDH 支路输出信号有较大的抖动和漂移。从 PDH 支路输出信号提取的定时信号不能用作网同步的定时基准。SDH 网怎样传送数字同步网的定时基准呢?

1. SDH 传送数字同步网定时基准的方法

概括地讲,在 SDH 网络中是在复用段层,用 STM - N 信号来传送数字同步网的定时基准,见图 5.5.6。

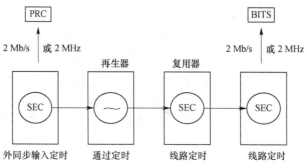

图 5.5.6　SDH 传送数字同步网定时基准

在始端的 SDH 网元采用外同步输入定时工作方式,从主基准时钟(PRC)获得定时基准;中间网元和末端网元采用线路定时工作方式,从始端方向接收的线路信号中抽取定时基准。整个链工作于主从同步方式。最后一个网元从同步接口输出定时基准,送给数字同步网的节点从时钟。

2. 数字同步网定时信号传输链

以 SDH 网为基础的数字同步网定时信号传输链的参考模型见图 5.5.7。图中主基准时钟(PRC)是符合 G.811 建议的时钟。由于历史的原因,将从钟称作符合 G.812 建议转接局或端局时钟。在我国已建成了数字同步网,图中的从时钟是满足新修订的 G.812 建议的各种等级时钟,它的物理实体就是 BITS 设备。

按 G.803 建议的规定,最长的基准传输链所包含的 G.812 从时钟数不超过 K 个,整个链的从时钟数≤K 个(K=10);主时钟和从时钟之间,或从时钟和从时钟之间的同步设备时钟(SEC)数≤N 个(N=20),随着同步链路数的增加,同步分配过程的噪声和温度变化所引起的漂移都会使定时基准信号的质量也逐渐恶化,因此节点间允许的 SDH 网元数是受限的,最终受限于定时基准传输链最后一个网元的定时质量。通常可以大致认为最坏值为 $K = 10$,$N = 20$,最多 G.813 钟的数目不超过 60 个,实际系统

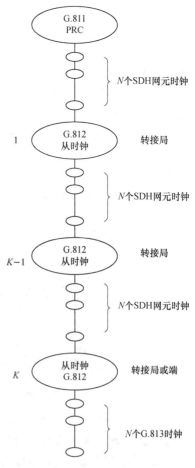

图 5.5.7　定时信号传输链

实验结果也证明上述结论大致是正确的。当网元数超过限值后,指针调整事件数会迅速上升。另外,需要注意的是,再生器不装 G.813 钟,因而上述数目不含再生器。实际设计时应尽量限制串联的网元数,以保证网同步的可靠。在我国数字同步网规划和组织原则中,建议数字同步网设计时,$K=7$,$N=10$。但这并不意味着数字同步网设备和 SDH 产品的生产厂商可以放松指标要求。

3. PDH 和 SDH 传送定时信息的异同

PDH 是用 2 048 kb/s 通道来传送定时信息的,业务信息和定时信息承载于同一通道中一起传输。PDH 一个光缆传输系统(两根光纤)包含有多少个 2 048 kb/s 通道,就可以双向传送多少个独立的定时信息。例如 140 Mb/s 光缆传输系统总共有 64 个 2 048 kb/s 通道,原理上和实际上都能双向传送 64 个独立定时信息。

SDH 是用 STM－N 线路信号来传送定时信息。SDH 能提供一个和 STM－N 时钟相关的专用 2 048 kHz(或 kb/s)通道,这个通道只传定时信息,不传送业务信息。由于一个 SDH 光缆传输系统(两根光纤)只有唯一的一个 STM－N 线路信号,所以实际上只能单向传送一个数字同步网定时信息。

SDH 的各等级 VC－n 所支持的 PDH 通道中,业务信息和定时信息也是同时传送的,但由于指针调整等原因会引入较大的抖动和漂移,所以 SDH 提供的 PDH 支路输出信号中抽取的定时信息不能作为同步网的定时基准。简单地讲,就是 SDH 的 PDH 支路不能传送定时基准。

5.5.7　SDH 网元设备定时

为保证 SDH 网元设备时钟在各种情况下正常工作,可以从三种信号中提取定时信息:
① 直接从线路信号 STM－N 中提取定时。
② 未经过 SDH 传输的 PDH 的 2 Mb/s 业务信号,该 2 Mb/s 信号应直接来自交换机。
③ 外同步基准信号,即直接来自外部时钟源的信号。

所有网元都应有内部定时源,以便在外同步源丢失时利用内部定时源产生定时信息,使该网元工作于内部定时方式。

对于具有多个定时基准输入信号的 SDH 网元,如果当前采用的定时基准信号出现故障,SDH 设备可以通过定时基准设备失效准则或定时偏离准则自动切换到另一个基准信号。定时基准设备失效准则是指,当定时基准接口信号丢失或选定定时接口出现 AIS 信号 3 s 后,设备定时基准进行切换,该准则为必要准则。定时偏离准则是指,当定时基准信号偏离劣化值达到一定程度时,设备定时基准进行切换,该准则为任选准则。

为保证定时基准的正确传输,对定时基准传输系统的选择有以下优先顺序:
① 有保护倒换的地下光缆数字传输系统;
② 有保护倒换的架空光缆数字传输系统;
③ 有保护倒换的数字微波;
④ 一次群对称电缆数字传输系统。

如果用同步数字序列(SDH)的光传输系统传送同步定时信号,不能用分支单元(TU)中传送的一次群链路(2.048 Mb/s)作局间基准分配,应直接采用 STM－N 信号传送同步定时信息。

应用中应注意的问题：

① 同步网内节点间的同步基准分配应自上而下采用树形拓扑，在任何情况下都不应使同步用的基准信号形成环路。

② 二三级节点接收上级基准信号的传输链路除主用外，至少应有一条备用。主备用链路最好有不同的路由及不同的传输系统。

③ 局内采用 BITS 分配定时时，应采用 2 Mb/s 或 2 MHz 专线。

④ 局间宜首选从 STM - N 提取时钟信号，不宜采用支路信号来定时。

⑤ 如采用从 2 Mb/s 信号提取时钟定时时，应选用 PDH 2 Mb/s 信号，而不是 SDH 2 Mb/s 信号。

⑥ SDH 用于给 GSM 提供定时时，由于 SDH 特有的指针调整，会使网同步信号发生频偏现象，建议采用 BITS 时钟定时，或从 SDH 专用通道提取定时信号。

⑦ SDH 传输网络在传输定时信号、信令信号、DDN 信号及 GSM 信号时存在网间同步的问题。解决这一问题的方法是利用"解同步再定时"功能，也就是说，使每一个 2 Mb/s 信号携带高质量的标准时钟，这样 SDH 网络的每个 2Mb/s 信号均可以高质量传送网同步信号。

5.6　网络保护技术

随着网络传送的信息容量急剧增长，通信网一旦出现故障将会带来不可估量的损失。为了提高业务传送的可靠性，SDH 传送网一般都带有保护。所谓保护是指利用节点预先安排的容量取代失效或劣化的传送实体，一定备用容量保护一定的主用容量。链路保护使网络在出现意外故障时，无须人为干预网络就能在极短的时间内自动恢复业务。

5.6.1　基本的网络拓扑结构

SDH 网是由 SDH 网元设备通过光缆互联而成的，网络节点（网元）和传输线路的几何排列就构成了网络的拓扑结构。网络的有效性（信道的利用率）、可靠性和经济性在很大程度上与拓扑结构有关。

网络拓扑基本结构有链形、星形、树形、环形和网孔形。

1. 链形网

链形网络（简称链网，见图 5.6.1）拓扑是将网中的所有节点一一串联，而首尾两端开

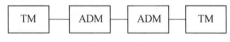

图 5.6.1　链形网

放。这种拓扑的特点是较经济，在 SDH 网的早期用得比较多，主要用于专网（如铁路网）中。

2. 星形网

星形网络（见图 5.6.2）拓扑是将网中一网元作为特殊节点与其他各网元节点相连，其他各网元节点互不相连，网元节点的业务都经过这个特殊节点转接。这种网络拓扑的特点是，可通过特殊节点来统一管理其他网络节点，利于分配网宽，节约成本，但存在特殊节点的安全保障和处理能力的潜在瓶颈问题。特殊节点的作用类似交换网的汇接局，此种拓扑多用于本地网（接入网和用户网）。

3. 树形网

树形网络（见图 5.6.3）拓扑可看成是链形拓扑和星形拓扑的结合，也存在特殊节点的安

全保障和处理能力的潜在瓶颈问题。

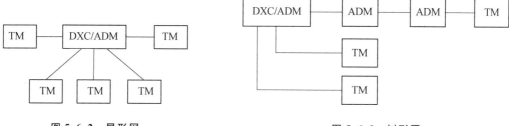

图 5.6.2　星形网　　　　　　　　　　图 5.6.3　树形网

4. 环形网

环形网络(简称环网,见图5.6.4)拓扑实际上是指将链形拓扑首尾相连,从而使网上任何一个网元节点都不对外开放的网络拓扑形式。这是当前使用最多的网络拓扑形式,主要是因为它具有很强的生存性,即自愈能力较强。环形网常用于本地网(接入网和用户网)、局间中继网。

5. 网孔形网

将所有的网元节点两两相连,就形成了网孔形网络(见图5.6.5)拓扑。这种网络拓扑首尾两网元节点之间提供多个传输路由,使网络的可靠性更强,不存在瓶颈问题和失效问题。但是由于网络的冗余度高,必会使系统的有效性降低,成本高且结构复杂。网孔形网主要用于长途网中,以提供网络的高可靠性。

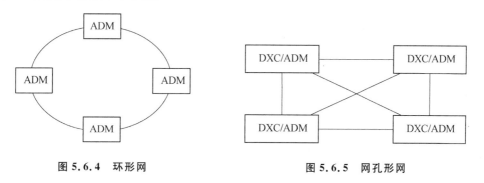

图 5.6.4　环形网　　　　　　　　　图 5.6.5　网孔形网

当前用得最多的网络拓扑是链形和环形,它们的灵活组合可构成更加复杂的网络。

5.6.2　链形网

传输网上的业务按流向可分为单向业务和双向业务。下面以环形网为例说明单向业务和双向业务的区别,如图5.6.6所示。

若 A 和 C 之间互通业务,A 到 C 的业务路由假定是 A→B→C,若此 C 到 A 的业务路由是 C→B→A,则业务从 A 到 C 和从 C 到 A 的路由相同,称为一致路由。

若此时 C 到 A 的业务路由假定是 C→D→A,那么业务从 A 到 C 和从 C 到 A 的路由不同,称为分离路由。

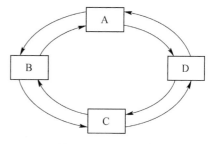

图 5.6.6　环形网络

一致路由的业务称为双向业务,分离路由的业务称为单向业务。常见组网的业务方向和路由如表5.6.1所列。

表5.6.1 常见组网业务方向和路由表

组网类形		路　由	业务方向
链形网		一致路由	双向
环形网	双向通道环	一致路由	双向
	双向复用段环	一致路由	双向
	单向通道环	分离路由	单向
	单向复用段环	分离路由	单向

1. 网络结构

典型链形网络如图5.6.7所示。

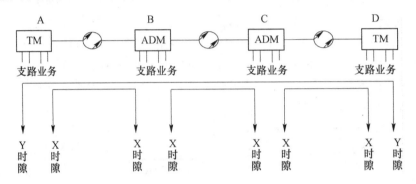

图5.6.7 典型链形网络

链形网的时隙重复利用功能,使网络的业务容量较大。网络的业务容量是指能在网上传输的业务总量。链形网的特点是具有时隙复用功能,即线路 STM-N 信号中某一序号的 VC 可在不同的传输光缆段上重复利用。如图5.6.7中 A—B,B—C,C—D,A—D 之间通有业务,这时可将 A—B 之间的业务占用 A—B 光缆段 X 时隙(序号为 X 的 VC,例如 3VC-4 的第48个 VC-12),将 B—C 之间的业务占用 B—C 光缆段的 X 时隙(3VC-4 的第48个 VC-12),将 C—D 之间的业务占用 C—D 光缆段的 X 时隙(3VC-4 的第48个 VC-12),这种情况就是时隙重复利用。这时 A—D 之间的业务因为光缆的 X 时隙已被占用,所以只能占用光路上的其他时隙 Y 时隙,例如 3VC-4 的第49个 VC-12 或者 7VC-4 的第48个 VC-12。

网络的业务容量、网络拓扑、网络的自愈方式与网元节点间的业务分布关系有关。

链形网的最小业务量发生在链形网的端站为业务主站的情况下。所谓业务主站是指各网元都与主站互通业务,其余网元间无业务互通。以图5.6.7为例,若 A 为业务主站,那么 B,C,D 之间无业务互通。此时 C,B,D 分别与网元 A 通信。这时由于 A—B 光缆段上的最大容量为 STM-N(因系统的速率级别为 STM-N),所以网络的业务容量为 STM-N。

链形网达到业务容量的最大条件是链形网中只存在相邻网元间业务。如图5.6.7所示,此时网络中只有 A—B,B—C,C—D 的业务,不存在 A—D 的业务。此时时隙可重复利用。那么,在每一个光缆段上业务都可占用整个 STM-N 的所有时隙,若链形网有 M 个网元,此时网上的业务最大容量为 $(M-1)\times$STM-N,$M-1$ 为光缆段数。

2. 现行链形网的保护

为了提高业务的可靠性，SDH 传送网一般都带有保护。链形网采用和传统的 PDH 系统相似的链路保护倒换方式（见图 5.6.8），可分为 1＋1 和 1：n 保护倒换结构。

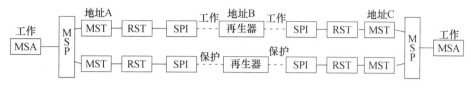

(a) 1+1保护倒换

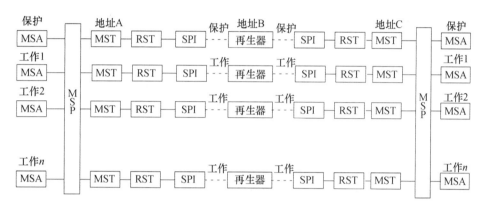

(b) 1：n保护倒换

图 5.6.8　链路保护倒换结构

在 1＋1 线路保护倒换结构中，STM-N 信号同时在工作复用段和保护复用段之间传输，也就是 STM-N 信号在发送端被永久地连接在工作段和保护段上；在接收端复用段保护功能（MSP）监视从两段接收到的 STM-N 的信号状态，并有选择地连接到信号质量好的复用段上，故这种保护方式也称为"并发优收"。这种倒换不需要 APS 协议，倒换十分迅速，但由于发送端备用通道是永久桥接的，因此 1＋1 结构不可能提供不要求保护的附加业务。

在 1：n 线路保护倒换结构中，n 个工作通道共用一个保护段，n 的允许值是 1～14。N 条 STM-N 通路的任一条和一条附加业务通路在两端都桥接在保护段上，复用段保护（MSP）功能监视和判断接收到的信号状态，一旦工作通路劣化或失效，将丢弃保护通道上的附加业务，将失效工作通道业务桥接到保护通路上，这种保护方法被称为"丢卒保车"。

链路保护倒换方式的业务恢复时间很快，可短于 50 ms，特别是 1＋1 的链路保护倒换，它们对于网络节点的光或电的元部件失效故障十分有效。但是，一般主用光纤和备用光纤是同沟同缆敷设的，一旦光缆被切断，这种保护方式就无能为力了。

要克服这种缺点就必须用地理上的路由备用，这样当主通道路由上的光缆被切断时，备用通道路由上的光缆不会受影响，仍能将信号安全地传送到对端。这种路由备用方法配制容易，网络管理简单，仍保持了快速恢复业务的能力。但该方案需要至少双份光纤光缆和设备，成本较高。此外，该保护方法只能保护传输链路，无法提供对网络节点失效的保护，因此主要运用于点到点应用的保护。

5.6.3　环形网——自愈环

1. 自愈的概念

当今社会各行业对信息的依赖越来越大，要求通信网络能及时准确地传递信息。随着网上传输的信息越来越多，传输速率越来越快，一旦网络出现故障（这是难以避免的，例如，土建施工中将光缆挖断），必将对整个社会造成极大的影响。因此，网络的生存能力（即网络的安全性）是当今第一要考虑的问题。

所谓自愈，是指在网络发生故障（例如光纤断）时，无需人为干预，网络自动在极短的时间内（ITU-T 规定为 50 ms 以内），使业务自动从故障中恢复传输，使用户几乎感觉不到网络出了故障。其基本原理就是网络要具备发现替代传输路由并重新建立通信的能力。替代路由可采用备用设备或利用现有设备的冗余能力，以满足全部或指定优先级业务的恢复。由此可知，网络具有自愈能力的先决条件是具有冗余的路由、网元强大的交叉能力以及网元一定的智能。

自愈仅是通过备用信道将失效的业务恢复，而不涉及具体故障的部件和线路的修复或更换，所以故障点的修复仍需要人工干预才能完成，如断了的光缆需要人工接好，等等。

当网络发生自愈时，业务切换到备用信道传输。切换的方式有恢复方式和不恢复方式两种。

恢复方式指在主用信道发生故障时，业务切换到备用信道，当主用信道修复后，再将业务切回主用信道。一般在主用信道修复后还要等一段时间，一般是几分钟到十几分钟，以使主用信道性能稳定，这时才将业务从备用信道切换过来。

不恢复方式是指在主用信道发生故障时，业务切换到备用信道，主用信道恢复后业务不切回到主用信道，此时将原主用信道作为备用信道，在原备用信道发生故障时，业务才切回到原主用信道。

2. 自愈环的分类

目前环形网络的拓扑结构用得最多，因为环形网具有较强的自愈功能。自愈环的分类可按保护的业务级别、环上业务的方向、网元节点间的光纤数来划分。

按环上业务的方向可将自愈环分为单向环和双向环两类；按网元节点间的光纤数可将自愈环分为二纤环（一对收/发光纤）和四纤环（两对收/发光纤）；按保护业务级别可将自愈环分为通道保护环和复用段保护环两大类。

3. 通道保护环和复用段保护环的区别

对于通道保护环，业务的保护是以通道为基础的，即保护的是 STM-N 信号中的某个 VC（某一路 PDH 信号），倒换与否是按环上某一个别通道信号的传输质量来决定的，通常利用接收端是否收到简单的 TU-AIS 信号来决定通道是否应进行倒换。例如，在 STM-N 上，若接收端收到的是 4VC-4 的第 48 个 TU-12 信号存在 TU-AIS 告警，就仅将该通道切换到备用信道上去。复用段倒换是以复用段为基础的，倒换与否是根据环上传输的复用段信号的质量决定的。倒换是由 K1、K2（b1～b5）字节所携带的 APS 协议来启动的，当复用段出现问题时，环上整个 STM-N 或 1/2×STM-N 的业务信号都切换到备用信道上。

复用段保护倒换的条件是 LOF、LOS、MS-AIS 及 MS-EXC 发告警信号。

由于 STM-N 帧中只有一个 K1 和一个 K2，所以复用段保护倒换是将环上的所有主用业务 STM-N（四纤环）或 1/2×STM-N（二纤环）都换到备用信道上去，而不是仅仅倒换到其中的某一个通道。

通道保护往往是专用保护,在正常情况下保护信道也传主用业务(业务的 1+1 保护),信道利用率不高。复用段保护环使用公用保护,正常时主用信道传主用业务,备用信道传额外业务(业务的 1:1 保护),信道利用率高。

4. 二纤单向通道保护环

二纤单向通道保护环由两根光纤组成两个环。其中一个为主环 S1,另一个为备环 P1。两环的业务流向一定要相反,通道保护环的保护功能是通过网元支路板"并发"到主环 S1、备环 P1 上的,两环上的业务完全一样且流向相反,平时网元支路板"选收"主环下支路的业务,如图 5.6.9(a)所示。

若环网中网元 A 与 B 互通业务,网元 A 和 C 都将上环的支路业务"并发"到环 S1 和环 P1 上,S1 和 P1 上的所有业务相同且方向相反——S1 逆时针,P1 顺时针。在网络正常时,网元 A 和 C 都选收主环上的业务。那么 A 与 C 业务互通的方式是 A 到 C 的业务经过网元 D 穿通,由 S1 光纤传到 C(主环业务);由 P1 光纤经过网元 B 穿通传到 C(备环业务)。在网元 C 支路板"选收"主环 S1 上的 A 到 C 业务,完成网元 A 到网元 C 的业务传输。网元 C 到网元 A 的业务传输与此类似。

当 BC 光缆段的光纤同时被切断时,注意此时网元支路板的并发功能没有改变,也就是此时 S1 和 P1 环上的业务还是一样的,如图 5.6.9(b)所示。

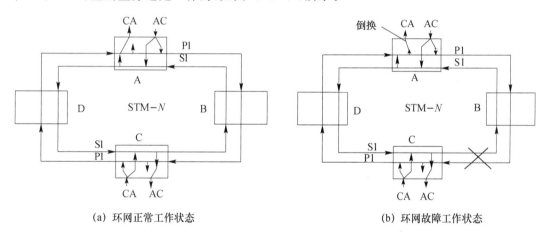

(a) 环网正常工作状态　　　　　　　　　　(b) 环网故障工作状态

图 5.6.9　二纤单向通道保护环

下面看看这时网元 A 和网元 C 之间的业务是如何被保护的。网元 A 到网元 C 的业务由网元 A 的支路板并发到 S1 和 P1 光纤上,其中 S1 业务经光纤由网元 D 穿通传至网元 C,P1 光纤业务经网元穿通,由于 B—C 间光缆断,所以光纤 P1 上的业务无法传到网元 C,不过由于网元 C 默认选收主环上的业务,所以这时网元 A 到网元 C 的业务并未中断,网元 C 的支路板不进行保护倒换。

网元 C 的支路板将到网元 A 的业务并发到 S1 环和 P1 环上,其中 P1 环上的 C 到 A 业务经网元 D 穿通传到网元 A,S1 环上的 C 到 A 业务,由于 B—C 间光缆断所以无法传到网元 A,网元默认是选收主环 S1 上的业务,此时由于 S1 环上 C 到 A 的业务传不过来,这时网元 A 的支路板就会收到 S1 上 TU-AIS 的告警信号。网元 A 的支路板收到 S1 光纤上的 TU-AIS 告警后,立即切换到选收备环 P1 光纤上 C 到 A 的业务,于是 C 到 A 的业务得以恢复,完成环上业务的通道保护,此时网元 A 的支路板处于通道保护倒换状态——切换到选收备环方式。

网元发生了通道保护倒换后,支路板同时监测主环 S1 上的业务状态,若持续一段时间未发现 TU－AIS,则发生切换网元的支路板将选收切回到收主环业务,恢复到正常时的默认状态。

二纤单向通道保护环由于其上环业务是并发选收,所以通道业务的保护实际上是 1＋1 保护。倒换速度快,业务流向简洁明了,便于配置维护。缺点是网络的业务容量不大。当二纤单项保护环的业务容量恒定时,STM－N 与环上的节点数和网元间的业务无关,为什么? 举个例子,当网元 A 和网元 D 之间有一业务占用 X 时隙时,由于业务是单向业务,所以 A 到 D 的业务占用主环的 A—D 光缆段的 X 时隙(占用主环的 A—D、B—C、C—D 光缆段的 X 时隙)。D—A 的业务占用主环的 D—C、C—B、B—A 的时隙(备环 D—A 光缆段的 X 时隙)。也就是说,A—D 间占用 X 时隙的业务会将环上全部环绕的(主环、备环)X 时隙占用,其他业务将不能再使用该时隙(没有时隙重复利用功能)。这样,当 A—D 之间的业务为 STM－N 时,其他网元将不能再互通业务了,即环上无法再增加业务了,因为环上整个 STM－N 的时隙资源都已被占用,所以单向通道保护环的最大业务容量是 STM－N。

二纤单向通道环多用于环上有一站点是业务主站——业务集中站的情况,二纤单向通道环多用于 155、622 系统。

在组成通道环时,要特别注意主环 S1 和备环 P1 光纤上的业务流向必须相反,否则该环网无保护功能。

实际上,在光纤未断时,有一根光纤组成的单向 S1 环即可完成通信,为什么还要一根光纤组成 P1 环呢? 因为自愈要有冗余的信道,而 P1 环就是对主用信道的备份。

5．二纤双向通道保护环

二纤双向通道保护环网上业务的方向为双向(一致路由),保护机理也是专用保护(并发优收),业务保护方式是 1＋1 保护,网上业务容量与二纤单向通道保护环相同,但结构更复杂,与二纤单向通道保护环相比无明显优势,故一般不采用这种自愈方式。二纤双向通道保护环如图 5.6.10 所示。

6．二纤单向复用段保护环

前面讲过复用段环保护的业务单位是复用段级别的业务,需通过 STM－N 信号中的 K1、K2 字节承载的 APS 协议来控制完成倒换。由于倒换要通过运行 APS 协议,所以倒换速率不如通道保护环快。

下面介绍二纤单向复用段保护环的自愈机理,如图 5.6.11 所示。

若环上网元 A 与网元 C 互通业务,则构成环的两根光纤 S1 和 P1,分别称为主纤和备纤。上面传送的业务不是 1＋1 的业务,而是 1：1 的业务,即主环 S1 上传主用业务,备环 P1 上传备用业务。因此复用段保护环上业务的保护方式为 1：1 的保护,有别于通道保护环。

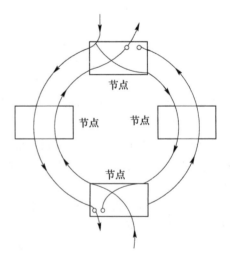

图 5.6.10　二纤双向通道保护环

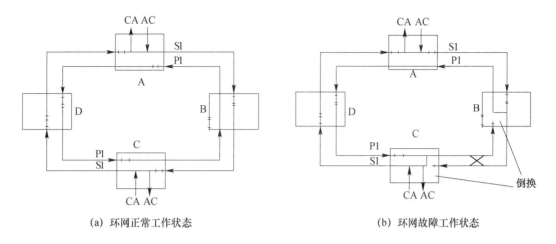

(a) 环网正常工作状态　　　　　　　　　　　　　(b) 环网故障工作状态

图 5.6.11　二纤单向复用段保护环

在环路正常的时候,网元 A 往主纤 S1 上发送到网元 C 的主用业务,往备纤 P1 上发送到网元 C 的备用业务,网元 C 从主纤上选收主纤 S1 上来的网元 A 发来的主用业务,从备纤 P1 上收网元 A 发来的备用业务(额外业务),图 5.6.11 中只画出了收主用业务的情况。网元 C 到网元 A 业务的互通与此类似,如图 5.6.11(a)所示。

当 C—B 光缆段间的光纤都被切断时,在故障端点所谓两网元 C、B 产生一个环回功能,见图 5.6.11(b)。网元 A 到网元 C 的主用业务先由网元 A 发到 S1 光纤上,到故障端点站 B 处环回到 P1 光纤上,这时 P1 光纤上的额外业务被清掉,改传网元 A 到网元 C 的主用业务,经A、D 网元穿通,由 P1 光纤传到网元 C,由于网元 C 只从主纤 S1 上提取主用业务,所以这时 P1 光纤上的网元 A 到网元 C 的主用业务在 C 点处(故障端点处)环回到 S1 光纤上,网元 C 从 S1 光纤上下载网元 A 到网元 C 的主用业务。网元 C 到网元 A 的主用业务因为 C 到 D 到 A 的主用业务路由也中断,所以 C 到 A 的主用业务的传输与正常时无异,只不过备用业务此时被清除。

通过这种方式,故障段的业务被恢复,完成业务自愈功能。

二纤单向复用段保护环的最大业务容量的推算方法与二纤单向通道保护环类似,只不过环上的业务是 1∶1 保护的,在正常时备环 P1 上可传额外业务。因此,二纤单向复用段保护环的最大业务容量在正常时为 $2×STM-N$(包括了额外业务),发生倒换时为 $1×STM-N$。

二纤单向复用段保护环由于业务容量与二纤单向通道保护环相差不大,倒换速率比二纤单向通道保护环慢,所以优势不明显,在组网时应用不多。

复用段保护时网元的支路接收板恒定地从 S1 光纤上接收主用业务,而不会切换到从 P1 光纤上接收主用业务。复用段倒换时不是仅倒换某一个通道,而是将环上整个 $STM-N$ 业务都切换到备用信道上去。

7. 四纤双向复用段保护环

前面讲的三种自愈方式,它们网上业务的容量与网元节点数都无关。随着环上网元的增多,平均每个网元可上/下的最大业务量随之减少,网络信道利用率不高。例如,当二纤单向通道环为 STM-16 系统时,若环上有 16 个网元节点,平均每个节点最大上/下业务只有一个STM-1,这对资源来说是很大的浪费。为了避免出现这种情况,出现了四纤双向复用段保护环这种自愈方式,这种自愈方式的环上业务量随着网元节点数的增加而增加。四纤双向复用段保护环如图 5.6.12 所示。

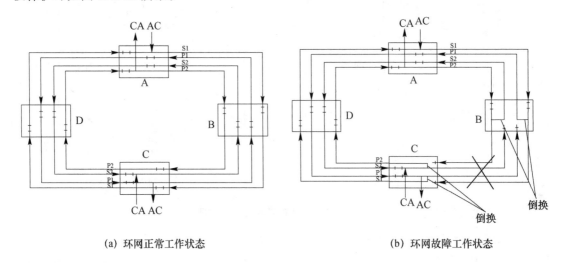

(a) 环网正常工作状态　　　　　　　　(b) 环网故障工作状态

图 5.6.12　四纤双向复用段保护环

四纤环肯定是由四根光纤组成的,这四根光纤分别为 S1、P1、S2、P2。其中,S1 和 S2 为主纤传送主用业务;P1 和 P2 为备纤传送备用业务,即 P1、P2 光纤分别用来在主纤故障时保护 S1 和 S2 上的主用业务。请注意 S1、P1、S2、P2 的业务流向,S1 和 S2 的业务流向相反(一致路由,双向环),S1 与 S2 和 P1 与 P2 两对光纤上的业务流向也相反,从图 5.6.12 可看出 S1 和 P2,S2 和 P1 的业务流向相同。另外,要注意的是,四纤环上每个网元节点的配置要求是双 ADM 系统,这是因为一个 ADM 只有东/西两个线路口(一对收、发光纤称为一个线路端口),而四纤环上的网元节点是东、西各有两个线路端口,所以要配置成双 ADM 系统。

在环网正常时,网元 A 到网元 C 的主用业务从 S1 光纤经网元 B 到网元 C,网元 C 到网元 A 的业务经 S2 光纤经网元 B 到网元 A(双向业务)。网元 A 到网元 C 的额外业务分别通过 P1 和 P2 光纤传送。网元 A 和网元 C 通过接收光纤上的业务互通两网元之间的主用业务,通过接收备纤上的业务互通两网元之间的备用业务,如图 5.6.12(a)所示。

当 B 到 C 间光缆段光纤均被切断后,在故障两端的网元 B、C 的光纤 S1 和 P1,S2 和 P2 有一个环回功能,如图 5.6.12 (b)(故障端点的网元环回)所示。这时,网元 A 到网元 C 的主用业务沿 S1 光纤传到网元 B 处,在此网元 B 执行环回功能,将 S1 上的网元 A 到网元 C 的主用业务环到 P1 上传输,P1 光纤上的额外业务被中断,经网元 A、网元 D 穿通(其他网元执行穿通功能)传到网元 C,在网元 C 处 P1 光纤上的业务环回到 S1 光纤上(故障端点的网元执行环回功能),网元 C 通过接收光纤 S1 上的业务,接收到网元 A 到网元 C 的主用业务。

网元 C 到网元 A 的业务先由网元 C 将其主用业务环到 P2 光纤上,P2 光纤上的额外业务被中断,然后沿 P2 光纤经过网元 D、网元 A 的穿通传到网元 B,在网元 B 处执行环回功能,将 P2 光纤上的网元 C 到网元 A 的主用业务环回到 S2 光纤上,再由 S2 光纤传回到网元 A,由网元 A 分离或插入主纤 S2 上的业务。通过这种环回,穿通方式完成了业务的复用段保护,使网络自愈。

四纤双向复用段保护环的业务容量有两种极端方式:一种是环上有一业务集中站,各网元与此站通业务,并无网元间的业务。这时环的业务容量最小为 $2\times STM-N$(主用业务)和 $4\times STM-N$(包括额外业务)。当采用这种方式时,由于每段光缆的速率级别为 $STM-N$,业务集中站东西两侧,每侧的传输容量为 $STM-N$(主用业务)或 $2\times STM-N$(包括额外业务),两侧相加即得其总业务容量。另一种情况是其环网上只存在相邻网元的业务,不存在跨网元业务。这时每个光缆段均为相邻互通业务的网元专用,例如,A—D 光缆段只传输 A 和 D 之间的双向业务,D—C 光缆段只传输 D 和 C 之间的双向业务等。相邻网元间的业务不占用其他光缆段的时隙资源,这样各个光缆段都最大传 $STM-N$(主用)或 $2\times STM-N$(包括备用)的业务(时隙可重复利用),而环上光缆段的个数等于环上网元的节点数,所以这时的网络业务容量达到最大:$N\times STM-N$ 或 $2N\times STM-N$。

尽管复用段环的保护倒换速率要慢于通道环,且倒换时要通过 K1、K2 字节的 APS 协议控制,使设备倒换时设计的单板较多,容易出现故障,但由于双向复用段环最大的优点是网上业务容量大,业务分布越分散,网元节点数就越多,它的容量也越大,信道利用率要大大高于通道环,所以双向复用段环得以普遍应用。

复用段保护环上网元节点的个数(不包括 REG,因为 REG 不参与复用段保护倒换功能)不是无限制的,而是由 K1、K2 字节决定的,环上节点数最大为 16 个。

双向复用段环主要用于业务分布较分散的网络。四纤环由于要求系统有较高的冗余度(4 纤),双 ADM,成本较高,故用得不多。解决这个问题的办法之一是采用二纤双向复用段保护环——二纤共享复用段保护环。

8. 二纤双向复用段保护环

鉴于四纤双向复用段环的成本较高,出现了一个新的变种——二纤双向复用段保护环。它们的保护机理相类似,只不过采用双纤方式,网元节点只用单 ADM 即可,所以得到了广泛的应用。

从图 5.6.12 中可看到光纤 S1 和 P2 及 S2 和 P1 上的业务流向相同,因此,可以使用时分技术将这两对光纤合成为两根光纤 S1/P2 和 S2/P1。这时将每根光纤的前半个时隙(例如 STM-16 系统为 1♯到 8♯STM-1)传送主用业务,后半个时隙传送额外业务,也就是说一根光纤的保护时隙用来保护另一根光纤上的主用业务。例如,S1/P2 光纤上的 P2 时隙用来保护 S2/P1 光纤上的 S2 业务,因为在四纤环上 S2 和 P2 本身就是一对主、备用光纤。因此,在二纤双向复用段保护环上无专门的主、备用光纤,每一条光纤的前半个时隙是主用信道,后半个时隙是备用信道,两根光纤上业务流向相反。二纤双向复用段保护环的保护机理如图 5.6.13 所示。

在网络正常情况下,网元 A 到网元 C 的主用业务放在 S1/P2 的 S1 时隙(对于 STM-16 系统,主用业务只能放在 $STM-N$ 的前 8 个时隙),备用业务放在 P2 时隙中,沿光纤 S1/P2 由网元 B 穿通到网元 C,网元 C 从 S1/P2 光纤上的 S1、P2 时隙分别提取出主用、额外业务。网元 C 到网元 A 的主用业务放在 S2/P1 光纤的 S2 时隙,额外业务放在 P1 时隙,经网元穿通到网元 A,网元 A 从 S2/P1 光纤上提取相应的业务,如图 5.6.13(a)所示。

当环网 B—C 间光缆段被切断时,网元 A 到网元 C 的主用业务沿 S1/P2 光纤传到网元 B,在网元 B 处进行环回(故障端点处环回)。环回是将 S1/P2 光纤上 S1 时隙的业务全部环到 S2/P1 光纤上的 P1 时隙上去,此时 S2/P1 光纤 P1 时隙上的额外业务被中断。然后沿 S2/P1 光纤经网元 A、网元 D 穿通传到网元 C,在网元 C 执行环回功能,即将 S2/P1 光纤上的 P1 时隙所载的网元 A 到网元 C 的主用业务环回到 S1/P2 的 S1 时隙,网元 C 提取该时隙的业务,完成接收网元 A 到网元 C 的主用业务,如图 5.6.13(b)所示。

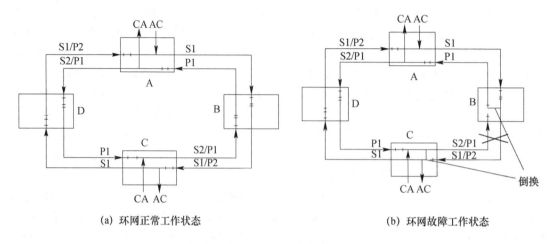

(a) 环网正常工作状态   (b) 环网故障工作状态

图 5.6.13　二纤双向复用段保护环

网元 C 到网元 A 的业务,先由网元 C 将网元 C 到网元 A 的主用业务 S2 环回到 S1/P2 光纤的 P2 时隙上,这时 P2 时隙上的额外业务中断。然后,沿 S1/P2 光纤经网元 D、网元 A 穿通到网元 B,在网元 B 处执行环回功能——将 S1/P2 光纤的 P2 时隙业务环到 S2/P1 光纤的 S2 时隙上去,经 S2/P1 光纤传到网元 A 落地。通过以上方式完成了环网在故障时业务的自愈。

二纤双向复用段保护环的业务容量为四纤双向复用段保护环的 $1/2$,即 $M/2\times STM-N$,或 $M\times STM-N$(包括额外业务),其中 M 是节点数。

二纤双向复用段保护环在组网中使用得较多,主要用于 622M 和 2.5G 系统,也适用于业务分散的网络。

为什么没有 155M 系统的二纤双向复用段保护环呢?因为复用段岛弧的基本业务单位是复用段级别,而 STM-1 是复用段的最小单位,不可再分。二纤双向复用段保护环要求将光纤通过时隙技术一分为二,那么光纤上的每个时隙必定要传送 $1/2$ STM-1 信号,而无法实现二纤双向复用段保护环。

9. 两种自愈环的比较

当前组网中常见的自愈环只有二纤单向通道保护环和二纤双向复用段保护环两种,下面将二者进行比较。

(1) 业务容量(仅考虑主用业务)

单向通道保护环的最大业务容量是 $STM-N$,二纤双向复用段保护环的业务容量为 $M/2\times STM-N$。

(2) 复杂性

二纤单向通道保护环无论从控制协议的复杂性还是操作的复杂性来说,都是各种倒换环中最简单的:由于不涉及 APS 的协议处理过程,因而,业务倒换时间最短。二纤双向复用段保护环的控制逻辑则是各种倒换环中最复杂的。

(3) 兼容性

二纤单向通道保护环仅使用已经完全规定好的通道 AIS 信号来决定是否需要倒换,与现行 SDH 标准完全兼容,因此也容易满足多厂家产品兼容性的要求。

二纤双向复用段保护环使用 APS 协议来决定倒换,而 APS 协议尚未标准化,所以复用段保护环目前都不能满足多厂家产品的兼容性要求。

5.6.4　复杂网络的拓扑结构及特点

通过链形网和环形网的结合,可构成一些较复杂的网络拓扑结构。下面介绍几种在组网中要经常用到的拓扑结构。

1. T形网

T形网实际上是一种树形网。T形网络拓扑结构如图 5.6.14 所示。

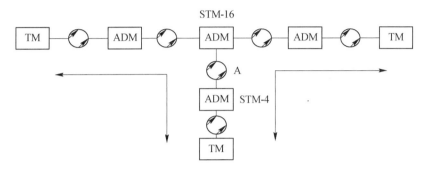

图 5.6.14　T形网络拓扑结构

将干线上设为 STM‒16 系统,支线上设为 STM‒4 系统,T形网的作用是将支路的 STM‒4 系统链接到 STM‒16 系统上去,此时支线接在网元 A 的支路上,支线业务作为网元 A 的低速支路信号,通过网元 A 进行分插。

2. 环带链网

环带链网络拓扑结构如图 5.6.15 所示。

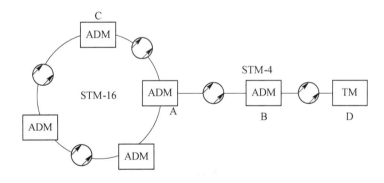

图 5.6.15　环带链网络拓扑结构

环带链是由环形网和链形网两种基本拓扑形式组成的,连接在网元 A 处,链的 STM‒4 业务作为网元 A 的低速支路业务,并通过网元 A 的分/插功能上/下环。STM‒4 业务在链上无保护,上环会享受环的保护功能。例如:网元 C 和网元 D 互通业务,A—B 光缆段断,链上业务传输中断。A—C 光缆段断,通过环的保护功能,网元 C 和网元 D 的业务不会中断。

3. 环形子网的支路跨接网

环形子网的支路跨接网络拓扑结构如图 5.6.16 所示。

两个 STM‒N 环通过 A、B 两网元的支路部分连接在一起,两环中任何两网元都可以通过 A、B 之间的支路互通业务,且可选路由多,系统冗余度高。两环间互通的业务都经过网元 A、B 的低速支路传输,存在一个低速支路的安全保障问题。

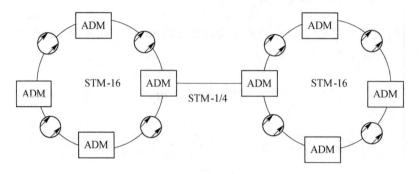

图 5.6.16 环形子网的支路跨接网络拓扑结构

4. 相切环网

相切环网络拓扑结构如图 5.6.17 所示。

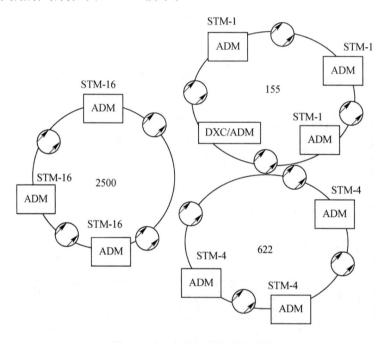

图 5.6.17 相切环网络拓扑结构

图中三个环相切于公共节点网元 A,网元 A 可以是 DXC,也可用 ADM 等效(环Ⅱ、环Ⅲ 均为网元 A 的低速支路)。这种组网方式可使环间业务任意互通,具有比通过支路跨接环网 更大的业务疏导能力,也有更多的可选路由,系统冗余度更高。不过这种组网存在重要节点的 安全问题。

5. 相交环网

为备份重要节点及提供更多的可选路由加大系统冗余度,可将相切环网扩展为相交环网, 如图 5.6.18 所示。

网元 A 作为枢纽点可在支路侧接入各个 STM-1 或 STM-4 的链路或环,通过网元 A

的交叉连接功能，提供支路业务上/下主干线，以及支路间的业务互通。支路间业务的互通经过网元 A 的分/插，可避免支路间敷设直通路由和设备，也不需要占用主干网上的资源。

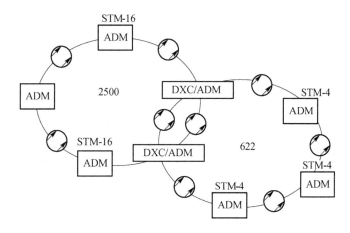

图 5.6.18　相交环网络拓扑结构

6. 枢纽网

枢纽网络拓扑结构如图 5.6.19 所示。

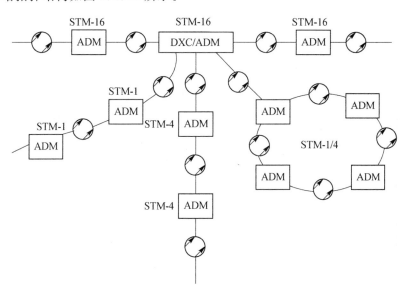

图 5.6.19　枢纽网络拓扑结构

5.7　基于 SDH 的多业务传送平台（MSTP）

多业务传送平台（Multi-Service Transport Platform，MSTP）技术是指基于 SDH 平台，同时实现 TDM、ATM、以太网等业务的接入、处理和传送，提供统一网管的多业务传送平台。MSTP 充分利用 SDH 技术，特别是保护恢复能力和确保延时性能，加以改造后可以适应多业务应用，支持数据传输，简化了电路配置，加快了业务提供速度，改进了网络的扩展性，降低了运营维护成本。在 PTN 技术应用以前，MSTP 技术是主要的传输承载网技术。

5.7.1　MSTP 的功能结构

MSTP 的功能模型如图 5.7.1 所示。一方面，MSTP 保留了固有的 TDM 交叉能力和传统的 SDH/PDH 业务接口，继续满足语音业务的需求；另一方面，MSTP 提供 ATM 处理、Ethernet 透明传输以及 Ethernet 二层交换功能来满足数据业务的汇聚、梳理和整合的需要。对于非 SDH 业务，MSTP 技术先将其映射到 SDH 的虚容器 VC，使其变成适合于 SDH 传输的业务颗粒，然后与其他的 SDH 业务在 VC 级别上进行交叉连接整合后，一起在 SDH 网络上进行传输。对于异步传输模式 ATM 业务承载，在映射 VC 之前，先进行 ATM 信元处理，提供 ATM 统计复用，提供虚通道/虚电路（VP/VC）的业务颗粒交换，并不涉及复杂的 ATM 信令交换，这样有利于降低成本。

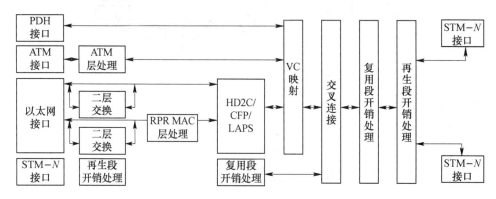

图 5.7.1　MSTP 的功能模型

对于以太网的业务承载，应满足对上层业务的透明性，映射封装过程应支持带宽可配置。在这个前提下，可以选择在进入 VC 映射之前是否进行二层交换。对于二层交换功能，良好的实现方式应该支持如生成树协议（Span Tree Protocal，STP）、虚拟局域网（Virtual Lan，VLAN）、流控、地址学习、组播等辅助功能。

5.7.2　MSTP 承载以太网业务的核心技术

1. 通用成帧协议

目前主要有三种链路层适配协议可以完成以太网数据业务的封装，即点到点协议（PPP）、链路接入 SDH 规程（LAPS）及通用成帧协议（GFP）。

ITU - T G.7041 建议，GFP 的目的是提供以太网数据的统一封装，即提供了一种把不同上层协议里的可变长度负载映射到同步物理网络的方法。业务数据可以是协议数据单元（如以太网数据帧），也可以是数据编码块（如 GE 用户）。

2. 虚级联技术

虚级联技术就是把多个小的虚容器，如 VC - 12（2M），级联起来组成虚容器组，以克服 SDH 速率等级太少的问题。虚级联技术分为连续级联和 VC 虚级联两种。

连续级联是将同一个 STM - N 中的多个相邻 VC 进行合并，并只保留第一个 VC 的 POH 开销字节，因此，连续级联实现简单，传输效率高，且端到端只有一条路径，业务无时延；但是要求整个传输网络都支持连续级联，原有的网络设备可能不支持，业务不能穿通。

VC 虚级联:ITU - T G.707/2000,其目的是为以太网业务传送提供合适的带宽,就是将分布在同一个 STM - N 中不相邻的多个 VC 或不同 STM - N 中 x 个 VC(可同一路由,也可不同路由)用字节间插复用方式级联成一个虚拟结构的虚容器 VCG 进行传送,也就是把连续的带宽分散在几个独立的 VC 中,到达接收端后再将这些 VC 合并在一起。虚级联写为 VC4 - xv、VC12 - xv 等,其中 x 代表 VCG 中的 VC 个数,v 代表虚级联。

与连续级联不同的是,在虚级联时,每个 VC 都保留自己的通道开销(POH)。虚级联利用 POH 中的 H4(VC3/VC4 级联)或 K4(VC12 级联)指示该 VC 在 VCG 中的序列号。因此,虚级联应用灵活、效率高,只要收、发两端设备支持即可,与中间的传送网络无关,可实现多路径传输,但不同路径传送的业务有一定时延。

采用虚级联技术可以有效提高网络带宽利用率。

3. 链路容量调整机制

链路容量调整机制(Link Capacity Adjustment Scheme,LCAS)是一种灵活的、不中断业务地自动调整和同步虚级联组大小,并将有效静负荷自动映射到可用的 VC 内,从而实现虚级联带宽动态可调的方法。LCAS 利用虚级联 VC 中某些开销字节传递控制信息,在源端与宿端之间提供一种无损伤、动态调整线路容量的控制机制。高阶 VC 虚级联利用 H4 字节,低阶 VC 虚级联利用 K4 字节来承载链路控制信息。

5.7.3　MSTP 的主要特点

1. 与传统的 SDH 相比,支持更多种类的物理接口

由于靠近接入网的边缘,MSTP 系统需要尽可能多地提供各种物理接口,以满足不同终端接入用户的设备要求,实现在兼容基于传统 SDH 网业务的同时,提供多业务的灵活接入,从而大大降低现有 SDH 重新升级的成本。目前,提供的典型接口有:电路交换接口、光口、ATM、以太网接口(10/100Base - T)、DSL、GE、FR 和 E1/T1 等。

2. 简化网络结构,多协议处理的支持

MSTP 系统要实现数据业务的高效传输,则必须尽可能地减少 IP 层与光层之间的网络层次。而且,通过增加可扩展的、粒度更细的业务交换控制模块,保证多协议进行高效的复用与传输,以及有效的利用光纤带宽。同时,在 MSTP 系统中,接口与协议需要进行分离,通过可编程 ASIC 芯片技术,实现对新业务的灵活支持,避免对新业务设备的重新投资。

3. 低成本的传输容量提升

目前,城域网的核心带宽已达 240～400 Gb/s,边缘为 6～50 Gb/s。传统的 SDH 系统在提供高带宽上需要增加设备成本,同样 DWDM 系统也存在接入端成本偏高的问题。本着有效利用带宽的原则,MSTP 系统提供了带宽容量 STM - 1～STM - 64、波长复用窗口 1310～1550 nm 的 DWDM 平滑升级,从而实现了低成本的扩容。

4. 网元的高度集成,有效的带宽管理

MSTP 集传统 SDH 网中的 ADM/DXC/DWDM 等功能于一体,具有更细粒度的交换和交叉连接模块,并且,网络拓扑结构(线、网、环)的逻辑结构与物理结构相分离,实现了线路连接的快速提供,以及可以在任意节点对业务进行处理。从而避免了大量的手工线路连接与复杂的网络协调过程,大大降低了运营与管理成本。

5. 继承了 SDH 的高可靠性和自动保护恢复功能

MSTP 继承了 SDH 的保护特性,可靠性高达 99.999%。而且还具有无故障工作时间长、硬件冗余少、50 ms 时间内的自动保护恢复等优点,从而提高了用户对服务质量的满意度。

6. MSTP 面临的挑战

MSTP 的出现最初就是为了解决 IP 业务在传送网的承载问题,遗憾的是,这种改造不彻底,采用刚性管道承载分组业务,汇聚比受限,统计复用效率不高。在 MSTP 上,因为是静态配置以太网业务,效率和灵活性较差,通过 GFP 技术封装以太网业务数据帧时,以太网承载效率为 80%~90%,且 MSTP 主要支持单一等级业务,不能支持区分 QoS 的多等级业务。

MSTP 面临 3G 时代低成本、高带宽需求的挑战。在大量数据业务的 3G 时代,如果仍然使用 MSTP 硬管道来承载,势必存在带宽需求量大,但是带宽利用率严重低下的问题,会带来巨大的投资成本压力。MSTP 的多业务仅仅能满足网络初期少量数据业务出现时的网络需求,当数据业务进一步扩大时,网络容量、QoS 能力等功能都会受到限制。

思考与练习题

1. SDH 的主要特点是什么?

2. STM-1 的传输速率是多少?常用的能携带多少个 2M 口?

3. 计算出 STM-N 的各等级速率与容量。

4. 构成 SDH 网络的网元设备有哪些?分插复用器 ADM 的基本功能是什么?

5. DXC 的基本功能是什么?主要有哪几种?

6. 我国的 SDH 网络结构分为哪几层?试画出其层网络结构图。

7. 画出 STM-N 的帧结构。

8. 再生段是指什么?复用段是指什么?

9. 有一数字序列 11001001 01110001 10101010 10000101 01010100,计算其 BIP-8。

10. 有一数字序列 01001001 01110001 11101010 10000101 01010100,计算其 BIP-2。

11. C-12、VC-12、TU-12 的传输速率分别是多少?

12. VC-12、TUG-2、TUG-3、VC-4 分别含有多少个 2M 口?

13. 试画出 VC-4、TU-12 的结构图。

14. 试画出 VC-4 到 STM-1 的映射图。

15. 试画出 2048 kb/s 支路的异步映射图。

16. VC-12 中 V5 字节有何作用?

17. 指针的作用有哪些?SDH 主要有哪些指针?

18. 画出 AU-4 指针位置和偏移编号。

19. TU-12 指针哪两个字节为指针值,哪个字节为正调整机会,编号是多少?每编号几个字节?

20. TU-12 指针值为 70,试用平面帧结构画出 VC-12 在 TU-12 中的位置。

21. AU-4 指针原指针值为 88,需进行正调整,将调整过程和调整后的值填入下表。

指针值		H1 binary		H2 binary		H1	H2
Dec	Hex	NNNN	SSID	IDID	IDID	Hex	Hex
88 I 比特反转 加 1							

22. AU – 4 指针原指针值为 521,需进行负调整,将调整过程和调整后的值填入下表。

指针值		H1 binary		H2 binary		H1	H2
Dec	Hex	NNNN	SSID	IDID	IDID	Hex	Hex
521 D 比特反转 减 1							

23. 当 AU – 4 指针值(H1,H2)由 6857(H)变为 6AFD(H)时,绘出 AU – 4 指针调整示意图,并说明之。

24. SDH 时钟同步等级有哪些?

25. SDH 网元设备同步时钟是如何获得的?

26. SDH 用什么信号来传送定时信息?

27. 主基准时钟(PRC)输出时钟信号频率是多少?

28. 最长的基准传输链所包含的 G. 812 从时钟数不超过多少个? 整个链的 G. 813 时钟数不超过多少个?

29. SDH 网络拓扑的基本结构有哪些?

30. 什么是双向业务? 什么是单向业务?

31. 链形网的特点有哪些?

32. 1+1 保护与 1∶1 保护有何区别?

33. 什么是自愈? 自愈环的种类有哪些?

34. 通道保护环与复用段保护环的区别是什么?

35. 环形网络一般由什么类型的设备组成?

第6章 分组传送网(PTN)

随着移动多媒体业务、IPTV、三重播放等新兴宽带数据业务的迅速发展,数据流量迅猛增长,这种趋势推动着光传送网的转型和演变。传统的 SDH/WDM 传送网在承载突发性强、带宽变化的分组业务时往往表现出交换粒度不灵活,网络层次与功能重叠,效率较低等缺点。为了能够灵活、高效和低成本地承载各种业务,尤其是数据业务,分组传送网(PTN)技术应运而生。本章主要介绍了 PTN 原理、体系结构、关键技术和技术特点等。

6.1 PTN 概述

PTN 是分组传送网(Packet Transport Network)的简称,是新型的城域宽带传输网络,是适合于传送电信(有线/无线)业务、电视和数据业务的统一的传输平台,是符合下一代网络(Next Generation Network,NGN)要求的传输基础。

PTN 以分组作为传送单位,以承载电信级以太网业务为主,兼容 TDM、ATM 和快速以太网(Fast Ethernet,FE)等业务的综合传送。它继承了 MSTP 的理念,融合了以太网和MSTP 的优点,是下一代分组承载的技术。

IP 业务的爆炸式增长,如 IPTV、移动/无线业务以及企业数据业务等,带动了运营商网络向 IP 化传送方式发展。新业务的接口主要是针对数据应用,同时一些传统的业务也转移到IP 的承载方式,如 VoIP 语音业务,"全 IP 环境"逐渐成熟。在这一演变过程中,网络运营商意识到只有充分扩展现有网络的传送能力,才能满足运营级以太网业务的高速增长以及由此带来的巨大带宽需求。另外,对于传统业务的支持,也是运营商网络转型需要考虑的重要问题。

由于 IP/MPLS over DWDM/OTN 技术的使用,骨干核心网的承载和传送问题得以解决,而此后,城域网正成为全网带宽和业务的瓶颈。解决此问题有多种技术手段,但从技术焦点看,多种技术解决方案争论的实质是骨干核心网技术与用户驻地网技术阵营在城域网领域的竞争。一方面,代表骨干核心网技术的 SDH 和路由器,或者说代表面向连接的 TDM 和路由 MPLS 技术在不断改进,增强数据支持能力,向网络边缘拓展,争夺二层交换机市场;另一方面,代表用户驻地网技术的以太网,或者说代表无连接技术的以太网也在不断改进和创新,增强运营级的性能和功能,向城域网扩展,压缩 SDH 和路由器的市场。

由于受到新涌现出的各种新 IP 应用业务的推动,例如三重播放、有线或无线 IP 视频和以太网数据业务,网络中的业务流量正从以 TDM 为主向着以分组数据业务为主转变。但另一方面,尽管 IP 数据业务所占用的带宽已经在某些运营商的网络中超出了传统语音业务所占用的带宽,可是从业务收入角度来说,语音业务的收入现阶段仍然是运营商最主要的收入来源。因此,有必要建立一个新的传送网络体系结构,既可以面向包括传统语音业务在内的各种业务接口,又可以具有统一的处理平台,以便更经济、有效地支持大容量的多种业务的应用。

现有的解决方案没有一个可以满足目前所有的要求。但是可以预料其基本的趋势是:面向运营级网络特性进行增强的面向连接的新以太网技术将大量侵蚀传统 SDH 和路由器在城域网接入汇聚层的市场,而 MPLS 技术将随着 VPN 和 IPTV 等新业务的开展向城域网边缘拓展,同时两者结合的解决方案将不断涌现,最后形成既具有分组特性又具有运营级网络特性的分组传送网(PTN)技术,典型代表有运营商骨干传送(PBT)和传送 MPLS(T－MPLS)。

　　图 6.1.1 总结了 PTN 的产生驱动力和基本技术思想,PTN 一方面继承了面向 MSTP 网络在多业务、高可靠、高质量、可管理和时钟等方面的优势,另一方面又具备以太网的低成本和统计复用的特点。可以预计,随着网络中 IP/以太网业务量的快速增长以及基于以太网技术的新型解决方案的不断出现,分组传送网多业务平台在城域网中的应用将会越来越多,必将成为下一代多业务、分组化传送网络的核心技术,最终将有可能成为主要传送技术和统一承载平台。

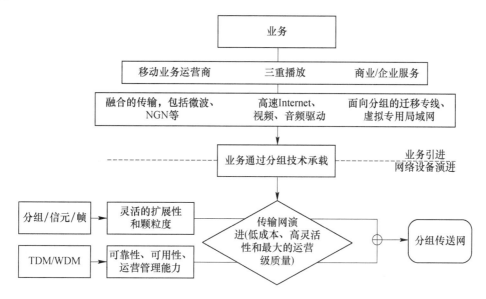

图 6.1.1　多种因素驱动分组传送网 PTN 的形成

　　IP 化传送网的发展思路依然是承载效率和业务的可靠性、可管理性和可扩展性。分组传送网 PTN 概念的提出,其最大的动力来自业务发展和网络转型,特别是目前 IP/MPLS 日益成为网络的核心,而各种业务信号都呈现为 IP 信号格式,例如 VoIP 和 IPTV 等。

　　PTN 将融合现有的光传送网和 IP/MPLS/Ethernet 网络的特点,实现对分组化(主要是 IP)多业务的高效传送。面向 IP 的分组交换传送网 PTN 不仅继承了传送网的基本特征——可操作管理性(OAM)和高生存性,还吸收了分组交换对突发业务高效的统计复用和动态控制方面的优点。由此可见,分组传送网(PTN)是面向 IP 的基于分组交换的新一代多业务统一传送网络。

　　PTN 是指这样一种光传送网络架构和具体技术:在 IP 业务和底层光传输媒质之间架构的一个层面,它针对分组业务流量的突发性和统计复用传送的要求而设计,以分组业务为核心并支持多业务提供;PTN 支持多种基于分组交换业务的双向点对点连接通道,具有适合各种粗细颗粒业务、端到端的组网能力,提供了更加适合于 IP 业务特性的"柔性"传输管道;同时秉承光传送电信网络的传统优势,包括高可用性和可靠性、高效的带宽管理机制和流量工程、便捷的 OAM 和网管、可扩展、较高的安全性,等等。

PTN 技术能够实现对分组业务的高效传送,是一种以承载运营级以太网(CE)业务为主,兼容传统 TDM、ATM 等业务的综合传送技术,它继承了 SDH 传送网的面向连接、端到端资源指配(Provisioning)、操作维护与管理 OAM、强大的生存性能力、同步定时等运营级网络基本特性,同时引入了分组交换、统计复用、智能信令控制协议、多业务支持等数据网络的灵活高效特性。

PTN 具有多业务处理能力,能够容纳不同业务,可将各种业务映射到具有业务分类处理和统计复用能力的处理单元。对于用户种类繁多的业务,必须具备差异化的处理能力,例如在数据领域中所使用的 VLAN、CoS、MPLS EXP 和 DiffServ 等机制,都是在资源受限的情况下给予不同的业务不同的处理。PTN 能够很好地处理 IP 和以太网等分组业务的重要的一点就是吸收了数据网络的差异化处理和统计复用功能。

6.2 PTN 的体系结构

6.2.1 PTN 的分层结构

按照下一代网络的观点,转型的网络体系构架分为传送网、业务网和控制网。从传送的角度出发,业务层与传送层的分离,实现了各网络层的各司其职,可以实现网络更高效的运行,作为服务层的传送网,要更好地传送分组业务。

传送网的通用分层架构一般有三层:信道通路(channel)层为客户提供端到端的传送网络业务;通路通道(Path)层提供传送网络隧道(trunk、tunnel),将一个或多个客户业务汇聚到一个更大的隧道中,以便传送网实现更经济有效的传送、交换、OAM、保护和恢复;传输媒质层包括段层网络和物理媒质层网络(简称物理层),其中段层网络主要保证通路层在两个节点之间信息传递的完整性,其中物理层是指具体的支持段层网络的传输媒质。

PTN 也将网络分为信道层、通路层、传输媒质层,网络分层结构如图 6.2.1 所示,其通过 GFP 架构在 OTN、SDH 和 PDH 等物理媒质上。

分组传送网分为三个子层:

① 分组传送信道层(Packet Transport Channel,PTC),其封装客户信号进虚信道(VC),并传送虚信道(VC),提供客户信号端到端的传送,即端到端 OAM,端到端性能监控和端到端的保护。

② 传送通路层(Packet Transport Path,PTP),其封装和复用虚电路进虚通道,并传送和交换虚通路(VP),提供多个虚电路业务的汇聚和可扩展性(分域、保护、恢复、OAM)。

③ 传送网络传输媒质层,包括分组传送段层和物理媒质。段层提供了虚拟段信号的 OAM 功能。

分组传送网较常用的服务层是以太网,也可以是 SDH/OTN/WDM,还可以架构在 PDH 上。PTN 可以直接架构在以太网上,通过以太网的 Ethernet Type 字段指示 PTN 作为客户信号。

PTN 可以架构在 PDH/SDH 和 OTN 上,通过 GFP－F/GFP－T 进行封装。通道 GFP

的 UPI 指示 PTN 作为客户信号。物理媒质层可以是光纤和微波。

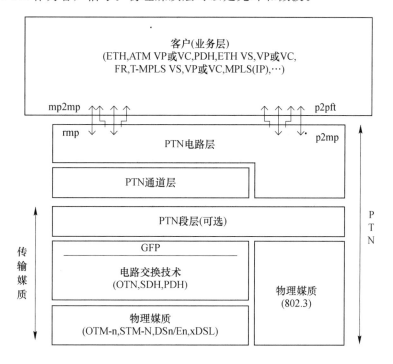

图 6.2.1 分组传送网 PTN 分层结构

尽管 IP 数据业务所占用的带宽已经在某些运营商的网络中超出了传统的语音业务所占用的带宽,可是从业务收入角度来说,语音业务的收入现阶段仍然是运营商最主要的收入来源。因此,有必要建立一个新的传送网络体系结构,既可以面向包括传统语音业务在内的各种业务接口,又可以具有统一的处理平台,以便更经济、有效地支持大容量的多种业务的应用。

这种新的传送网络体系结构不会凭空产生,而应该兼容现有的协议,在各种协议"你中有我,我中有你"的现实环境中定义自己的位置。这就需要传送网络体系结构是:具有分组的通用处理能力的平台,具有通用的层间接口协议,既可以接受各种客户层协议,也能利用各种下层协议(服务层)提供的连接路径(trail)或服务。

同时这种新的传送网络体系结构需要考虑 IP 数据业务量的突发性和不确定性,这需要为传送它的光网络带宽实行动态分配和调度以实现有效的网络优化,这种优化可以减少全网中所需光接口(POS 接口和 OTU 接口等)和相应波长的数目,既大规模降低建网成本,又提高带宽利用率。再者,对于实现 TDM 业务的无缝连接来说,可采用电路仿真业务的方式解决业已存在的电路型业务(POTS、El/Tl 和 $N \times 64$ kb/s 等业务)。

6.2.2 PTN 的功能平面

分组传送网 PTN 可分为三个层面:传送平面、管理平面、控制平面,如图 6.2.2 所示。

1. 传送平面

传送平面提供两点之间的双向或单向的用户分组信息传送,也可以提供控制和网络管理信息的传送,并提供信息传送过程中的 OAM 和保护恢复功能,即传送平面完成分组信号的传输、复用、配置、保护倒换和交叉连接等功能,并确保所传信号的可靠性。

传送平面采用上述的分层结构,其数据转发是基于标签进行的,由标签组成端到端的路径。不同的实现技术采用的分组传送标签不同,T－MPLS采用20 bit的MPLS标签,PBB－TE采用目的MAC地址＋VLAN的60 bit的标签。

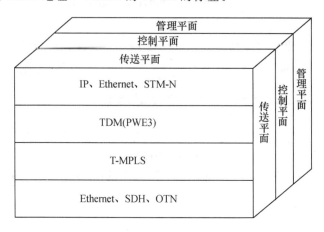

图 6.2.2　PTN 技术的三层平面

客户信号通过分组传送标签封装,加上 PTC 标签,形成分组传送信道(PTC),多个 PTC 复用成分组传送通道(PTP),再通过 GFP 封装到 SDH、OTN,或封装到以太网物理层进行传送。网络中间节点交换 PTC 或 PTP 标签,建立标签转发路径,客户信号在标签转发路径中进行传送。

2. 管理平面

PTN 采用图形化网管做业务配置和性能告警管理,端到端业务配置和性能告警管理同 SDH 网管使用方法类似,可以沿用原 SDH 设备维护人员;而路由器、交换机采用命令行界面做业务配置和性能告警管理,路由器的维护人员一般需要 CCIE 认证,技能要求很高,同样的节点数和业务数量,路由器网络需要更多的维护人员。

管理平面执行传送平面、控制平面以及整个系统的管理功能,它同时提供这些平面之间的协同操作。管理平面执行的功能包括:性能管理、故障管理、配置管理、计费管理、安全管理。

3. 控制平面

PTN 控制平面由提供路由和信令等特定功能的一组控制元件组成,并由一个信令网络支撑。控制平面元件之间的互操作性以及元件之间通信需要的信息流可通过接口获得。控制平面的主要功能包括:通过信令支持建立、拆除和维护端到端连接的能力,通过选路为连接选择合适的路由;网络发生故障时,执行保护和恢复功能;自动发现邻接关系和链路信息,发布链路状态(例如可用容量以及故障等)信息以支持连接建立、拆除和恢复。

6.3　PTN 的关键技术

PTN 定位于一种面向连接的网络技术,其核心思想是面向分组的通用交叉技术,它具有所有 SDH/SONET 的功能和特性,诸如良好的可扩展性,丰富的 OAM&P(Operation Administration，Maintenance and Provisioning，运行、管理、维护和预置）功能，快速的保护倒换，面向连接，利用 NMS 建立连接等特性。它主要用于多业务的分组交换环境、分组的 QoS 机制、灵活动态的控制面技术，具备 TDM/ATM over Packet 的业务接入、汇聚和传送能力及以太网的低成本和统计复用的特点，支持时钟同步、类似 SDH 的保护、以太网端到端的性能监控和管理维护。

PTN 独有的统一、开放的结构可以使网络迅速从电路向着分组传送演进，具体体现了以下几个关键技术。

1. 通用分组交叉技术

为了使分组传送网能够适应未来融合业务的新需求，通用交换技术迅速发展起来。通用交换结构用到了一种被称为"量子交换"的理论，业务流被分割成"信息量子"，借助成熟的 ASIC 技术并基于特定网络的实现技术，信息量子可以从一个源实体被交换到另一个或多个目的实体。也就是说，该技术实现了一种完全灵活的支持 SONET/SDH 等 TDM 业务流，同时也支持 100% 运营级以太网等分组业务流的交换平台。该技术能使传送设备实现各种类型的交换功能，从真正的交叉连接到各种 QoS 级别的统计复用，从尽力而为到可保证的服务。更重要的是，它彻底解决了传统 MSTP 设备数据吞吐量不足，纯以太网交换设备不能有效地传送高 QoS 业务的缺陷。通过一个统一的传送平台来简化网络，避免了复杂的网络结构和使用不同的网络平台，使规划和应用都很简单。

分组传送网的通用交换平台，如图 6.3.1 所示。它将业务处理和业务交换相互分离，将与技术相关的各种业务处理功能放置在不同的线卡上，而与技术无关的业务交换功能位于通用交换板上。采用通用交换板的概念，运营商可以根据不同业务需求灵活配置不同业务的容量，如仅通过更换不同的线卡就可实现。

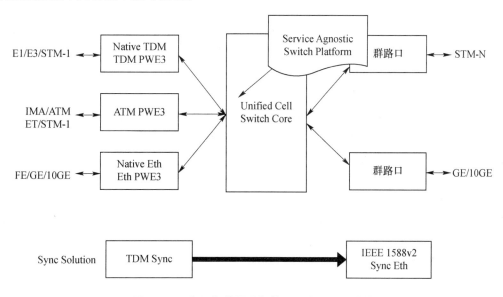

图 6.3.1　分组传送网设备的通用交叉原理结构

全业务交换传送平台能够满足所有传送需求，融合了数据、电路和光层传送功能于一体，完全的业务扩展能力，符合网络转型的趋势。而且平台独特的通用交换矩阵支持混合业务交换，这样一来，不同的业务处理功能由相关的业务线卡完成和相关技术的演进保持同步。在管理上,采用统一的交换层面管理,支持不同技术信号的交换(数据/TDM/波长),可以逐步向GMPLS网络演进,也能够与现有的传送网络互联互通。

基于通用交换矩阵的典型产品是阿尔卡特朗讯公司推出的 1850 传送业务交换机(TSS)。通用交换板可以同时支持 TDM 和分组交换,支持 SDH VC、分组交叉、ODU 交叉,其分组交换部分采用 T-MPLS/MPLS-TP 技术实现,并根据业务需求调整 TDM 业务与分组业务的比例。业务供应商将无须再争论哪种传送技术最适于传送现有的和将来的业务,借助 PTN设备,一切问题都将迎刃而解。

2. 可扩展性技术

目前主流的 2 层协议例如以太网协议的可扩展性存在问题,主要表现在以下 4 个方面:VLAN 的标签空间太小,只能有 4 096 个 VLANID;生成树过大;MAC 地址表巨大(运营商网络有几万个到几十万个主机);安全问题。从数量上来看,运营商网络有几十万个虚连接,带宽在 10 Gb/s 以上。802.1ad 标准通过定义 Stack VLAN 解决了虚拟 VLAN 的标签空间太小的问题。

但是上述生成树过大和 MAC 地址表巨大的问题依然存在。解决这些问题显然需要将运营商网络同用户的网络隔离,同时网络使用层次化结构是解决可扩展性和安全问题所熟知的方法。

分组传送网通过分层和分域来提供可扩展性,通过分层提供不同层次信号的灵活变换和传送,同时其可以架构在不同的传送技术上,比如 SDH、OTN 或者以太网上。这种分层的模型摒弃了传统面向传输的网络概念,适于以业务为中心的现代网络概念。分层模型不仅使分组传送网成为独立于业务和应用的、灵活可靠的、低成本的传送平台,还可以适应各式各样的业务和应用需求,而且有利于传送网本身逐渐演进为赢利的业务网。

网络分层后,每一层网络依然比较复杂,地理上可能覆盖很大的范围,在分层的基础上,可以将分组传送网划分为若干个分离的部分,即分域(分割)。一个全世界范围的分组传送网络可以划分成多个小的分组传送网络的子网。整个网络中又可以按照运营商来分域(分割),大的域可能又有多个小的子域构成。

3. 运营管理维护 OAM 技术

分组传送网的思路是建立面向分组的多层管道,将面向无连接的数据网改造成面向连接的网络。该管道可以通过网络管理系统或智能的控制面建立,该分组的传送通道具有良好的操作维护性和保护恢复功能。

PTN 网络的 PTC、PTP 和 PTS 层每层都提供信号的操作维护功能,在相应的层加上OAM 帧进行操作维护。

PTN 定义特殊的 OAM 帧来完成 OAM 功能,这些功能包括与故障相关的和与性能相关的,以及其他一些诸如保护方面的功能。

运营管理维护(OAM)特性应该具有业务管理特性,如提供快速业务生成,运营级的OAM 能力以及保护能力等。

快速业务生成隐含着具有业务(业务产品)的再工程设计能力。由于业务的不确定性,运营者必须快速反应,调整业务或有限地扩展业务。这将增加系统的业务的再工程设计能力,可以平滑过渡到新的运营形式,从而降低再投入成本。

运营级的 OAM 能力通常需要系统管理业务具有端到端业务服务等级协议(SLA),例如端到端的 CIR 和 EIR,以及采取连接故障管理等措施。

　　保护特性的典型要求是 50 ms 的保护倒换时间,端到端的通道保护以及群路线路保护和节点保护。

　　PTN 应该提供基于硬件处理的 OAM 功能、性能和告警管理;提供类似 SDH 的告警实现机制,如 LOS、RDI、AIS、Eth - SD 等;提供传送层端到端的性能监视,基于流/VLAN/端口等的帧丢失率/帧延时/帧延时抖动等性能;应该能够提供多层 OAM 功能,例如以太网、MPLS(PW/LSP)等。

4. 多种业务承载和接入技术

　　当城域网演进到全 IP 的统一分组传送时,如果要提供少量的 TDM 业务,就必须发展电路仿真技术,即 CESOP。其基本思想就是在分组交换网络上搭建一个"通道",在其中实现TDM 电路(如 E1 或 T1),从而使网络任一端的 TDM 设备不必关心其所连接的网络是否是一个 TDM 网络。分组交换网络被用来仿真 TDM 电路的行为,故称为"电路仿真"。电路仿真要求在分组交换网络的两端都要有交互连接功能。在分组交换网络入口处,交互连接功能将TDM 数据转换成一系列分组,而在分组交换网络出口处则利用这一系列分组再重新生成TDM 电路。

　　PTN 最内层的电路层所承载的业务包括 ATM、FR、IP/MPLS、Ethernet 和 TDM,外层的通道层可以提供伪线和隧道等传送管道类业务,PTN 独立或者与 IP 网络相互配合均可以组成端到端的多业务伪线,使得 PTN 具备各种各样的业务接入能力。

　　TDM 首先封装到分组上,其可以封装到以太网(MEF3,MEF8),也可以封装到 MPLS(IETF SAToP、CESoPSN、ITU - T Y.1413),还可以封装到 IP 上(IETF TDMoIP)。

　　PTN 统一承载平台网络架构如图 6.3.2 所示,PTN 内嵌 Cable、Fiber、Microwave 等各种业界主流的接入技术,可以更加灵活地实现快速部署,适应环境能力更强,同时充分利用现有资源,保护已有投资。Cable 接口有 TDM E1/IMA E1/xDSL/G.SHDSL/FE/GE;Fiber 接口有 FE/GE/10GE/POS STM n/chSTM - n;微波接口有 Packet Microwave 功能。

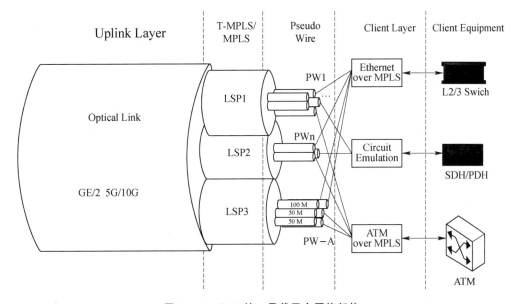

图 6.3.2　PTN 统一承载平台网络架构

　　PTN 使用 PWE3 提供 TDM、ATM/IMA、ETH 的统一承载;通过统一的承载架构可实现 Capex 和 Opex 的节约;利用 TE 技术实现流量的规划和 QoS 保障;实现端到端 OAM 和保护。

　　Smart E1 解决方案极大地降低了用户的投资。通道化的 STM - 1 支持 CES/IMA/ML - PPP 多种协议灵活可配;灵活的 E1 业务,支持 CES/IMA/ML - PPP 多种协议灵活可配;单块单板支持各种协议业务,根据端口灵活可配。

　　PTN 对 E1 业务的 PWE3 协议处理(TDM、ATM、ML - PPP)软件灵活可配置;TDM 可实现 64 kb/s 空闲时隙的压缩;ATM/IMA 接口提供 VPI/VCI 交换和空闲 ATM 信元去除。

　　PTN 可以具有完善的 ATM 业务处理能力,ATM 到 PSN 方向支持基于连接的 Policing、ATM 交换、OAM 处理;而在由 PSN 到 ATM 方向支持基于连接的 Policing、ATM 交换、OAM 处理、拥塞控制、连接调度、Shaping 功能,支持对空闲 ATM 信元的压缩。

5. 丰富完备的生存性技术

　　为了实现业务应用的正常运营和高质量提供,任何一种基础传送组网方案都应提供接口级、板卡级、设备级、网络级等各个层面的冗余保护机制。PTN 技术就具有完备的生存性策略。

　　保护倒换是一种完全分配的生存性机制,完全分配的意思是对于选定的工作实体预留了保护实体的路由和带宽,它提供一种快速而且简单的生存性机制。如图 6.3.3 所示,分组传送网可以利用传送平面的 OAM 机制,不需要控制面的参与,提供小于 50 ms 的保护,主要包括以下几方面的内容。

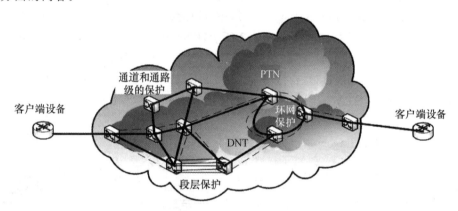

图 6.3.3　PTN 的多层次的生存性技术

　　(1) 线性保护倒换

　　线性保护倒换(1+1,1:1):支持单向、双向、返回、非返回等。

　　在 1+1 结构(首端是永久桥接的,倒换主要发生在末端)中,对于每个工作传送实体,保护传送实体是专用的,通常情况下业务通过被保护域的宿端的永久桥接被复制并输入到工作和保护传送实体中,工作和保护传送实体中的业务同时传输到被保护域的宿端,在宿端根据一些预定的原则(例如缺陷指示)选择工作或保护传送实体。尽管 1+1 结构在被保护域的宿端进行选择,双向 1+1 保护倒换需要 APS 协调协议,以便两个方向的选择器能够选择同一个实体,但是单向 1+1 保护倒换不需要 APS 协调协议。

　　在 1:1 结构中,保护传送实体对于工作传送实体是专用的,然而,正常业务通过被保护域的源端选择器桥接进行选择,要么在工作传送实体中传输,要么在保护传送实体中传输。被保护域宿端的选择器选择承载正常业务的实体,由于源端和宿端需要协商来确认源端和宿端的选择器选择了同一个实体,因此也需要 APS 协调协议。

（2）环网保护

环网保护支持 Steering 和 Wrapping 机制。

环网保护,能够节省光纤资源,并且满足传送网严格的保护时间要求,在 50 ms 以内完成保护倒换动作。

环网保护环类似 SDH 复用段共享保护环,在环上同时建立保护和工作路径,环网保护分为环回(Wrapping)和转向(Steering),类似于 SDH 共享保护环标准。

对于 Wrapping 的情况,当网络上节点检测到网络失效时,故障侧相邻节点通过 APS 协议向相邻节点发出倒换请求。当某个节点检测到失效或接收到倒换请求时,转发至失效节点的普通业务将被倒换至另一个方向(远离失效节点)。当网络失效或 APS 协议请求消失时,业务将返回至原来路径。

对于 Steering 的情况,当网络上节点检测到网络失效时,通过 APS 协议向环上所有节点发送倒换请求。点到点连接的每个源节点执行倒换,所有受到网络失效影响的连接从工作方向倒换到保护方向。当网络失效或 APS 协议请求消失后,所有受影响的业务恢复至原来路径。

对于 Wrapping+Steering 的情况,故障的上游节点 Wrapping 选择备用路径。

也可以在控制面的参与下实现恢复的生存性机制,使用网络的空闲容量重新选路来替代出现故障的连接。

（3）动态重路由

动态重路由是在故障发生前,恢复路径不事先建立。一旦故障发生,就利用信令实时地建立恢复路径。如果当前的工作路径再出现故障,则又会再次进行重路由。恢复路径的计算依赖于故障信息、网络路由策略和网络拓扑信息等。

（4）预置重路由

预置重路由的特征是在故障发生前,为工作路径预先计算出一个端到端恢复路径,并预先交换信令来预留资源。对于源节点和宿节点,同时建立工作路径和恢复路径,但此时恢复路径并未被完全启用,不能承载业务,在故障发生后需要激活这个恢复路径以承载受影响业务。

6. 服务质量 QoS 技术

对电信网而言,提供可靠的服务质量必不可少。但是对于不同的业务流,其要求的服务质量是不同的。差分服务(Diffserv)机制实现业务区别对待,基本思想是将用户的数据流按照服务质量要求来划分等级,任何用户的数据流都可以自由进入网络,当网络出现拥塞时,级别高的数据流在排队和占用资源时比级别低的数据流有更高的优先权。在 PTN 中考虑 QoS 要针对整个网络来进行,实现端到端的 QoS。传统的 Diffserv QoS 策略是网络中的每个节点都根据业务的 QoS 信息进行调度处理,缺乏资源预留、超出带宽要求即丢弃报文。端到端的 QoS 机制是在网络中根据业务流预先分配合理带宽,在网络的转发节点上根据隧道的优先级进行调度处理。

流量分类(Classfication):入口流量分类功能对流量进行分类,分类的依据可以是端口、802.IP、802.IQ、IP ToS、IP 源和目的地址等及它们的组合。

流量策略(Policing):策略一般位于流分类功能块后,负责对分类后的入口业务流进行测试(Metering)和等级标注(Marking),其中入口业务流测试是指对入口业务流的带宽和突发进行测试。

目前数据设备常用的入口策略算法有两类:单速率令牌漏桶算法和双速率令牌漏桶算法。

7. 频率和时间同步技术

分组传送网中以承载无同步要求的分组业务为主,但现实中依然存在大量的 TDM 业务。在分组传送网中需保证 TDM 业务的同步特性,同时很多应用场合需要传送网提供同步功能,典型情况为移动技术中严格的同步要求,因此 PTN 需要考虑时钟和时间同步的需求。

PTN 网络在其支持的 TDM over Ethernet 业务时,在网络出口必须提供 TDM 码流定时信息的重建机制。为了解决这一难题,业界提出了 ToP(Time over Packet)、CES、自适应和差分时钟恢复、同步以太网、PTP(Precision Time Protocol)等分组网络上的时钟处理技术,如图 6.3.4 所示。

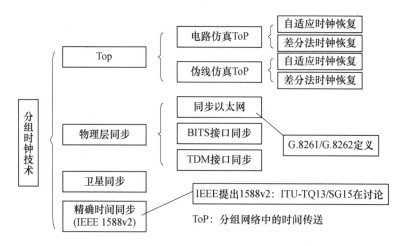

图 6.3.4 分组网的同步技术分类

分组同步现在存在两种思路,一种是基于现有传送网技术的分组网的同步;另一种是全分组化网络的同步。而建立同步的分组网的定时分配方式也有两种:一种是基于物理层的定时分配;另一种是基于分组包的定时分配。

如果使用 PTN 这种非 GPS 的时间同步技术为无线网络 TD - SCDMA 系统提供所需要的高精度同步要求,则可以大大减少 TD 基站对 GPS 的依赖,提高网络的安全可靠性;如果能够通过 PTN 提供的地面链路传递高精度时间信息,那么将大大降低基站对卫星的依赖程度和因反馈系统安装带来的巨大的安装和施工成本。

6.4 PTN 的技术特点及应用

6.4.1 PTN 的技术特点

PTN 是面向分组的、支持传送平台基础特性的下一代传送平台,其最重要的两个特性是

Packet 和 Transport,即分组和传送。PTN 以 IP 为内核,通过以太网为外部表现形式的业务层和 WDM 等光传输媒质(L1 或以太网物理层)设置一个层面,为 L3/L2 乃至 L1 用户提供以太帧、MPLS(IP)、ATM VP 和 VC、PDH、FR 等符合 IP 流量特征的各类业务。

分组传送网(PTN)保留了传统 SDH 传送网的一些基本特征,如下:

① 通过分层和分域提供了良好的网络可扩展性;

② 快速的故障定位、故障管理和性能管理等丰富的操作管理维护(OAM)能力;

③ 可靠的网络生存性,即支持快速的保护倒换;

④ 不仅可以利用网络管理系统配置业务,还可以通过智能控制面灵活地提供业务。

为了适应分组业务的传送,PTN 在传送网中引入了以下一些分组的基本特征:

① 分组业务的突发性要求支持高效的统计复用,因此 PTN 必须支持基于分组的统计复用功能;

② 分组业务的 QoS 更加丰富,因此分组传送网必须提供面向分组业务的 QoS 机制,同时利用面向连接的网络提供可靠的 QoS 保障;

③ 支持运营级以太网业务,通过电路仿真机制支持 TDM、ATM 等传统业务;

④ 通过分组网络的同步技术提供频率同步和时间同步。

PTN 成为 IP 化基站回传和多业务高质量承载的一个具备领先优势的解决方案,主要原因是 PTN 具有以下技术优势。

① PWE3/CES:PTN 采用 PWE3/CES 技术为各种业务包括 TDM/ATM/Ethernet/IP,提供端到端的、专线级别的传输管道。与基于数据通信方案的区别在于,在 PTN 中即使数据业务也要通过伪线仿真以确保连接的可靠性,而不是完全交给业务层由动态路由来实现。前面已经分析,业务 IP 在 RAN 层并不可见,因此这样做将更加高效。

② 完善的 QoS 机制:PTN 支持分级的 QoS、CoS、Diffserv、RFC2697/2698 等特性,满足移动网中不同业务的差异化需求,从而能够以最优的方式利用传输资源。

③ 强大的 OAM:基于传送的方案可以很好地继承传统传送网的维护习惯,使得维护人员可以轻易地进行操作。除了基于 SDH 的维护方式外,也支持基于 MPLS 和 Ethernet 的丰富的 OAM 机制,如 Y1710/Y1711、以太性能监控等。另外还支持 GMPLS/ASON 控制平面技术,使得传送网的运行高效且透明,并得到运营级的业务保护和故障恢复。

④ 时钟同步:PTN 方案继承了 SDH 优异的时钟传输特性,不仅能够满足频率同步的需求,而且能根据相关协议的成熟情况支持时钟同步,从而可节省对 GPS 的大量开支。

⑤ 基于分组的统计复用:MAC 层的统计复用能够获得相同的效益,但成本却远低于 IP 层。因此 PTN 这一技术在确保多业务特性、网络可扩展性的同时,能够为移动运营商带来费用的节省。总之,PTN 作为具有分组和传送双重属性的综合传送网技术,不仅能够实现分组交换、高可靠性、多业务、高 QoS,还能够实现端到端的通道管理,端到端的 OAM(Operation Administration and Maintenance)操作维护,传输线路的保护倒换,网络平台的同步和定时,更为重要的是达到最低的每比特传送成本。

6.4.2　PTN 的应用

理想的分组送网络应该是一个适应业务融合与网络转型需要的网络技术,业务全 IP 化发展推动网络融合,对承载网络来说即需要使用统一的传送网来承载不同的应用,而建立这样的融合网络的关键在于有一种理想的传送平台。该平台应具有以下的特性:有效支持从电路交换网向分组交换网的过渡,特别是 IP 传送;集数据、电路和光层传送功能于一体;提供快速多业务交换功能;具有光的透明性,适应各种将来可能出现的协议和业务;具有拓扑灵活性,可快速扩展业务,符合网络转型的趋势;网络的链路容量和节点数可以不受限扩展;采用统一的交换层面管理,可实现与现有的传送网络互联互通;统一的操作管理和维护,提高网络可用性,实现快速故障定位。

分组传送网 PTN 既保持了传统传送网的优点:良好的可扩展性,丰富的操作维护,快速的保护倒换,面向连接的特性,利用电信网的网络管理系统或控制平面建立连接;同时还增加了适应分组业务统计复用的特性:采用面向连接的标签交换,分组的 QoS 机制,灵活动态的控制面。分组传送网 PTN 可作为分组业务的接入、汇聚和交换,应用在城域接入、汇聚,比如 DSLAM Backhauling,Wireless Backhauling 等。分组传送网 PTN 也可用在城域核心网和骨干网以代替核心路由器的分组转发功能,进行高效的二层分组业务的转发,同时增强网络的 OAM 和生存性。

2G 和 3G 网在移动网络中将长期共存,而且从未来数据业务流量发展趋势出发,利用分组传送网建设面向 3G 的城域传送网符合业务需求与流量演进模式,它不但满足 2G 和 3G 需要的高质量 TDM 传送,还可以逐步平滑地向运营级以太网业务汇聚和传送演进,实现移动业务传送平台从支持语音电路业务为主到支持数据分组业务为主的网络转型,而 PTN 就符合这种转型的需求。

目前较合适的 IP 化传送技术引入策略是 IP 网与传送网同步地发展并逐渐融合,传送层面将逐步完成向着 PTN 方向的升级和改造。在城域汇聚网可以率先采用支持完全分组能力的 PTN 传送节点,彻底打破传统传输网和二层数据网的界限,构建融合的统一网络,承载网络中现有业务和将来可能出现的各种新业务。所有业务都在同一平台上传送,从而形成最佳性能价格比的演进方案。

综上所述,PTN 技术与其他技术相比,以其简单、实用以及融合了多种技术优势等特点,受到了广泛关注。受到下一代宽带应用包括视频、语音、高速数据的三重播放等业务的推动,大部分运营商最终将从 MSTP 网络逐步迁移到 PTN。

PTN 设备在城域网中的应用主要是移动回传与前传,优质客户接入和大客户虚拟接入网。

移动网络也在经历从窄带向宽带、从电路向分组化演进的过程,继续维护 2G,重点发展 3G 网络,在世界上已是普遍的趋势。PTN 支持 2G 的 BTS 到 BSC 的 ATM 接口、TDM 接口、以太网接口,也支持 3G 的 NodeB 到 RNC 的以太接口、传统 TDM 接口、ATM 接口,对于向 LTE 的演进,考虑了合适的容量、物理接口的速率、时延丢包性能和 S1/X2 逻辑接口的支持方案,可以做到同一种设备对不同时代的移动网络的同时支持。移动网络本身对于高精度时钟的要求:要求频率同步做到低于 5×10^{-8},且同步绝对值小于 1 μs,甚至小于 500 ns,PTN 设备已经普遍支持 1588v2 和同步以太,对同步的支持是规范和跨厂家的。PTN 设备的容量高于 MSTP 同档次产品,满足无线宽带发展的要求。

对 PTN 设备组建的精品网络,移动回传在一定时期内也只会消耗数百兆容量,大量的带宽还可以为网络 QoS 要求比较高、可靠性高的优质行业客户提供接入和组建虚拟网。由于行业客户的专有网络也在向 IP 化转型,所以引入 PTN 组建虚拟网,可以高效承载,而且带宽配置更灵活,安全性和 TDM 组网一样高,管理便捷,维护手段更丰富。

PTN 的应用场景包括对已有网络和设备的利用。PTN 对传统接口的支持可以保持对原有业务提供不间断的服务,利用旧网络扩大新网络的覆盖区域,旧网络也可以利用 PTN 的特性进一步提高网络性能和降低成本增加收益。以 2M 业务为例,PTN 的 2M 依然可以可靠的带宽作为保证,但是在不用时即可以让给其他业务共享,因此实际的每秒兆比特的带宽成本可以降低很多。

PTN 的应用场景可以逐步扩大到普遍服务。对小企业来讲,以合适的价格享受专线/专网服务,享受高带宽和高可靠性,不一定只用拨号服务。对一般个人用户,除非大容量的要求,运营商一般不会直接提供 PTN 服务,更多的可能是 PTN 和接入技术的结合,由 PON、xDSL 等提供家庭多业务接入,然后传到 PTN。

在现有网络结构的基础上,城域传输网 PTN 设备的引入总体上可分为 PTN 与 SDH/MSTP 独立组网、PTN 与 SDH/MSTP 混合组网以及 PTN 与 IP over WDM/OTN 联合组网 3 种模式。在混合组网模式中,根据 IP 分组业务的需求和发展,PTN 设备的引入又可以分为 4 个演进阶段,下面分别进行介绍。

1. 混合组网模式

依托原有的 MSTP 网络,从有业务需求的接入点发起,由 SDH 和 PTN 混合组网逐步向全 PTN 组网演进的模式称为混合组网模式。混合组网模式分为 4 个不同的阶段。

阶段一:在基站 IP 化和全业务启动的初期,接入层出现零星的 IP 业务接入需求,PTN 设备的引入主要集中在接入层,与既有的 SDH 设备混合组建 SDH 环,提供 E1、FE 等业务的接入,考虑到接入 IP 业务需求量不大,该阶段汇聚层以上采用 MSTP 组网方式仍然可以满足需求。

阶段二:随着基站 IP 化的深入和全业务的深入推进,在业务发达的局部地区将形成由 PTN 单独构建的 GE 环。考虑到部分汇聚点下挂 GE 接入环的需求,汇聚层的相关节点可通过 MSTP 直接替换成 PTN 或者 MSTP 逐渐升级为 PTN 设备的方式,使此类节点具备 GE 环的接入能力,但整个汇聚层仍然为 MSTP 组网,接入层 GE 环的 FE 业务需要在汇聚节点处通过业务终结板转换为 E1 模式后,再通过汇聚层传输。

阶段三:在 IP 业务的爆发期,接入层 GE 环数量剧增,对汇聚层的分组传送能力提出了更高要求。该阶段汇聚层部分节点在 MSTP 环路的基础上,再叠加组建 GE/10GE 环,在满足接入层 TDM 业务、IP 业务的同时接入和分离承载。

阶段四:在网络发展远期,全网实现 ALLIP 化后,城域汇聚层和接入层形成全 PTN 设备构建的分组传送网,网络投入产出比大大提高,管理维护进一步简化。

前三个阶段,业务配置类似于 SDH/MSTP 网络端到端的 1+1 PP 方式,只是演进到第四阶段纯 PTN 组网,业务的配置转变为端到端的 1:1 LSP 方式。总体上,混合组网有利于 SDH/MSTP 网络向全 PTN 的平滑演进,容许不同阶段、不同设备、不同类型的环路的共存,投资分步进行,风险较小,但在网络演进初期,混合组网模式中由于PTN设备必须兼顾SDH功能,导致网络面向IP业务的传送能力被限制并弱化了,无法发挥PTN内核IP化的优势。在网络发展后期,又涉及大量的业务割接,网络维护的压力非常大。鉴于此,除了现网资源缺乏(如机房机位紧张,电源容量受限,光缆路由不具备条件)确实无法满足单独组建PTN条件的,或者因为投资所限必须分步实施PTN建设的,均不推荐混合组网模式进行PTN的建设。

2. 独立组网模式

从接入层到核心层全部采用PTN设备,新建分组传送平面,和现网(MSTP)长期共存、单独规划、共同维护的模式称为独立组网模式。该模式下,传统的2G业务继续利用原有MSTP平面,新增的IP化业务(包含IP语音、IP化数据业务)则承载在PTN中。PTN独立组网模式的网络结构和目前的2G MSTP组网相似,接入层GE速率组环,汇聚环以上均为10GE速率组环,网络各层面间以相交环的形式进行组网。

独立组网模式的网络结构非常清晰,易于管理和维护,但新建独立的PTN一次性投资较大,需占用节点机房宝贵的机位资源和光缆纤芯,电源容量不足的机房还需要进行电源的改造。此外,SDH/MSTP设备具备155 Mb/s、622 Mb/s、2/5Gb/s、10 Gb/s的多级线路侧组网速率,可从下至上组建多级网络结构。相比之下,PTN组网速率目前只有GE和10GE两级,如果采用PTN建设二级以上的多层网络结构,势必会引发其中一层环路带宽资源消耗过快或者大量闲置的问题,导致上下层网络速率的不匹配。

同时,在独立组网模式中,骨干层节点与核心层节点采用10GE环路互联,在大型城域网中,核心层RNC节点较多,一方面骨干层节点与所有RNC节点相连,环路节点过多,利用率下降;另一方面,环路上任一节点业务量增加需要扩容时,必然导致环路整体扩容,网络扩容成本较高。因此,独立组网模式一是比较适用于在核心节点数量较少的小型城域网内组建二级PTN,二是作为在IP over WDM/OTN没有建设且短期内无法覆盖到位的过渡组网方案。

3. 联合组网模式

汇聚层以下采用PTN组网,核心骨干层则充分利用IP over WDM/OTN将上联业务调度至PTN所属业务落地机房的模式称为联合组网。该模式下,业务在汇聚接入层完成收敛后,上联至核心机房设置两端大容量的交叉落地设备,并通过GE光口1+1的Trunk保护方式与RNC相连,其中,骨干节点PTN设备通过GE光口仅与所属RNC节点的PTN设备发生关系。

尽管独立组网模式中核心骨干层组建的PTN 10GE环路业务也可以通过波分平台承载,但波分平台只作为链路的承载手段,而联合组网模式中,IP over WDM/OTN不仅仅是一种承载手段,而且通过IP over WDM/OTN对骨干节点上联的GE业务与所属交叉落地设备之间进行调度,其上联GE通道的数量可以根据该PTN中实际接入的业务数量按需配置,节省了网络投资。同时,由于骨干层PTN设备仅与所属RNC机房相连,因此联合组网模式非常适于有多个RNC机房的大型城域网,极大地简化了骨干节点与核心节点之间的网络组建,从而避免了在PTN独立组网模式中,因某节点业务容量升级而引起的环路上所有节点设备必须升级的情况,节省了网络投资。

当然,联合组网分层的网络结构前期的投资会因为IP over WDM/OTN建设而比较高。

联合组网模式适用于网络规模较大的大型城域网,考虑到联合组网模式的诸多优势,除了在没有 IP over WDM/OTN 或者短期内 IP over WDM/OTN 无法覆盖至骨干汇聚点的地区,均建议采用联合组网的方式进行城域 PTN 的建设。

思考与练习题

1. PTN 的定义是什么?

2. PTN 的体系结构分为哪几层? 各有何作用?

3. PTN 的功能平面有哪些? 各有何作用?

4. PTN 的关键技术有哪些?

5. PTN 技术有何特点? 如何应用?

第 7 章 光传送网(OTN)

光传送网(OTN)是继 PDH、SDH 之后的新一代数字光传送技术体制,它能解决传统 WDM 网络无波长/子波长业务调度能力、组网能力弱,保护能力弱等问题。OTN 以多波长传送、大颗粒调度为基础,综合了 SDH 的优点及 WDM 的优点,可在光层及电层实现波长及子波长业务的交叉调度,并实现业务的接入、封装、映射、复用、级联、保护/恢复、管理及维护,形成一个以大颗粒宽带业务传送为特征的大容量传送网络。本章将介绍光传送网的基本概念、体系架构、保护与恢复、交叉连接技术以及可重构光分插复用器。

7.1 OTN 的基本概念

7.1.1 OTN 技术的背景

SDH 技术在相当长的一段时间内在电信网领域发挥了重要的作用,提供了 PDH、IP、Ethernet 等多种业务的传输功能,满足了小容量的通信需要,并具有强大的分层监控功能,提供了丰富的保护、管理功能。

随着 IP 承载所需的电路带宽和颗粒度的不断增大,原本针对语音等 TDM 业务传输所设计的 SDH 网络面临很大的挑战。第一,SDH 技术基于 TDM 的内核,与包长变化、流量突发的数据业务模型不匹配;第二,复杂的封装协议和映射导致效率不高,业务支配处理复杂;第三, IP 业务颗粒度越来越大,而 SDH 以 VC 调度为基础,在传送层面方面呈现出明显不足,不能满足未来骨干网节点的 Tb/s 以上的大容量业务调度。总之,在骨干层 SDH 设备对大颗粒 IP 业务承载效率低、可扩展性差,并且占用了大量的设备投资和机房面积,已经逐渐不能满足 IP 业务发展的需要。

同时,原有作为底层公共承载平台的 WDM 网络,实现了点对点、大容量、长距离传输功能,提高了带宽利用率、业务透明传输,能够为各种业务提供丰富的带宽资源,但是 WDM 系统采用客户信号直接映射进光通道的方式,使其目前仍然是以点到点的线性拓扑为主,没有真正实现光层灵活组网,监控功能和网络生存性较差,并缺乏有效的网络管理功能和灵活调度能力。

因此,在光层上直接承载数据业务已经成为大势所趋,于是结合 SDH 和 WDM 优点的光传送网技术——OTN 技术应运而生。

7.1.2 OTN 概念的特点

1998 年,ITU - T 正式提出了光传送网(Optical Transport Network,OTN)的概念。OTN 是由光通路接入点作为边界的光传送网络,由 OTN 设备和网管系统组成。OTN 组网考虑到客户特征信息、客户/服务器层关联、网络拓扑和分层网络功能,网络结构采用子网内全光透明,而在子网边界处采用 O/E/O 技术,目标是支持突发型大带宽业务的应用,以及数据和语音业务。OTN 是一种能在标准 OTN 接口上实现不同厂家设备互联互通的技术,通过引入电域子层,为客户信号提供在波长/子波长上进行传送、复用、交换、监控和保护恢复的功能。

OTN 是由 ITU-T G.872、G.798、G.709 等建议定义的一种全新的光传送网技术体制,它包括光层和电层的完整体系结构,对于各层网络都有相应的管理监控机制和网络生存性机制。OTN 的思想来源于 SDH/SONET 技术体制(例如映射、复用、交叉连接、嵌入式开销、保护、FEC 等),把 SDH/SONET 的可运营、可管理能力应用到 WDM 系统中,同时具备了 SDH/SONET 灵活可靠和 WDM 容量大的优势。在 OTN 的功能描述中,光信号是由波长(或中心波长)来表征的。光信号的处理可以基于单个波长,或基于一个波分复用组。OTN 在光域内可以实现业务信号的传递、复用、路由选择、监控,并保证其性能要求和生存性。OTN 可以支持多种上层业务或协议,如 SDH/SONET、ATM、Ethernet、IP、PDH、Fiber Channel、GFP、MPLS、OTN 虚级联、ODU 复用等,是未来网络演进的理想基础。

此外,OTN 扩展了新的能力和领域,例如提供大颗粒 2.5 Gb/s、10 Gb/s、40 Gb/s 等业务的透明传送,支持带外 FEC,支持对多层、多域网络的级联监视以及光层和电层的保护等。OTN 对客户信号的封装和处理也有着完整的层次关系,采用 OPU(光通道净荷单元)、ODU(光通道数据单元)、OTU(光通道传送单元)等信号模块对数据进行适配、封装,及其复用和映射。OTN 增加了电交叉模块,引入了波长/子波长交叉连接功能,为各类速率客户信号提供复用、调度功能。OTN 兼容传统的 SDH 组网和网管能力,在加入控制层面后可以实现基于 OTN 的 ASON(Automatically Switched Optical Network,自动交换光网络)。图 7.1.1 所示是 OTN 设备节点功能模型,包括电层领域内的业务映射、复用和交叉,光层领域内的传送和交叉。OTN 组网灵活,可以组成点到点、环形和网状的网拓扑结构。

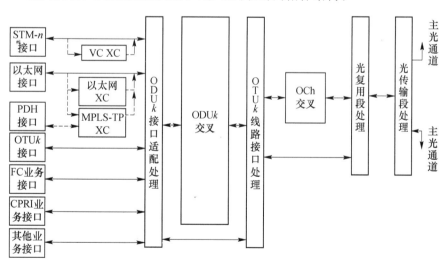

图 7.1.1　OTN 设备节点功能模型

因此,OTN 技术集传送、交换、组网、管理能力于一体。一方面,可以理解为 OTN 技术在现有的 SDH 传送网中通过加入光层,提供光交叉连接和分插复用功能,提供有关客户层信号的传送、复用、选路、管理、监控和生存性功能。另一方面,也可以理解为 OTN 技术由 WDM 技术演进而来,初期在 WDM 设备上增加 OTN 接口,并引入 ROADM(可重构光分插复用器),实现了波长级别调度,起到光配线架作用;后来,OTN 增加了电交叉模块,引入了波长/子波长交叉连接功能,为各类速率客户信号提供复用、调度功能。

自 1999 年起国际电信联盟标准化部门(ITU‐T)开始制定 OTN 相关标准,到目前各类OTN 产品不断推出,全球范围内越来越多的运营商开始构造基于 OTN 的新一代传送网络,系统制造商们也推出具有更多 OTN 功能的产品来支持下一代传送网络的构建。运营商和制造商越来越重视 OTN 技术,主要基于以下原因:一是在传送网骨干层通过实施节省中间的SDH 层面而降低网络建设、维护成本;二是数据业务的增长导致传统 VC‐12/VC‐4 颗粒已经不能满足大颗粒交叉连接的需要,须采用具有 ODUk 大颗粒交叉调度能力的 OTN 设备;三是 OTN 技术在提供与 WDM 同样充足带宽的前提下具备和 SDH 相似的组网能力,能够很好地解决光层的组网、管理和保护问题。

OTN 技术的特点和优势主要体现在于以下几个方面。

(1) 多种客户信号封装和透明传输

基于 ITU‐T G.709 的 OTN 帧结构可以支持多种客户信号的映射和透明传输,如 SDH、GE 和 10GE 等。目前对于 SDH 和 ATM 可实现标准封装和透明传送,但对于不同速率以太网的支持有所差异。

(2) 大颗粒的带宽复用、交叉和调度

OTN 目前定义的电层带宽颗粒为光通道数据单元(ODUk,k=1,2,3),即 ODU1(2.5 Gb/s)、ODU2(10 Gb/s)和 ODU3(40 Gb/s),光层的带宽颗粒为波长,相对于 SDH 的 VC‐12/VC‐4 的调度颗粒,OTN 复用、交叉和配置的颗粒明显要大很多,对高带宽数据客户业务的适配和传送效率显著提升。在 OTN 大容量交叉的基础上,通过引入 ASON 智能控制平面,可以提高光传送网的保护恢复能力,改善网络调度能力。

(3) 强大的开销和维护管理能力

OTN 提供了和 SDH 类似的开销管理能力,OTN 光通道(OCh)层的 OTN 帧结构大大增强了该层的数字监视能力。另外 OTN 还提供 6 层嵌套串联连接监视(TCM)功能,这样使得OTN 组网时,采取端到端和多个分段同时进行性能监视的方式成为可能。OTUk 层的段监测字节(SM)可以对电再生段进行性能和故障监测;ODUk 层的通道监测字节(PM)可以对端到端的波长通道进行性能和故障监测。

(4) 增强了组网和保护能力

通过 OTN 帧结构、ODUk 交叉和多维度可重构光分插复用器(ROADM)的引入,大大增强了光传送网的组网能力,改变了基于 SDH VC‐12/VC‐4 调度带宽和 WDM 点到点提供大容量传送带宽的现状。前向纠错(FEC)技术的采用,显著增加了光层传输的距离。另外,OTN 将提供更为灵活的基于电层和光层的业务保护功能,如基于 ODUk 层的光子网连接保护(SNCP)、共享环网保护、基于光层的光通道或复用段保护等,但目前共享环网技术尚未标准化。

(5) 强大的分组处理能力

随着 OTN 和 PTN 的应用与推广,在我国许多大中城市的城域核心层存在着 PTN 和现有 WDM/OTN 设备背靠背组网的应用场景,目的是既解决大容量传送以及实现分组业务的高效处理。从便于网络运营维护、减少传送设备种类和降低综合成本的角度出发,需要将OTN 和 PTN 的功能特性和设备形态进一步有机融合,从而催生了新一代光传送网的产品形态——分组光传送网(Packet OTN,POTN),目的是实现 L0 WDM/ROADM 光层、L1 SDH/OTN 层和 L2 分组传送层(包括以太网和 MPLS－TP)的功能集成和有机融合。POTN 将最先应用在城域核心和汇聚层,随着接入层容量需求的提升,逐步向接入层延伸。

7.1.3 OTN 标准的进展

OTN 技术作为大容量的光传送网技术,已经成为下一代传送网的核心技术。但是像所有的技术一样,从技术诞生到标准成熟,经历了较长时间的研究和讨论,其中中国的运营商在设备上为 OTN 技术和标准的成熟作出了突出贡献。ITU－T 从 1999 到现在已陆续出台了一系列标准化建议,G.871 和 G.872(见图 7.1.2)是关于 OTN 纲领性的建议,G.871 给出了 OTN的一系列标准化的总体结构和它们之间的相互关系;G.872 给出了 OTN 的总体结构,包括:OTN 的分层结构、特征信息、客户/服务者关系、网络拓扑和网络各层的功能等;其他建议分别规范了 OTN 的各个方面,这些建议涉及 OTN 的网络节点接口、物理层特性、抖动和漂移性能控制、设备功能块的特性、线性和环形保护、链路容量调整方案、网络管理、智能控制等诸多方面,为将 OTN 技术推向应用奠定了基础,也对 OTN 技术的发展起到了积极的促进作用。另外,ASON 系统的相关标准也适用于 OTN。

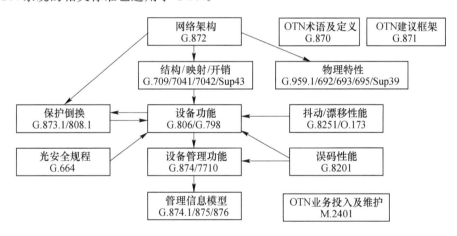

图 7.1.2 ITU－T 关于 OTN 的相关标准现状

国内对 OTN 的发展也颇为关注,中国通信标准化协会目前已完成了相关行业标准的书写(包括 OTN 基本原则、OTN 的 NMS 系统功能、OTN EMS－NMS 系统接口功能、EMS－NMS 通用接口信息模型、基于 IDL 的信息模型以及基于 XML 的信息模型技术),目前正在进行 ROADM 技术要求和 OTN 总体要求等 OTN 行业标准的编写。OTN 技术除了在标准上日臻完善之外,近几年在设备和测试仪表等方面也是进展迅速。从 2007 年开始,中国移动集团、中国电信集团和中国网通集团等已经或者正在开展 OTN 技术的研究与测试验证,部分地区已经实现了 OTN 的商用。同时国外运营商对传送网络的 OTN 接口的支持能力已提出明显需求。随着宽带数据业务的大力发展和 OTN 技术的日益成熟,采用 OTN 技术构建更为高效和可靠的传送网是通信传输技术发展的必然结果。

7.2 OTN 体系架构

7.2.1 OTN 分层及接口

1. OTN 分层结构

OTN 是在光域为客户信号提供传送复用、路由选择、监控和生存处理的功能实体。OTN 处理的最基本的对象是光波长,客户层业务以光波长形式在光网络上复用、传输、放大,在光域上分插复用和交叉连接,为客户信号提供有效和可靠的传输。OTN 的主要特点是引入了"光层"概念,定义成一种三层网络结构,根据 ITU-T 的 G.872 建议,OTN 从垂直方向划分为光通道层(OCh)、光复用段层(OMSn)和光传送段层(OTSn),两个相邻层之间构成客户/服务层关系,如图 7.2.1 所示。

数字客户信号层是业务层面,不是光网络的组成部分,但光传送网作为多协议业务的综合传送平台,应能支持多种客户层网络。光传送网络的主要客户类型包括 SDH/SONET、ATM、IP、Ethernet、OTN ODUk 等,它们可以归为面向连接和无连接两种业务类型。根据使用的适配方法,它们可以用电路交换式网络传输,也可以使用包交换式网络传输。

(1)光通道层

光通道层(Optical Channel Layer,OCh)为数字客户层信号提供端到端的透明光传输。

根据 G.709 的建议,OCh 层又可以进一步分为三个子层,分别是光通道的净荷单元(OPUk)、光通道的数据单元(ODUk)和光通道的传输单元(OTUk)。这种子层的划分方案既是多协议业务适配到光网络传输的需要,也是网络管理和维护的需要。

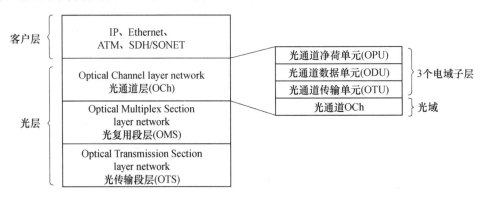

图 7.2.1 OTN 分层结构

光通道层上应实现的功能如下:

① 封装客户层信号,建立光通道。

② 处理光通道开销,为数字客户层信号提供端到端的透明光传输。

③ 提供用于光通道的连续性监视和连通性监视,以保证创建预期的光通道,并且监视创建光通道的工作状态和传输特性。

④ 在网络故障情况下,通过重新选路或者直接把工作业务切换到预定的保护路由来实现网络业务的保护/恢复。

一条从一个节点起源,穿过光传送网络而终结于另一个节点,由一个或若干个波长组成的连接通道称为光通道(lightpath)。如果该通道中间可以使用不同的波长来完成接续操作,则称为虚波长通道(VWP),否则称为波长通道(WP)。

(2) 光复用段层

光复用段层(Optical Multiplexing Section Layer,OMSn)为多波长信号提供网络连接功能,保证多波长光信号的完整传输。该层网络的功能如下:

① 光复用段层开销处理,保证多波长光复用段适配信息的完整性。

② 实施光复用段监控功能,解决复用段生存性问题。

③ 实现光复用段层的操作和管理。

(3) 光传输段层

光传输段层(Optical Transmission Section Layer,OTSn)为光复用段的信号在不同类型的光媒质(如 G.652、G.653、G.655 光纤等)上提供传输功能。光传输段开销 OTS 的特征信息包括两个独立的逻辑信息:OMS 层的适配信息和 OTS 路径终端专用的管理、维护。

OTS 层应具备的功能如下:

① 接收 OMS 层的适配信息,加入 OTS 路径终端开销,产生光监控信道,并把光监控信号与主信号复用在一起。路径终端功能以物理媒质上传输的信息为依据,保证光信号符合物理接口要求。

② 接收传输段层网络信息,重新调节信息以补偿在物理媒质传输过程中产生的信号劣化,从主光信号中抽取光监控信道,处理光监控信道中包含的 OTS 路径终端开销,并把适配信息输出。

③ 实现对光放大器或中继器的检测和控制。

④ 传输缺陷的检测和指示。

⑤ 传输质量的评估。

相比于 SDH 传送网对客户信息和网管信息的处理都是在电域进行的,OTN 传送网则可实现光域的相关处理。由于采用 WDM 技术在单个光纤中建立多个独立光信道,以传送话音为主的 SDH 只占一个波长,而 IP 等新业务可以添加到新的波长上,因此 OTN 传送网的使用不仅不影响现有的业务,而且使得在光传送网节点处进行以波长为单位的光交换变为可能,解决了点到点的 WDM 系统不能在光传送网节点处进行光交换的问题,实现了高效灵活的组网能力。

完整的 OTN 包含电域和光域功能:在电层,OTN 借鉴了 SDH 的映射、复用、交叉、嵌入式开销的概念;在光层,OTN 借鉴了传统 WDM 的技术体系并有所发展,OTN 的业务层次如图 7.2.2 所示。从客户业务适配到光通道层,信号的处理都是在电域内进行,在该域需要进行多业务适配、ODUk 的交叉调度、分级复用和疏导、管理监视、故障定位、保护倒换业务负荷的映射复用、OTN 开销的插入等的处理;从光通道层到光传输段,信号的处理在光域内进行,在该域需要进行业务信号的传送、复用、OCh 的交叉调度、路由选择及光监控通道(OOS/OSC)的加入等处理。

2. OTN 接口基本信号结构

ITU-T G.872 规范的光传送网定义了两种接口:域间接口(IrDI)和域内接口(IaDI)。OTN IrDI 接口在每个接口终端应具有 3R 再生功能。

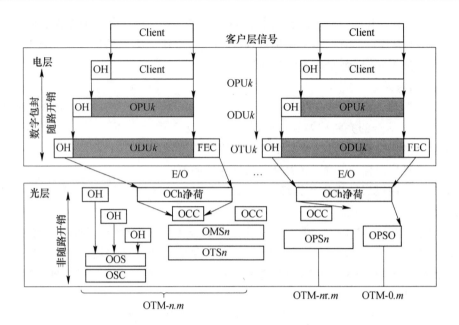

图 7.2.2　OTN 的业务层次图

光传送模块 n(OTM$-n$)是支持 OTN 接口的信息结构。OTM$-n$ 的两种结构定义如下：①全功能的 OTM 接口(OTM$-n.m$)；②简化功能的 OTM 接口(OTM$-nr.m$、OTM$-0.m$、OTM$-0.mvn$)。简化功能的 OTM 接口在每个接口终端应具有 3R 处理功能，以支持 OTN IrDI 接口。

OTN 接口基本信号结构如图 7.2.3 所示。

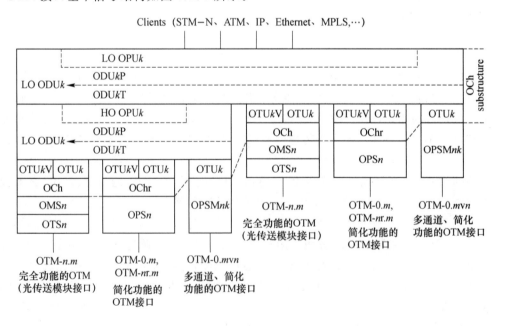

图 7.2.3　OTN 接口基本信号结构

（1）OCh 结构

ITU-T G.872 规范的光通道层结构需要进一步分层以支持 ITU-T G.872 定义的网络管理和监控功能。

① 全功能(OCh)或简化功能(OChr)的光通道,在 OTN 的 3R 再生点之间应提供透明网络连接。

② 完全或功能标准化的光通道传送单元(OTUk/OTUkV),在 OTN 的 3R 再生点之间应为信号提供监控功能,使信号适应 3R 再生点进行直接的传送。

③ 光通道数据单元(ODUk)应当提供以下功能:

● 串联连接监视(ODUkT);

● 端到端通道监控(ODUkP);

● 经由光通道净荷单元(OPUk)适配用户信号;

● 经由光通道净荷单元适配 OTN ODUk 信号。

（2）全功能 OTM-n.m(n≥1)结构

OTM-n.m(n≥1)由以下各层组成:

● 光传送段(OTSn);

● 光复用段(OMSn);

● 全功能光通道(OCh);

● 完全或功能标准化的光通道传送单元(OTUk/OTUkV);

● 一个或多个光通道数据单元(ODUk)。

（3）简化功能 OTM-nr.m 或 OTM-0.m 结构

OTM-nr.m 和 OTM-0.m 由以下各层组成:

● 光物理段(OPSn);

● 简化功能光通道(OChr);

● 完全或功能标准化光通道传送单元(OTUk/OTUkV);

● 一个或多个光通道数据单元(ODUk)。

（4）并行 OTM-0.mvn 结构

OTM-0.mvn 由以下各层组成:

● 光物理段(OPSMnk);

● 完全标准化光通道传送单元(OTUk);

● 一个或多个光通道数据单元(ODUk)。

7.2.2　OTN 光传送模块

OTN 定义了两种 OTM 结构:全功能和简化功能。对于 IrDI 只定义了简化功能的 OTM 接口。

1. 简化功能的 OTM(OTM-nr.m,OTM-0.m,OTM-0.mvn)

OTM-n 支持单个光跨段的 n 个光通道,其中,该光跨段在 OTUk[V]的每一端上具有 3R 再生和终结功能。目前定义了 3 类简化功能的 OTM 接口:OTM-0.m、OTM-nr.m 和 OTM-0.mvn,该类接口不需要非随路的 OTN 开销,不支持 OSC/OOS。

（1）OTM － 0.m

OTM － 0.m 支持在单个光跨段内的非特定波长通道,在每一端进行 3R 再生。定义了 4 种 OTM － 0.m 接口信号,如图 7.2.4 所示,每种承载一个 OTUk[V]信号:① OTM － 0.1(承载 OTU1[V]);② OTM － 0.2(承载 OTU2[V]);③ OTM － 0.3(承载 OTU3[V]);④ OTM － 0.4 (承载 OTU4[V]),统称为 OTM － 0.m。图 7.2.4 显示了不同信息结构之间的关系,以及 OTM － 0.m 的映射方式。

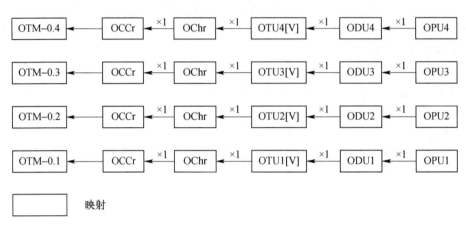

图 7.2.4　OTM － 0.m 结构

（2）OTM － $nr.m$

1）OTM － 16r.m

OTM － 16r.m 支持在单个光跨段内的 16 个光通道,在每一端进行 3R 再生。下面定义了几种 OTM － 16r 接口信号,统称为 OTM － 16r.m,举例如下:

① OTM － 16r.1,承载 $i(i{\leqslant}16)$OTU1[V]信号;

② OTM － 16r.2,承载 $j(j{\leqslant}16)$OTU2[V]信号;

③ OTM － 16r.3,承载 $k(k{\leqslant}16)$OTU3[V]信号;

④ OTM － 16r.4,承载 $l(l{\leqslant}16)$OTU4[V]信号;

⑤ OTM － 16r.1234,承载 $i(i{\leqslant}16)$OTU1[V],$j(j{\leqslant}16)$OTU2[V],$k(k{\leqslant}16)$OTU3[V],$l(l{\leqslant}16)$OTU4[V]信号,其中 $i+j+k+l{\leqslant}16$;

⑥ OTM － 16r.123,承载 $i(i{\leqslant}16)$OTU1[V],$j(j{\leqslant}16)$OTU2[V],$k(k{\leqslant}16)$OTU3[V]信号,其中 $i+j+k{\leqslant}16$;

⑦ OTM － 16r.12,承载 $i(i{\leqslant}16)$OTU1[V],$j(j{\leqslant}16)$OTU2[V]信号,其中 $i+j{\leqslant}16$;

⑧ OTM － 16r.23,承载 $j(j{\leqslant}16)$OTU2[V],$k(k{\leqslant}16)$OTU3[V]信号,其中 $j+k{\leqslant}16$;

⑨ OTM － 16r.34,承载 $k(k{\leqslant}16)$OTU3[V],$l(l{\leqslant}16)$OTU4[V]信号,其中 $k+l{\leqslant}16$。

OTM － 16r.m 信号是具有 16 个光通道载波(OCCr)的 OTM － $nr.m$ 信号,编号是从 OCCr♯0～OCCr♯15。OTM － 16r.m 信号结构中不需要 OSC 和 OOS。

在正常操作和传送 OTUk[V]期间,至少有一个 OCCr 启用。在 OCCr 启用时,不预先定义顺序。图 7.2.5 显示了几种定义的 OTM－16r. m 接口信号和 OTM－16r. m 复用结构示例。

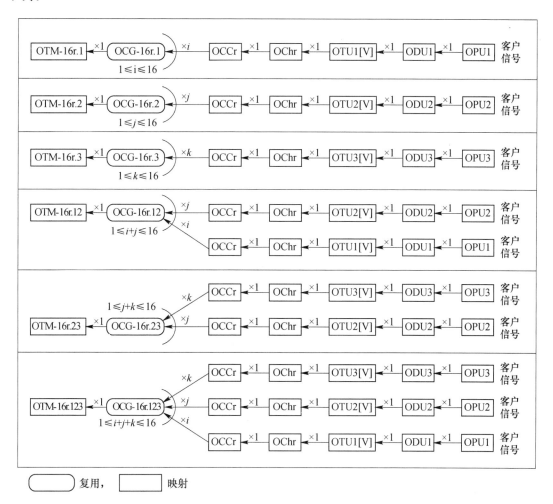

图 7.2.5　OTM－16r. m 复用结构示例

注: 未定义OTM-16r.m OPS开销。

在多波长接口位置 OTM－16r. m 使用 OTUk[V] SMOH 进行监控和管理。通过故障管理中故障关联的方法,OTM－16r. m 连接(TIM)的故障由单个 OTUk[V]的报告计算得到。

2) OTM－32r. m

OTM－32r. m 信号具有 32 个光通道载波(OCCr)的 OTM－nr. m 信号,编号从 OCCr♯0～OCCr♯31,支持在单个光跨段内的 32 个光通道,在每一端进行 3R 再生,其复用结构可参照图 7.5.2。目前已定义的几种 OTM－32r 接口信号包括 OTM－32r. 1、OTM－32r. 2、OTM－32r. 3、OTM－32r. 4、OTM－32r. 1234、OTM－32r. 123、OTM－32r. 12、OTM－16r. 23、OTM－16r. 34 等。

(3) OTM-0.mvn

OTM-0.mvn 支持在单个光跨段内的多个光通道,在每一端进行 3R 再生。目前定义了两种 OTM-0.mvn 的接口信号:OTM-0.3v4(承载一个 OTU3)和 OTM-0.4v4(承载一个 OTU4),每一个都承载 4 个通道的光信号,其中包含一个 OTUk 信号。

光通道由 OTLCx 来编号($x=0\sim n-1$),其中 x 代表了多通道应用场合下,与 G.959.1 或者 G.695 中应用代码对应的光通道数量。图 7.2.6 显示了 OTM-0.3v4 和 OTM-0.4v4 不同信息结构之间的关系。

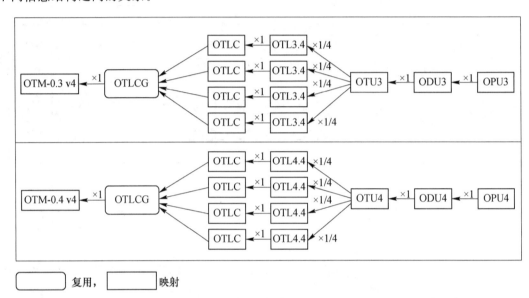

图 7.2.6 OTM-0.3v4 和 OTM-0.4v4 的结构

2. 全功能的 OTM(OTM-$n.m$)

OTM-$n.m$ 接口支持单个或多个光跨段内的 n 个光通道,接口不要求 3R 再生。下面定义了几种 OTM-n 接口信号:

① OTM-$n.1$,承载 $i(i\leqslant n)$OTU1[V]信号;

② OTM-$n.2$,承载 $j(j\leqslant n)$OTU2[V]信号;

③ OTM-$n.3$,承载 $k(k\leqslant n)$OTU3[V]信号;

④ OTM-$n.4$,承载 $l(l\leqslant n)$OTU4[V]信号;

⑤ OTM-$n.1234$,承载 $i(i\leqslant n)$OTU1[V],$j(j\leqslant n)$OTU2[V],$k(k\leqslant n)$OTU3[V],$l(l\leqslant n)$OTU4[V]信号,其中 $i+j+k+l\leqslant n$;

⑥ OTM-$n.123$,承载 $i(i\leqslant n)$OTU1[V],$j(j\leqslant n)$OTU2[V],$k(k\leqslant n)$OTU3[V]信号,其中 $i+j+k\leqslant n$;

⑦ OTM-$n.12$,承载 $i(i\leqslant n)$OTU1[V]和 $j(j\leqslant n)$OTU2[V]信号,其中 $i+j\leqslant n$;

⑧ OTM-$n.23$,承载 $j(j\leqslant n)$OTU2[V]和 $k(k\leqslant n)$OTU3[V]信号,其中 $j+k\leqslant n$;

⑨ OTM-$n.34$,承载 $k(k\leqslant n)$OTU3[V]和 $l(l\leqslant n)$OTU4[V]信号,其中 $k+l\leqslant n$。

OTM-$n.m$ 接口信号包含 n 个 OCC,其中有 m 个低速率信号和 1 个 OSC,如图 7.2.7 所示,也可能会是少于 m 个的高速率 OCC。

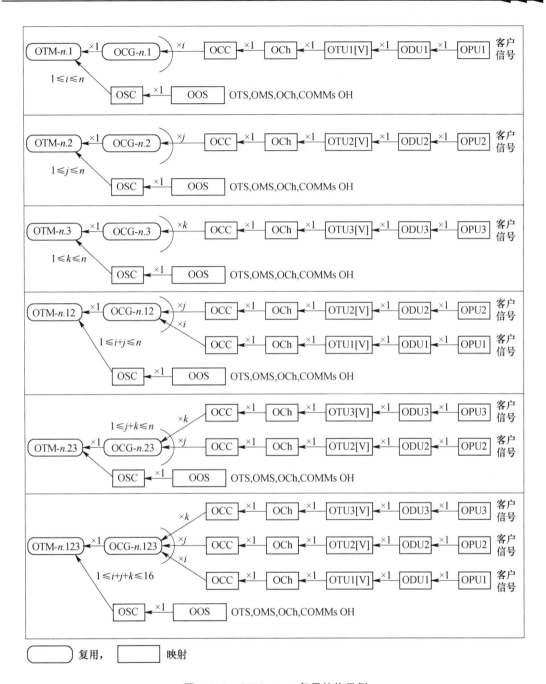

图 7.2.7　OTM-n.m 复用结构示例

7.2.3　OTN 帧结构和开销

1. 光通道净荷单元(OPUk)的帧结构及其开销

光通道净荷单元 OPUk($k = 0,1,2,2e,3,4,$ flex)的帧结构如图 7.2.8 所示,包括 4 行 3810 列,共 4×3810 字节,主要包括光通道净荷单元 OPUk 的开销和净荷。OPUk 的 15～16 列用来承载 OPUk 开销,17～3824 列用来承载 OPUk 净荷。OPUk 的列编号来自于其在 ODUk

帧中的位置。OPU*k* 的净荷用于承载客户业务，当客户业务速率与系统不同步或有相位差时需要进行码速调整以完成速率适配，为此，OPU*k* 的开销 JC 字节用于码速调整控制，NJO 字节为负码速调整机会字节，PJO 字节为正码速调整机会字节。JC 字节的前 6 位未用，用后 2 位表示是否有调整，例如：JC 后 2 位为 00 表示无调整，这时正码速调整机会字节 PJO 字节装载净荷数据；为 01 表示信号速率快，需负码速调整，该帧要多装信息，这时 NJO 和 PJO 字节均装载净荷数据；为 10 表示信号速率慢，需正码速调整，要少装信息等。JC 有 3 字节，接收端采用择多判决。PSI 是载荷结构标识，PT 是载荷类型标识，RES 字节为预留的待以后国际标准化开发使用。

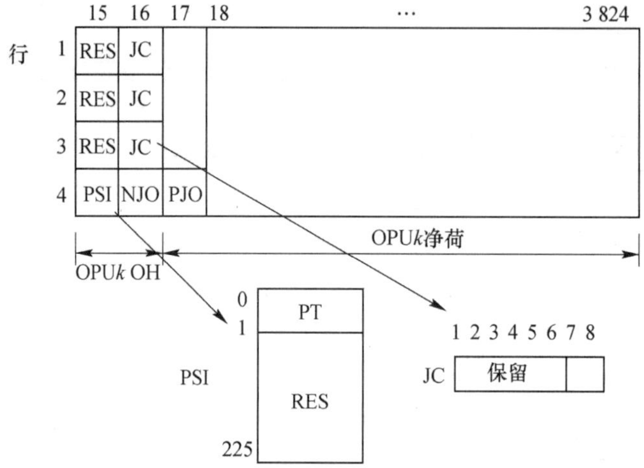

图 7.2.8　光通道净荷单元的帧结构

2. 光通道数据单元(ODU*k*)的帧结构及其开销

光通道数据单元 ODU*k*(k = 0,1,2,2e,3,4,flex)的帧结构如图 7.2.9 所示，包括 4 行 3 824列，主要包括光通道数据单元 ODU*k* 的开销、ODU*k* 净荷和 OPU*k* 的开销。块状帧结构中前 14 列，除第 1 行的第 1～7 列是与 OTU*k* 共享的帧定位字节、8～14 列用于承载 OTU*k* 的专用开销外，其他都用来传送光通道数据单元 ODU*k* 的开销。15～3 824 列用来承载 OPU*k*。

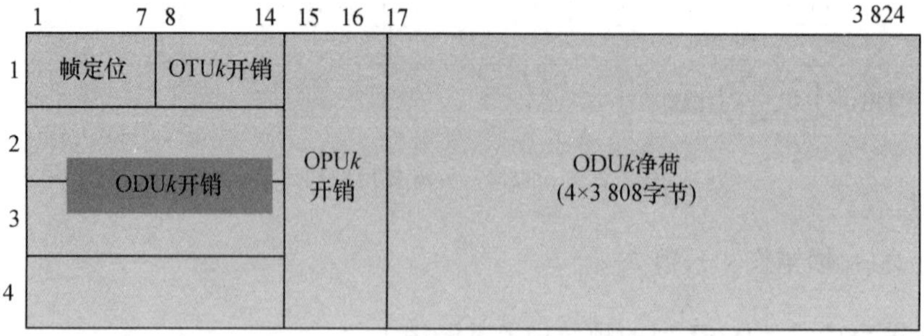

图 7.2.9　光通道数据单元的帧结构

光通道数据单元的开销如图 7.2.10 所示，帧定位信号是与光通道传送单元共享的，第 2～4行的第 1～14 列字节是 ODU*k* 的专用开销。这些开销如下：

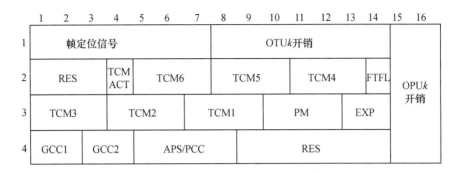

图 7.2.10 光通道数据单元的开销

① TCM1～TCM6 串联连接监视(Tandem Connection Monitoring),为了便于监测 OTN 信号跨越多个光学网络时的传输性能,ODUk 的开销提供了多达 6 级的串联连接监视 TCM1～6。TCM1～6 字节类似于 PM 开销字节,用来监测每一级的踪迹字节(TTI)、负荷误码(BIP-8)、远端误码指示(BEI)、反向缺陷指示(BDI)及判断当前信号是否是维护信号(ODUk-LCK,ODUk-OCI,ODUk-AIS)等。这 6 个串联连接监视功能可以堆叠或嵌套的方式实现,从而允许 ODUk 连接在跨越多个光学网络或管理域时实现任意段的监控。

② PM 通道监视(Path Monitoring),用来监测通道层的踪迹字节(TTI)、负荷误码(BIP-8)、远端误码指示(BEI)、反向缺陷指示(BDI)及判断当前信号是否是维护信号(ODUk-LCK、ODUk-OCI、ODUk-AIS)等。

③ TCM ACT 连接监视的激活和去激活开销。

④ APS/PCC 自动保护倒换和保护通信信道字节,可以动态地创建与去除通道的通用通信通道字节(GCC1 和 GCC2)。GCC1 和 GCC2 提供任何两个接收 ODUk 帧结构的网络单元之间的通信信道。

⑤ EXP 测试实验使用的开销字节。

⑥ FTFL 提供故障类型和故障定位信息。

⑦ RES 是为将来的标准提供的保留字节。

3. 光通道传送单元(OTUk)的帧结构及其开销

ODUk 信号向 OTUk 的同步映射如图 7.2.11 所示。光通道传送单元 OTUk(k = 1,2,3,4)是以 8 比特字节为基本单元的块状帧结构,由 4 行 4080 列字节数据组成,共 4×4080 字节,主要包括以下三个部分:OTUk 开销、OTUk 净荷和 OTUk 前向纠错(FEC)。图中第 1 行的第 1～14 列为 OTUk 开销,第 2～4 行中的第 1～14 列为 ODUk 开销,第 1～4 行的 15～3 824 列为 OTUk 净荷,第 1～4 行中的 3 825～4 080 列为 OTUk 前向纠错码。

OTUk 与 ODUk 相比,增加了 256 列 FEC 字节,另外第 1 行的第 1～8 列字节被 OTUk 用作 FAS 帧定位。OTUk 信号包括 RS(255,239)编码,如果 FEC 不使用,则填充全"0"码。当支持 FEC 功能与不支持 FEC 功能的设备互通时(在 FEC 区域全部填充"0"),FEC 功能的设备应具备关掉此功能的能力,即对 FEC 区域的字节不做处理。OTU4 必须支持 FEC。

注:G.709 第 4 版(2012 年 2 月通过)未对 OTUk 中的 k=0,k=2e,k=flex 的帧结构做相应的规范。

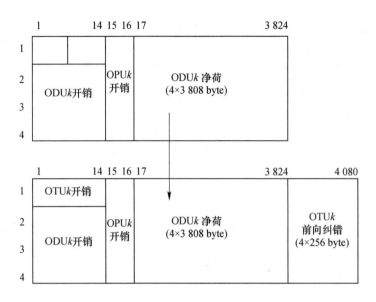

图 7.2.11　ODU*k* 向 OTU*k* 的帧同步映射

光通道传送单元的开销与光通道数据单元有部分是共享的,帧定位(FAS,MFAS)、帧及复帧定位开销字节,如图 7.2.12 所示,OTU*k* 的专用开销如下:

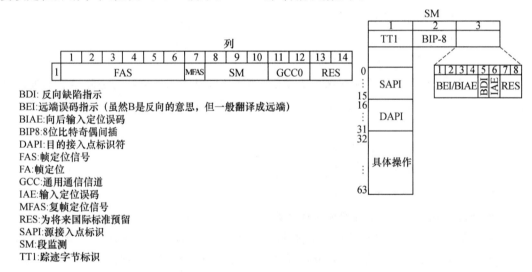

BDI: 反向缺陷指示
BEI:远端误码指示（虽然B是反向的意思,但一般翻译成远端）
BIAE:向后输入定位误码
BIP8:8位比特奇偶间插
DAPI:目的接入点标识符
FAS:帧定位信号
FA:帧定位
GCC:通用通信信道
IAE:输入定位误码
MFAS:复帧定位信号
RES:为将来国际标准预留
SAPI:源接入点标识
SM:段监测
TT1:踪迹字节标识

图 7.2.12　光通道传送单元(OTU*k*)的开销

① SM(段监测),OTU*k* 段监测,用来监测段层的踪迹字节(TTI)、误码(BIP-8)、远端误码指示(BEI)及反向缺陷指示(BDI)等。

② GCC0 通用通信通道。

③ RES 是为将来的标准提供的保留字节。

④ FEC 光通道传送单元的前向纠错码,采用 16 字节比特间插 RS(255,239)码,它是一种线性循环码,如果不使用 FEC,则填充全"0"。FEC 处理使线路速率增加了 7.14%,可纠正的突发误码为 8 字节,检测能力为 16 字节。在 OTU*k* 帧的 FEC 处理过程中,它将 OTU*k* 的每一行用比特间插的方法分割成 16 个 FEC 子行,每个 FEC 编码/解码器处理其中一个子行,

FEC奇偶校验针对每个子行的239字节信息位进行,16个校验位置于其后。

为了使具有FEC和不具有FEC的设备(在OTUk FEC中填充全"0")能够互连,具有FEC的设备有使FEC解码过程无效的功能,即忽略OTUk FEC的内容。

在纯粹的波分复用传送系统中,客户业务的封装及G.709 OTN开销插入一般都是在波长转换盘上(Optical Translation Unit)完成的,这些过程包含从Client层到OCh(r)层的处理。输入信号是以电接口或光接口接入的客户业务,输出是具有G.709 OTUk[V]帧格式的WDM波长。OTUk称为完全标准化的光通道传送单元,而OTUk[V]则是功能标准化的光通道传送单元。

需要指出的是,对于不同速率的G.709 OTUk信号,即OTU1、OTU2、OTU3和OTU4具有相同的帧尺寸,即都是$4\times4\,080$字节,但每帧的周期是不同的,这跟SDH的STM-N帧不同。SDH STM-N帧周期均为125 μs,不同速率的信号,其帧的大小是不同的。

7.2.4　OTN复用/映射结构

图7.2.13给出了不同信息结构元之间的关系,描述了OTM-n的复用结构和映射(包括波分复用和时分复用)。对于多域OTN,任何ODUk复用层的组合都能在给定的OTN NNI上呈现。

如图7.2.13(a)所示,客户信号(非OTN)映射到低阶OPU,定义为OPU(L)。OPU(L)信号映射到对应的低阶ODU,定义为ODU(L)。ODU(L)信号或者映射到对应的OTU[V]信号,或者映射到ODTU。ODTU信号复用到ODTU组(ODTUG)。ODTUG信号再映射到高阶OPU,定义为OPU(H)。OPU(H)信号映射到相应的高阶ODU,定义为ODU(H)。ODU(H)再被映射到相应的OTU[V]。

OPU(L)和OPU(H)具有相同的信息结构,但客户信号不同。ODU低阶和高阶的概念仅适用于单个域内的ODU。

如图7.2.13(b)所示,OTU[V]可以映射到光通道信号(OCh和OChr),或者映射到OTL$k.n$。OCh/OChr映射到光通道载波(OCC和OCCr)。OCC和OCCr信号复用到一个OCC组(OCG-$n.m$和OCG-$nr.m$)上。OCG-$n.m$映射到OMSn,OMSn信号再映射到OTSn。OTSn信号在OTM-$n.m$接口呈现。OCG-$nr.m$映射到OPSn,OPSn信号在OTM-$nr.m$接口呈现。单个OCCr信号映射到OPS0,OPS0信号在OTM-0.m接口呈现。OTLK.n信号映射到光传送通道载波,定义为OTLC。OTLC信号复用到OTLC组(OTLCG),OTLCG信号映射到OPSMnk。OPSMnk信号在OTM-0.mvn接口呈现。

1. 映　射

用户信号或光通道数据支路单元组(OTUGk)被映射到OPUk,OPUk被映射到ODUk,ODUk映射到OTUk[V],OTUk[V]映射到OCh[r],然后OCh[r]被调制到OCC[r]。OTUk也可以被映射到OTL$k.n$,然后OTL$k.n$被调制到OTLC。

2. 波分复用

通过波分复用最多将$n(n\geqslant1)$个OCC[r]复用到1个OCG-n[r].m上,OCG-n[r].m的OCG-[r]支路时隙可以是各种大小。

通过OTM-n[r].m传送OCG-n[r].m,在全功能OTM-$n.m$接口上,通过波分复用,光监控通道OSC被复用到OTM-$n.m$上。

n个OTLC通过波分复用汇聚为OTLCG,OTLCG通过OTM-0.mvn传送。

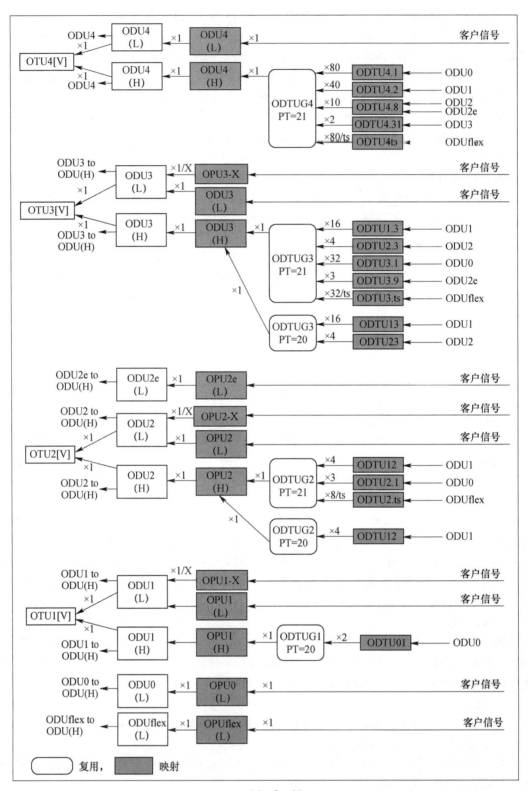

(a)　电　层

图 7.2.13　OTN 复用/映射结构

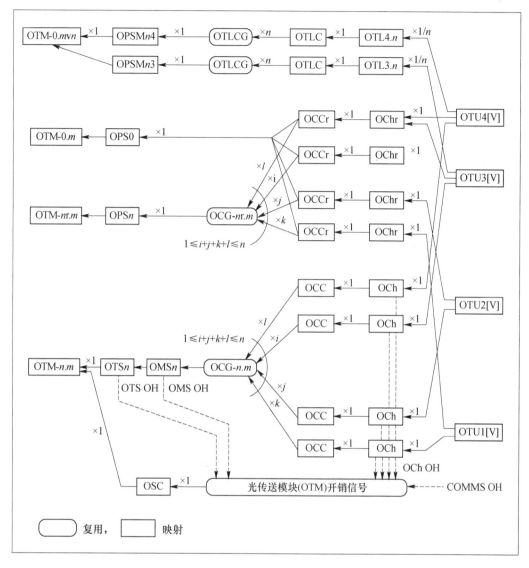

(b) 光　层

图 7.2.13　OTN 复用/映射结构(续)

7.3　OTN 保护与恢复

　　相比于 SDH 传送网,由于 OTN 所传送的业务种类更多、变化性更大,因此其网络的生存性(包含保护与恢复)尤为重要。OTN 继承了 WDM 的光层特点,同时增加了电层的交叉调度能力,对光层和电层的业务维护及保护均实现了相应的管理。目前 OTN 保护中一般采用两个级别的保护,设备级别的保护以及网络级别的保护。设备级别的保护主要发生在互为保护的设备之间,防止当单元盘出现故障时发生业务中断。网络级别的保护分为光层的保护和电层的保护。光层主要是基于光通道、光复用段和光线路的保护,主要包括:光通道 1+1 波长/

路由保护、光复用段 1＋1 保护、光线路 1:1保护等;电层主要是基于业务层面的保护,主要包括 OCh1＋1/$m:n$/Ring 保护、ODUk 1＋1/$m:n$/Ring 保护。根据网络拓扑形式,OTN 保护技术可以分为线性保护技术和环网保护技术;而恢复技术主要针对要求提高资源利用率的网状网应用。

7.3.1 线性保护技术

线路保护倒换分为 1＋1 和 1:N 保护两种。1＋1 单向倒换不需要 APS 和/或 PCC 通道。由于头端处于永久桥接,两端不需要对选择器的工作进行协调,因此末端选择器可以完全根据末端接收到的缺陷和命令来操作。双向倒换总是需要 APS 通道,1:N 单向倒换需要APS 通道来协调头端的桥接器和末端的选择器之间的操作。

1. OCh 1＋1 保护

OCh 1＋1 保护是采用并发选收的原理,对客户侧或者线路侧光通道进行保护,客户侧和线路侧的 OCh 1＋1 保护分别如图 7.3.1 和图 7.3.2 所示。

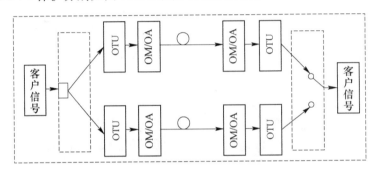

图 7.3.1　客户侧 OCh 1＋1 保护

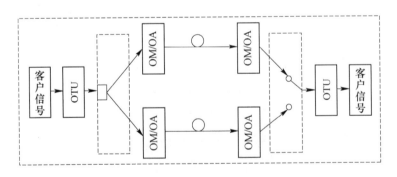

图 7.3.2　线路侧 OCh 1＋1 保护

OCh 1＋1 保护系统中,复用器/解复用器、线路光放大器、光缆线路等都需要有备份,如果是客户侧光通道进行保护,则业务接口也需要备份。业务信号在发送端被永久桥接在工作系统和保护系统中,在接收端监视从这两个线路通道收到的业务信号状态,并选择更合适的信号。

一般情况下,OCh 1＋1 保护工作于不可返回操作类型,但同时支持可返回操作,并且允许用户进行配置。OCh 1＋1 应支持单向倒换,可选支持双向倒换。这种保护方式不需要 APS协议,每一个通道的倒换与其他通道的倒换没有关系,倒换速度快(50 ms 以内),可靠性高。

2. OCh 1∶n 保护

OCh 1∶n 保护是指1个或者多个光通道共享1个保护通道资源,如图7.3.3所示。在正常工作的时候,保护波长不传输业务。当任意一个光通道出现故障时,在接收端会监视和判断接收到的信号状态,并执行来自保护段合适信号的桥接和选择。当超过1个工作通道处于故障状态时,OCh 1∶n 保护类型只能对其中优先级最高的工作通道进行保护。

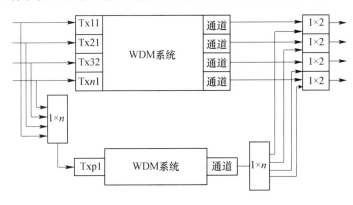

图 7.3.3 OCh 1∶n 保护

OCh 1∶n 保护支持可返回与不可返回两种操作类型,并允许用户进行配置;支持单向倒换与双向倒换,并允许用户进行配置,不管对于单向倒换还是双向倒换,OCh 1∶n 保护都需要在保护组内进行 APS 协议交换,一旦检测到启动倒换事件,保护倒换应在 50 ms 内完成。

3. 光复用段保护 OMSP

OMSP 是在光路上进行 1+1 保护,而不对终端线路进行保护。在发送端和接收端分别使用 1∶2 光分路器和 1×2 光开关,或采用其他手段,在发送端对合路的光信号进行分离,在接收端,对光信号进行选路,如图 7.3.4 所示。

OMSP 目前大多采用复用段无光信号这一模拟量作为触发倒换准则,由于线路 EDFA 均存在瞬态效应,无光信息的传递存在固有的延迟,且延迟事件随 EDFA 的数量累积,因此 OMSP 的保护倒换时间与网络规模和组网复杂性相关,某些情况下不一定能满足 50 ms 的要求,需要运营商和设备商根据具体情况协商确定合适的指标。

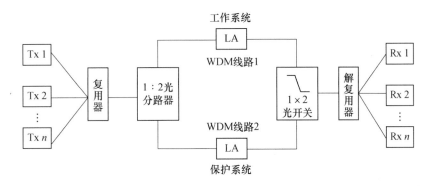

图 7.3.4 OMSP 保护

4. ODUk SNC 保护

在 ODUk 层采用子网连接保护(SNCP)。子网连接保护是用于保护一个运营商网络或多个运营商网络内一部分路径的保护。一旦检测到启动倒换事件,保护倒换应在 50 ms 内完成。

受到保护的子网连接可以是两个连接点(CP)之间,也可以是一个连接点和一个终结连接点之间(TCP)或两个终结连接点之间的完整端到端网络连接。

子网连接保护是一种专用保护机制,可以用于任何物理结构(即网状、环状和混合结构),对子网连接中的网元数量没有根本的限制。

SNCP 可进一步根据监视方式划分为如下几种。

① 固有监视 SNC/I:服务器层的路径终结和适配功能确定检测和触发条件。

② 非介入监视 SNC/N:非介入式(只读)监测功能用于确定检测和触发条件。

③ 端到端 SNC/Ne:使用端到端开销/OAM 监测服务器层的缺陷条件、连续性/连接缺陷条件以及本层网络的误码劣化条件。

④ 子层 SNC/Ns:使用子层开销/OAM 监测服务器层的缺陷条件、连续性/连接缺陷条件以及层网络的误码劣化条件。

⑤ 子层 SNC/S:采用分段子层 TCM 功能确定检测和触发条件。它支持服务器层缺陷条件的监测、层网络的连续性/连接缺陷条件以及层网络的误码劣化条件。

ODUk SNC 保护应支持以下几种保护类型。

(1) ODUk 1+1 保护

对于 ODUk 1+1 保护,一个单独的工作信号由一个单独的保护实体进行保护。保护倒换动作只发生在宿端,在源端进行永久桥接,如图 7.3.5 所示,检测和触发的条件取决于不同的监视类型。

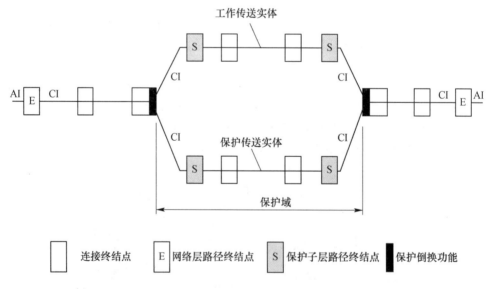

图 7.3.5 ODUk 1+1 SNC 保护示意图

(2) ODUk $m:n$ 保护

ODUk $m:n$ 保护是指一个或 n 个工作 ODUk 共享 1 个或 m 个保护 ODUk 资源,如图 7.3.6 所示,检测和触发的条件取决于不同的监视类型。ODUk $m:n$ 支持单向倒换与双向倒换,在这两种倒换方式下,ODUk $m:n$ 保护都需要在保护组内进行 APS 协议交互。

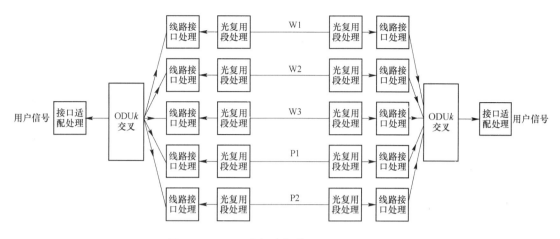

图 7.3.6　不同光纤路径的 $m:n$ ODUk SNCP

7.3.2　环网保护技术

1. OCh SPRing 保护

OCh SPRing 保护(光通道共享保护环)只能用于环形结构,如图 7.3.7 所示,其中:细实线 XW 表示工作波长,细虚线 XP 表示保护波长,粗实线 YW 表示反方向工作波长,粗虚线 YP 表示反方向保护波长。XW 与 XP 可以是在同一根光纤中,也可以是在不同的光纤中,可由用户配置指定。YW 与 YP 可以在同一根光纤中,也可以在不同的光纤中,可由用户配置指定。XW、XP 与 YW、YP 不在同一根光纤中。

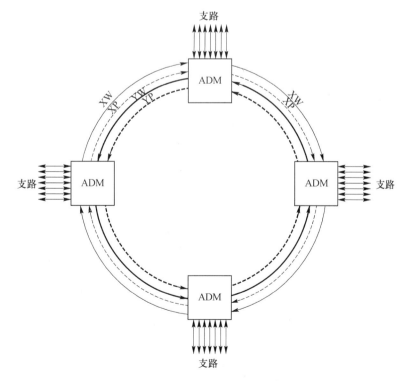

图 7.3.7　OCh SPRing 组网示意图

对于二纤应用场景,XW 与 YP 的波长相同,XP 与 YW 的波长相同。在不使用波长转换器的条件下,XW/YP 与 XP/YW 的波长不同。对于四纤应用场景,XW、XP、YW、YP 的波长可以相同。

OCh SPRing 保护仅支持双向倒换。其保护倒换粒度为 OCh 光通道。每个节点需要根据节点状态、被保护业务信息和网络拓扑结构,判断被保护业务是否会受到故障的影响,从而进一步确定出通道保护状态,据此状态值确定相应的保护倒换动作;OCh SPRing 保护是在业务的上路节点和下路节点直接进行双端倒换形成新的环路,不同于复用段环保护中采用故障区段两端相邻节点进行双端倒换的方式。

OCh SPRing 保护需要在保护组内相关节点进行 APS 协议交互,同时支持可返回与不可返回两种操作类型,并允许用户进行配置,在多点故障要求不能发生错连。

2. ODUk SPRing 保护

ODUk SPRing 保护只能用于环网结构,如图 7.3.8 所示,其中:细实线 XW 表示工作ODU,细虚线 XP 表示保护ODU,粗实线 YW 表示反方向工作ODU,粗虚线 YP 表示反方向保护ODU。XW 与 XP 可以是在同一根光纤中,也可以是在不同的光纤中,可由用户配置指定。YW 与 YP 可以在同一根光纤中,也可以是在不同的光纤中,可由用户配置指定。XW、XP 与 YW、YP 不在同一根光纤中。

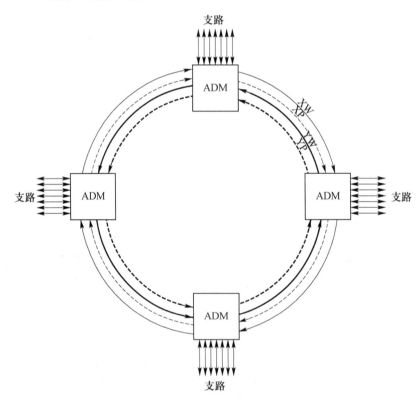

图 7.3.8　ODUk SPRing 组网示意图

ODUk SPRing 保护组仅在环上的节点对信号质量情况进行检测作为保护倒换条件,对协议的传递也仅需要对环上的节点进行相应的处理。

ODUk SPRing 保护仅支持双向倒换,其保护倒换粒度为 ODUk。ODUk SPRing 保护仅在业务上下路节点发生保护倒换动作;需要在保护组内相关节点进行 APS 协议交互;同时支持可返回与不可返回两种操作类型,并允许用户进行配置,在多点故障要求不能发生错连。

7.3.3　网状网恢复技术

对网状网络,业务源宿之间存在多条路由。恢复技术是指当其中的业务路径失效后,将失效路径的业务重路由到空闲路径上,从而达到增强网络生存性的目的。

恢复与保护的关系:保护是指用预先分配好的备份资源来替代失效的资源,而恢复是通过重路由利用空闲资源来替代失效的资源。前边提到的各种保护方式,即各种不同的备份资源预分配方式、恢复技术是对失效资源的修复。

恢复策略:恢复策略可分为两种,分别是资源失效后恢复和业务失效后恢复,下面分别介绍。

① 资源失效后恢复:如图 7.3.9 所示,B—E 之间的业务,有多条可用的路由资源。初始在 B—E 间配置 1+1 保护,工作、保护路径分别如实线、虚线所示。将该业务的恢复策略配置为资源失效后恢复。当 B—E 之间断纤后,通过保护机制,业务倒换到 B—C—E 路由。同时,恢复机制启动,发现空闲的 B—A—E 路由,替代原 B—E 之间的路由。此时,B—E 之间的业务将重新形成 1+1 主备路径的保护。只要存在可用路径资源,该策略对所有失效路径进行恢复,将最大程度保证业务的可靠性。但同时,该策略对资源的利用率也相应降低。

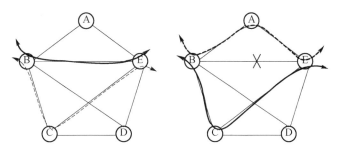

图 7.3.9　网状网 1+1 资源失效恢复

② 业务失效后恢复:如图 7.3.10 所示,B—E 之间的业务,有多条可用的路由资源。初始在 B—E 间配置 1+1 保护,工作、保护路径分别如实线、虚线所示。将该业务的恢复策略配置为业务失效后恢复。当 B—E 之间断纤后,通过保护机制,业务倒换到 B—C—E 路由。此时,由于业务未中断,因此恢复机制不启动。而后,当 C—E 之间的路径失效,由于此时业务已中断,恢复机制启动,发现空闲的 B—A—E 路由,替代原 B—E 之间的路由。此时,B—E 之间的业务恢复,但无法形成 1+1 的主备保护。只有当业务失效后,恢复机制才启动,因此二次断纤导致业务中断的时间较长。同时,该策略的资源利用率较高。

恢复业务颗粒及性能:可进行恢复的业务大致分为光、电两类。光层业务目前包括波长级业务,电层业务包括 ODUk、Client(GE、STM－N、FC 等)。波长级业务的恢复目前需要通过 ROADM 等器件构建,因此恢复时间为秒级。电层业务通过电交叉矩阵搭建,恢复时间应该为百毫秒级。单条电层业务的恢复时间应该在 200 ms 以内。

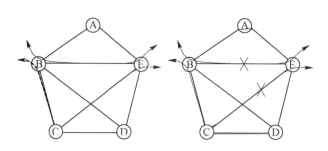

图 7.3.10　网状网 1+1 业务失效恢复

7.4　OTN 交叉连接技术

OTN 技术最突出的特点是具有交叉连接功能,可以实现 WDM 系统业务和线路接口的分离,保护网络建设投资,提高业务提供的灵活性,同时可以实现基于 ODUk 的 SNCP 保护,可用于提供大颗粒专线业务。具备交叉连接功能的 OTN 设备可以实现真正的组网功能。

OTN 交叉连接功能是 OTN 网络实现灵活调度和保护的关键功能,为 OTN 网络提供灵活的电路调度和保护能力。从交叉类型上看,OTN 交叉有 ODUk 电交叉、波长交叉,还有通用交叉,以实现不同等级业务的适配和调度。从实现方式上,OTN 交叉有空分交叉和时隙交叉。交叉连接矩阵的冗余保护对于设备和整个系统非常重要,目前实现方式有 1+1 和 $M:N$ 两种实现方式,以提高 OTN 设备的可靠性。

OTN 交叉连接设备还可同时具备 ODUk 交叉和 OCh 交叉模块,提供 ODUk 电层和 OCh 光层调度能力,波长级别的业务可以直接通过 OCh 交叉,多业务统一调度和汇聚可先通过 ODUk 集中交叉调度,再通过线路接口处理模块汇聚到 ODUk 高阶容器,最后波分复用到主光通道。两者配合可以优势互补,同时又规避各自的劣势。

因受色散、OSNR、非线性等物理层性能的限制,以及处于避免波长冲突的考虑,以波长交叉为主的 ROADM 和 OXC 设备在组建大型端到端的复杂波长网络时有一定困难。同时对于核心节点,目前光交叉连接矩阵无法实现冗余保护。对于这些问题,可适当引入电层调度来加以解决。总而言之,纯粹的波长交叉连接设备适合用在距离相对较短、容量大、波长级业务调度为主的网络。但随着相关调制技术,以及电域色散补偿技术的成熟,受色散、OSNR、非线性等物理层性能限制的外部因素将被突破,届时伴随着带宽需求的真正膨胀,纯粹的波长交叉连接设备将会得到广泛的应用。

基于 ODUk 电交叉连接的大容量 OTN 设备,已经成熟并通过测试,在实际网络中也得到规模应用,目前最大可以实现 12.8 T 的无阻塞交叉连接能力,从理论分析上,通过扩展芯片总数(单芯片容量可以达到 1 T)、并行处理的方式,OTN 设备的电交叉能力可以超过 25 T,这种超高容量的 OTN 设备定位在省际核心节点。

OTN 设备具有不同的产品形态,ROADM/OXC 和电交叉 OTN 设备各有优势,都具备一定的应用场景,单一的 ROADM/OXC 设备还难以方便地组建大网,而电交叉 OTN 设备还需要进一步提高交叉能力,二者混合组网既可以解决超大容量问题,又能满足多种业务接入、灵活调度和长距离组网的需求。

7.4.1　OTN 电交叉连接技术

OTN 电交叉连接技术是以 ODUk 为颗粒进行映射、复用和交叉,这和传统 SDH 设备 VC 交叉比较类似。SDH 设备具有 VC - 12 低阶交叉能力和 VC - 4 高阶交叉能力,与此相对应, OTN 电交叉设备也引入了高阶/低阶光通道数据单元,用于适配不同速率和不同格式的业务; HO ODU 相当于隧道层,用于提供一定带宽的传送能力,该层次化的结构支持业务板卡与线路板卡分离,使得网络部署更加灵活和经济。

电交叉连接设备其核心是交叉连接功能,相应的器件是交叉连接矩阵,如图 7.4.1 所示, 用以实现 n 条输入信号中一定等级的各个支路之间任意的交叉连接。参与交叉连接的速率一般低于或等于接入速率。交叉连接速率与接入速率之间的转换需要由复接和分接功能完成。 首先,每个输入信号被分接成 m 个并行的交叉连接信号,进入内部交叉连接矩阵技术,按照预先存放的交叉连接关系或动态计算的交叉连接关系对这些交叉连接通道进行重新安排,预先存放或动态计算的过程是由网管指令完成,也可以基于 ASON 控制平面。最后再利用复接功能将这些重新安排后的信号复接成高速信号输出。整个交叉连接过程由连接至 OTN 设备的本地操作维护终端(LCT)或网元/子网管理系统控制和维护。对于 OTN 设备,由于特定的 ODUk 总是处于净负荷帧中的特定列数,因而对 ODUk 实施交叉连接只需要对特定的列进行交换即可。因而 OTN 设备实际是一种列交换机,利用外部编程命令即可实现交叉连接功能。

交叉矩阵目前有两种常用的结构,即平方矩阵和 CLOS 矩阵。单级交换矩阵也称为平方矩阵,如图 7.4.2 所示。有 n 个输入端、n 个输出端。在某一个连接建立期间,每横排与每纵列只能有一个交叉接点动作。单级交换矩阵,无阻塞,但所需交叉接点多,$n \times n$ 矩阵,交叉接点数为 $n \times n$,例如 n=64,则交叉接点总数为 $64 \times 64 = 4\,096$。在平方矩阵的基础上,为了减少交叉接点,引入了二级交换网,这样,交叉点数少了,但也带来了阻塞。

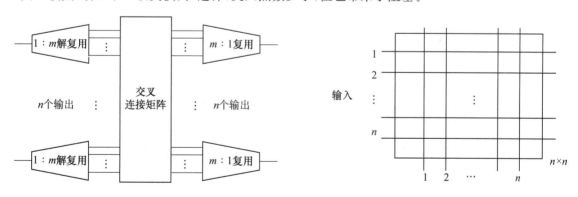

图 7.4.1　交叉连接功能示意　　　　　　　　图 7.4.2　$n \times n$ 平方交换矩阵

1954 年由克洛斯(CLOS)首先提出了无阻塞条件。如图 7.4.3 所示,是三级 CLOS 网络, 由输入级、中心级和输出级组成。输入级和输出级实施空分(S)和时分(T)交换,而中心级只做空分交换,矩阵的典型配置形式为(TS - S - ST)。中心级的容量按规划设计的最大矩阵容量配置,扩容时只需增加输入级和输出级的矩阵容量即可。与平方矩阵相比,三级 CLOS 矩阵需要控制的交叉点数大幅减少,适合于大容量交叉连接矩阵的实现。当广播业务不能超过 25% 时,这种矩阵对于单向和双向连接是无阻塞的。

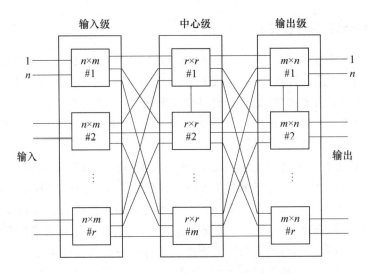

图 7.4.3　CLOS 矩阵配置原理

随着交换容量的扩大,三级 CLOS 网络不够经济,可利用五级、七级 CLOS 网。具体办法是只要将三级 CLOS 网络的中间一级用一个三级 CLOS 网代替就可构成五级 CLOS 网,依次类推,可以构成七级或更多级的 CLOS,直到达到合理规模为止。

传统 OTN 的复用体系速率等级为 2.5G、10G 和 40G,对应于 ODU1、ODU2 和 ODU3。CBR 业务采用异步映射(AMP)方式或者比特同步映射(BMP)方式映射到相应的 ODUk,分组业务采用 GFP 方式映射到 ODUk,这些 ODUk 再映射到相应的 OTUk 中。当然,低速率等级的 ODU 也可复用到高速率等级的 ODU 中。

随着多业务 OTN 标准化,OTN 交叉在支持一个或者多个级别 ODU$k(k=1,2,3)$交叉的基础上,增加了 ODU0(适配 GE 业务)和 ODU2e(适配 10GE 业务),极大地增加了 OTN 网络对 IP 网络适配的灵活性。

第一,OTN 引入了速率为 1.244 Gb/s 的新的光通道数据单元 ODU0,ODU0 可以独立进行交叉连接,也可映射到高阶 ODU 中(如 ODU1、ODU2、ODU3 和 ODU4)。

第二,采用 BMP 方式将 10GE 信号映射到 ODU2e;通过 GFP - F 映射 10Ge 帧和控制码字到 ODU2。10G FC 信号可通过码字变换方式映射到 ODU2e。

第三,在 40G 速率上,引入了两种类型的 ODU,其中 ODU3e1 仅用于传送 4 路 ODU2e 信号,速率为 44.57 Gb/s,映射方式为 AMP;而 ODU3e2 是可承载多业务的 ODU,可传送 32 个 ODU0 或者 16 个 ODU1 或者 4 个 ODU2/ODU2e 或者 1 个 ODU3,其速率为 44.58 Gb/s,映射方式为 GMP。

第四,为了适应 100GE 业务的传送,引入了 ODU4,速率为 104.355 Gb/s。LO ODU 复用到 ODU1/2/3 时均采用 AMP,而复用到 ODU4 时采用 GMP。

目前 OTN 交叉设备为网络传输提供大带宽和灵活调度的功能。随着移动 3G 业务和 IP 化发展,全业务城域网必须要支持大量 GE 接口和业务灵活调度发放。因此,ODU0 交叉能力将成为 OTN 组网能力的关键指标,OTN 交叉向任意颗粒无阻塞全交叉发展。

7.4.2 OTN 光交叉连接技术

由于电交叉的处理能力有限,随着单波传输速率从 40G 向 100G、400G 发展,基于电层处理的交叉连接功能从长远看不能充分满足带宽的需求。可行的解决方案是:设置更高的通道等级——光通道层,进行光路的交叉连接(OXC),把交叉连接和分插复用的等级从电信号上升到直接以光信号的形式进行。

全光 OXC 不对光信号进行光/电、电/光处理,所以它的工作与光信号的内容无关,即对信息的调制方式、传送模式和传输速率透明,且解决了网络中电交换的瓶颈问题。OXC 为各种传送方式提供了一个透明的光平台,从而具有统一监测和实时恢复等网管能力,降低了网络运行成本,并支持更大容量、更高速率的传输。OXC 能够使 WDM 网络更加灵活可靠和易于管理,以适应未来业务发展和大容量 WDM 网络的需求,是实现 WDM 光传送网的关键。

光交叉连接的两个基本应用包括物理网络的管理和波长管理。物理网络的管理主要是指故障路由的恢复和灵活的选路。它是 OMS 层光交换的一种应用,具有光信号自动被不同的光纤保护和控制网络中业务负载均衡的能力。物理网管特别适用于网状网的结构,因为在网状网中有多种可用的通路选择,并且可以设计保护方案来优化网络的利用率。另外,它也适用于环形网络和环网互联,用以保证电信运营商使用简单的终端设备在环网中进行线性的信号传输。

波长管理是光交叉连接的第二个主要应用。波长管理主要就是进行波长选路,一个理想的波长选路的光交叉连接包括:波长交换、波长转换、波长复用和解复用、波长信号监测。

光交叉连接虽然成本昂贵,但抛开价格因素,目前将 OCh 层交换、波长转换器和波分复用结合起来已经可以实现波长选路。WDM 先将多波长信号解复用成独立的波长,然后通过 OCh 层交叉连接、独立交换,最后由波长收发器转换到其他波长。另外,指配和疏导功能也是光交叉连接的应用之一。为建立新业务而重组网络、改变业务模式、增加业务量都可以在 OCh 层通过相关网元管理系统来实现。

1. OXC 的基本结构和主要性能

OXC 主要由输入部分(光放大器 EDFA、解复用器 DMUX)、光交叉连接部分(光交叉连接矩阵)、输出部分(光接口单元 OTU、均功器、复用器、EDFA)、控制和管理部分及本地上下业务接口这五大部分组成,如图 7.4.4 所示。

设图中输入/输出 OXC 设备的光纤数为 M,每条光纤复用 N 个波长。这些经光纤长距离传输的波分复用光信号首先进入光放大器 EDFA 放大,然后经解复用器 DMUX 把每一条光纤中的复用光信号分解为单波长信号($\lambda 1 \sim \lambda N$),M 条光纤就分解为 $M \times N$ 个单波长光信号。信号通过($M \times N$)×($M \times N$)的光交叉连接矩阵,在控制和管理单元操作下,进行波长交叉连接、上下业务配置。由于每条光纤不能同时传输两个相同波长的信号(即波长争用),所以为了防止出现这种情况,实现无阻塞交叉连接,在连接矩阵的输出端,每个波长通道光信号还需要经过波长变换器 OTU 进行波长变换。然后再进入均功器,把各波长通道的光信号功率控制在允许的范围内,防止非均衡增益经 EDFA 放大导致比较严重的非线性效应。最后光信号经复用器 MUX 把相应的波长复用到同一光纤中,经 EDFA 放大到线路所需的功率,完成信号的汇接。上下业务经光接口单元 OTU 完成本地业务,如 IP、SDH、GFP 等的分插。

OXC 是 OTN 的核心节点设备,应具有以下主要性能:

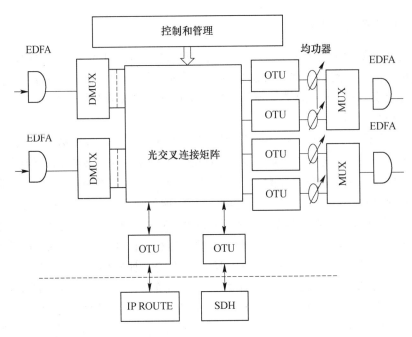

图 7.4.4　OXC 的基本结构

（1）交叉连接容量

交叉连接容量的大小取决于 OXC 的端口数。OXC 具有透明的传输代码格式和比特率，可以对不同传输代码格式和不同比特速率等级的信号进行交叉连接，所以 OXC 的端口数是衡量 OXC 交换能力的重要标志。不同网络对 OXC 交换能力的要求不同。OXC 的端口数量少的可有 2×2、4×4；多的可达 1024×1024。早在 2001 年 OFC 会议上，Lucent 公司报道已实现 1296×1296 个端口 MEMS，每个端口上输入 40×40 Gb/s $=1.6$ Tb/s 的 WDM 信号，总的交叉能力达到 2.07 Pb/s.

（2）通道特性

通道特性是指只支持波长通道还是可以支持虚波长通道。它反映出 OXC 的连接能力。根据 OXC 能否提供波长转换功能，光通道可以分为波长通道和虚波长通道两种。波长通道是指 OXC 没有波长转换功能，光通道在不同的光纤段中必须使用同一波长，即满足波长连续性条件。这样，为了建立一条波长通道，光网络必须找到一条路由，在这条路由的所有光纤段中，有一个共同的波长是空闲的。如果找不到这样一条路由，就会发生波长阻塞。虚波长通道是指 OXC 具有波长转换功能，光通道在不同的光纤段中可以占用不同的波长，从而提高了波长的利用率，降低了阻塞概率。

（3）阻塞特性

交叉连接结构的构成可有：严格无阻塞、可重构无阻塞和有阻塞三种。在严格无阻塞的情况下，从一个可以使用的输入端口到任一可用的输出端口可以建立连接，而不用中断、重新安排其他端口的现有连接。在可重构无阻塞情况下，可以建立从任意输入端口到输出端口的任意波长之间的连接，但是要中断现有的某些连接，对整个结构进行重新配置，这也就影响了已建立连接的信号。在有阻塞的情况下，结构本身就是具有一定的阻塞性。在某些情况下，即使对节点进行重新配置，从一个输入端口来的波长也不能交换到一个输出端口，而造成阻塞。由于每个波长所携带的信息量都比较大，因此节点一般不采用有阻塞的连接结构，最好是采用严格无阻塞的体系结构,有时候为了简化结构、降低成本,也采用可重构无阻塞的结构。

（4）模块性

因通信业务量的不断增长,考虑到建设 OXC 的成本,人们希望 OXC 结构应该具有模块性（包括波长模块性和链路模块性),以便于将来的升级和扩容。模块性是指当建网初期业务量比较小时,需要 OXC 的交叉连接容量不大,只需小容量的 OXC;而当几年后业务量增加时,在不改动现有 OXC 结构连接的情况下,只需增加模块就可实现节点吞吐量的扩容。如果除了增加新模块外,不需改动现有 OXC 结构,就能增加节点的输入/输出链路数,则称这种结构具有链路模块性。这种节点可以很方便地通过增加节点的链路数来进行网络扩容。这样可以减少建网初期费用,又不会造成以后业务量增加时更换 OXC 所造成的浪费。

（5）广播发送能力

通信传送业务包括两种基本形式,一种是点到点的通信方式,另一种是点到多点的广播型通信方式。未来的光传送网应当能够同时支持这两种类型的业务。如果输入光通道中的信号经过 OXC 节点后,可以被广播发送到多个输出的光通道中,称这种结构具有广播发送能力。

（6）配置、保护倒换和恢复时间

OXC 处理信息的颗粒度比较大(2.5 Gb/s、10 Gb/s、40 Gb/s、100 Gb/s 等),因此波长配置、保护和恢复操作都需要尽量提高速度,尽量减少交叉连接矩阵的开关时间,减少保护倒换/恢复时间,这样才能尽量减小对业务的影响。

（7）成　　本

成本是将来哪种结构占主要地位的关键因素之一。在节点的输入/输出光通道数一定时,所需的器件越少、越便宜,成本越低。

2. OXC 设备结构

根据 OXC 应用场合的差异节点需要具有不同的功能,而不同的功能又会拥有不同的体系结构。

（1）基于空间光交换型的 OXC

实现空间交换的器件有各种类型的光开关矩阵,它们在空间域上完成输入端到输出端的交叉连接功能。基于空间光交换型的 OXC 结构可分为两种:一种是无波长变换功能的 OXC（见图 7.4.5);另一种是有波长变换功能的 OXC(见图 7.4.6)。

1）无波长变换功能的 OXC

无波长变换功能的光交叉连接是利用波分解复用器将 N 个链路中的 M 个 WDM 信号在空间域上分开,然后利用空间光开关矩阵在空间上实现交换,再重新按波长复用到相应的链路。这种类型的光交叉连接含有空间光开关矩阵、光波分复用器、解复用器,它们完成不同波长信号的分出和插入。由于这种 OXC 没有光波长变换的功能,所以只能支持波长通道的交叉连接,而不支持虚波长通道。

2）具有波长变换功能的 OXC

具有波长变换功能的光交叉连接如图 7.4.6 所示。这是一种空间光开关矩阵加有波长变换器,可以进行光波长变换的 OXC,它支持虚波长通道的交叉连接,提高了波长的利用率,降低了阻塞概率。其缺点是波长变换器成本较高,对于大容量系统,耗资巨大用户难以接受。

（2）基于可调谐滤波器的 OXC

如图 7.4.7 所示为基于可调谐滤波器的 OXC 结构。首先利用耦合器加可调谐滤波器完成将输入的 N 个链路 M 个波长的 WDM 信号在空间上进行分开,经过空间光开关矩阵后,再

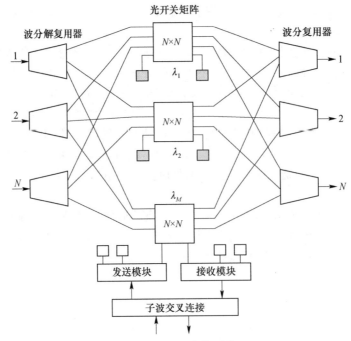

图 7.4.5　空间光交换型的 OXC

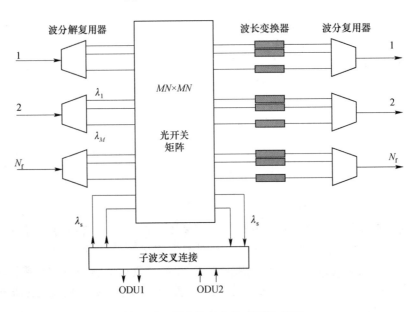

图 7.4.6　具有波长变换功能的 OXC

用耦合器将相应的波长复用起来进入对应的光链路。这种结构无波长变换器,只能支持波长通道。它需要的器件有 M 个($N×N$)光开关矩阵和 MN 个可调谐滤波器。

　　如图 7.4.8 所示为基于可调谐滤波器含波长转换器的 OXC 结构。它具有波长模块性,可支持虚波长通道。由于它使用可调谐滤波器来选出某一波长的信号,只要将一条链路对应的多个可调谐滤波器调谐到同一波长上,即可将这一信号广播发送到多条输出链路中,因此它具有广播发送或组播能力。

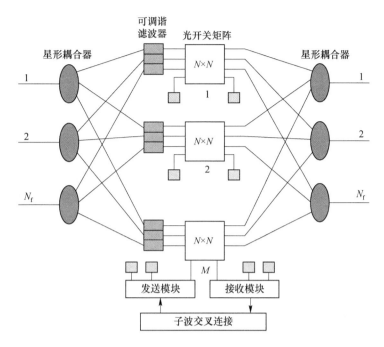

图 7.4.7 基于可调谐滤波器的 OXC 结构

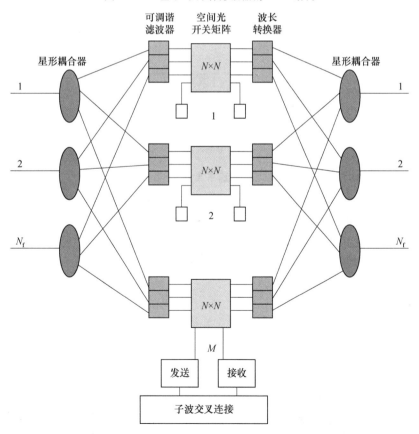

图 7.4.8 基于可调谐滤波器含波长转换器的 OXC 结构

7.4.3 OTN 通用交叉连接技术

通用交叉矩阵可以保证和现有网络的互连互通及向全分组时代的平滑演进,这种矩阵最主要的特点就是能够直接同时支持基于 TDM 电路的 VC 时隙交叉连接,支持基于分组的分组交换(L2 的转发),以及 ODU 交叉。通用交换矩阵的目标是设计一种能完全灵活地支持 SDH 等 TDM 业务流,同时也支持 100% 电信级以太网等分组业务流的交换平台,能够交换所有业务流,包括同步或非同步的通用交换结构,在保留业务内在本质的同时,不考虑其具体的实现技术。通用交换结构用到了一种被称为"量子交换"的技术,业务流被分割成"信息量子"(一种比特块),借助成熟的 ASIC 技术并基于特定网络的实现技术,信息量子可以从一个源实体被交换到另一个或多个目的实体。这样就能实现各种类型的交换功能,从真正的交叉连接(时延、抖动可预期)到各种 QoS 级别的统计复用——从尽力而为到可保证的服务。

对于各种类型的业务通过相应的接口板卡接入到设备,各种与业务相关的处理均在接口板卡上实现。同样,对于分组业务,与分组业务相关的二层处理,例如 MAC 处理、VLAN 处理、MPLS-TP 处理等都在接口板卡上实现。通过接口板卡上的背板接口处理单元,将信息流分割成标准的"量子单元"(Quantum),如图 7.4.9 所示。

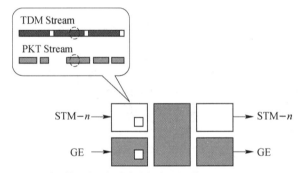

图 7.4.9 "量子单元"分割原理

TDM 业务和分组业务具有不同的业务流量模型和特性,但是在系统时钟的同步处理下,将两种比特流分割成相同大小的"量子单元","量子单元"的大小要远小于最小可处理的信息单元大小,只有数十比特。这些相同的"量子单元"进入交换矩阵后,使得交换矩阵在控制单元的统一管理下,可以以相同的方式处理"量子单元",即实现交换/交叉矩阵不同输入和输出端口间的连接,从而达到 TDM 业务的交叉连接和分组业务的交换功能。对于 TDM 连接,交叉矩阵中的连接是一种静态的连接,即两个端口间的连接将保留较长的时间;而对于分组业务而言,其业务在交叉矩阵中的连接是一种动态的连接,控制系统根据接口单元中二层处理的结果,实时调整交换的端口,如图 7.4.10 所示。

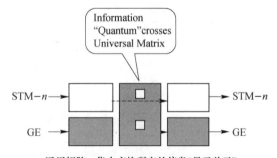

图 7.4.10 "量子单元"交换

最终经过交换矩阵处理过后的"量子单元",再传送到目标接口单元的背板接口处理单元进行信息的恢复,以及相应的各种接口及物理层的处理,如图 7.4.11 所示。

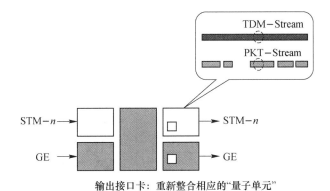

输出接口卡:重新整合相应的"量子单元"

图 7.4.11　"量子单元"的重新组合

7.5　可重构光分插复用器(ROADM)

在密集波分复用光网络中采用的光分插复用器(OADM)大多是静态、非重构的。光波长通道的下路或上路是通过具有波长选择能力的光器件(如滤波器)来实现的,而其余信道则可不受任何影响直接通过节点。因此,一旦在城域网中采用了这些节点,网络中的光通道配置关系就是固定不变的。如果以后网络稍微发生变化,就需要手工去添加或移除相应的在线滤波器,这必然会导致在网络重构期间的服务中断。况且,采用手工配置方式,不仅速度慢、成本高,而且容易出错而造成一次次的业务中断。

为了使网络支持新业务和削减运营成本,运营商常希望采用可重构的 OADM,即 ROADM(Reconfigurable Optical Add/Drop Multiplexer)来实现高度灵活的网络,从而保证在线配置单个波长通道时也不中断业务。

7.5.1　ROADM 节点的结构

理想的 ROADM 节点结构如图 7.5.1 所示,由光波长交叉模块和电层子波长交叉模块共同构成。不仅在光域支持 10 Gb/s、40 Gb/s 波长信号的直通和上下,而且在上下路侧支持电层的 G.709 帧结构处理、子波长交叉和客户信号适配功能。

ROADM 节点主要由以下几个部分构成。

① 光波长交叉子系统:基于 WB、PLC 或 WSS。

② 上下路 OTU:全波段可调激光器、可调谐滤波器、支持 G.709 管理、子波长交叉等。

③ 光功率监测和动态控制:OPM、VOA、DGE 或 DCE 等。

④ 光放大器:预放和功放。

⑤ 色散补偿:光色散补偿、电色散补偿等。

ROADM 设备的主要功能如下:

① 波长资源可重构,支持多个方向的波长重构。

② 支持无波长选择性、无端口选择性的本地波长上下。

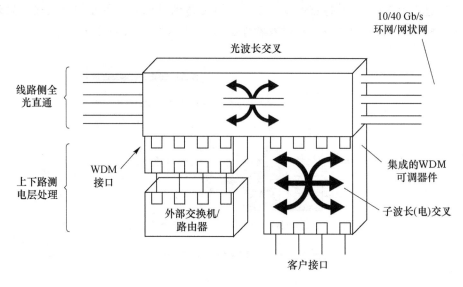

图 7.5.1　理想的 ROADM 节点结构(二维示例)

③ 支持无方向选择性、无波长选择性、在本地无端口选择性的上下。

④ 支持波长广播、多播(可选)。

⑤ 波长重构对所承载的业务协议、速率透明。

⑥ 对波长的重构操作不影响其他已存在的波长信号,不产生误码。

⑦ 可以在本地或远端进行波长上下路和直通的动态控制。

⑧ 上游光纤断纤的情况下,不会影响本地向下游方向的上路业务。

⑨ 在 WDM 环网上应采取措施防止光通路错连,避免造成光信号自环。

⑩ 支持本地上下路及穿通波长的功率调节。

ROADM 是一个自动化的光传输技术,可以对输入光纤中的波长重新配置路由,有选择性地下路和上路一个或多个波长。ROADM 技术具有以下的技术特点:

① 支持链形、环形、格形、多环的拓扑结构。

② 支持线性(支持 2 个光收发线路和本地上下)和多维(至少支持 3 个以上光收发线路和本地上下)的节点结构。

③ 波长调度的最小颗粒度为 1 个波长,可支持任意波长组合的调度和上下,及任意方向和任意波长组合的调度和上下。

④ 支持上下波长端口的通用性(即改变上下路业务的波长分配时,不需要人工重新配置单板和连接尾纤)。

⑤ 业务的自动配置功能。

⑥ 支持功率的自动管理。

⑦ 支持 WSON 功能的物理实现。

可以看到,ROADM 节点相对于传统的光交叉设备,在功能方面有了很大的提升,可以看作是 DWDM 网络向真正的智能化演进的重要阶梯。

7.5.2　ROADM 技术的实现

下面介绍 ROADM 设备的几种常见的实现方式,ROADM 设备的核心部件是波长选择功能单元,根据该单元的技术不同,大致可以分为基于波长阻断器(Wavelength Blocker,WB)的 ROADM 设备、基于平面波导电路(Planner Lightwave Circuit,PLC)的 ROADM 设备和基于波长选择开关(Wavelength Selective Switch,WSS)的 ROADM 设备 3 种。

1. 基于 WB 的 ROADM 设备

21 世纪初,以 MEMS 和液晶阵列为代表的波长阻断器(WB)技术应用到 ROADM 中。波长阻断器(WB)是一种可以调整特定波长衰耗的光器件,通过调大指定波长通道的衰耗,达到阻断该波道的目的。WB 通过阻断下路波长通过来实现波长上下功能,它可以支持较多的光通道数和较小的通道间隔(64 波波长间隔为 100 GHz,128 波波长间隔为 50 GHz);易于实现光性能监测(OPM)和功率控制;具有较低的色散,并且技术成熟,成本较低,因此广泛应用于骨干网的 LH 和 ULH WDM 系统中。

基于 WB 可实现两方向 ROADM,其原理如图 7.5.2 所示。基于 WB 的 ROADM 方案由以下 3 个部分组成:穿通控制部分(波长阻断器)、下路解复用部分(光耦合器+解复用器)和上路复用部分(复用器+光耦合器)。来自上游的信号光首先经过下路解复用的光耦合器分成两路光信号,一路光信号被送往解复用器作为本地下路波长,另一路经过波长阻断器,由波长阻断器选择需要继续往下游传递的波长,完成穿通波长的选路和控制;穿通波长在上路耦合器与本地经过复用器复用后的上路信号复用成一路,继续向下游传递。

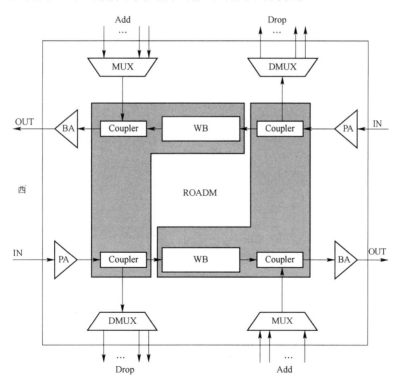

图 7.5.2　基于 WB 方案的两方向 ROADM 示意图

基于 WB 的 ROADM 可以采用 Drop and Continue 的方式实现波长广播/组播功能。但是由于 WB 本质上是一个二维器件，导致了多方向扩展性差，且多个 WB 期间构成的 ROADM 体积相对较大。

2. 基于 PLC 的 ROADM 设备

2003 年前后，基于硅工艺的平面波导电路（PLC）技术崭露头角，PLC 技术是一种基于硅工艺的光子集成技术，它可以集成阵列波导光栅（AWG）、分光器、VOA 以及光开关等多种器件，提高了 ROADM 的集成度，降低了系统成本，并且可实现批量生产，最适合于构建二维 ROADM。基于 PLC 的 ROADM 易于实现 OPM 和功率均衡，具有更低的 PDL、插损和功耗，容易达到 40 波（波长间隔为 100 GHz）。因此，它广泛应用于对容量需求不大且成本敏感的城域和区域 WDM 系统中。

基于 PLC 的 ROADM 通常只能支持两方向，其原理如图 7.5.3 所示，包含下路解复用、穿通及上路复用两个部分。下路解复用结构和 WB 方案完全一致，它通过一个耦合器将上游传送过来的光信号分成两路，一路光信号被传送到下路解复用器完成信号的本地下路，另外一路光信号经过穿通及上路复用功能单元，完成穿通通道的选择控制和上路信号的复用，然后向下游传送。与基于 WB 的 ROADM 方案相比，基于 PLC 的 ROADM 方案差异点在于它的穿通和上路复用部分合二为一。基于 PLC 的 ROADM 可以采用 Drop and Continue 的方式实现波长广播/组播功能。

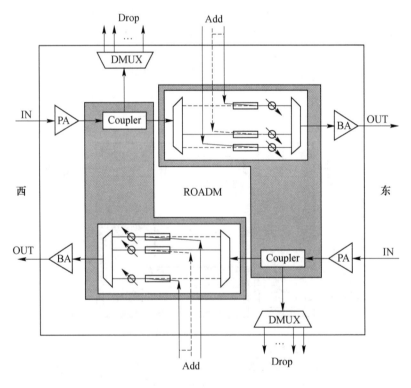

图 7.5.3　基于 PLC 方案的两方向 ROADM 示意图

3. 基于 WSS 的 ROADM 设备

波长选择开关（Wavelength Selective Switch，WSS）是随着 ROADM 设备的应用而发展

起来的一种新型波长选择器件,一般基于改进的 MEMS(如单晶硅反射镜)、液晶(LCD)或硅晶(LCOS)技术,并结合准直器和抽头耦合器等阵列器件,具有频带宽和色散低的优点,并且同时支持 10 Gb/s 和 40 Gb/s 光信号。WSS 采用自由空间光交换技术,通常是一进多出或多进一出的形态,端口具有波长无关特性(colorless),上下路波长数少,但可以支持更高的维度,集成的器件较多,控制复杂,开发成本较高。目前成熟的 WSS 产品最大支持 1×9 端口(波长间隔为 100 GHz)或 1×5 端口(波长间隔为 50 GHz),更大维度的 WSS,例如 1×16、1×20、1×23 等规格也陆续出现,尚待成熟。

　　1×N 的 WSS 波长选择开关一般由解复用器、1×N 光开关及复用器组成,可以把输入端的任意波长组合输出到 WSS 的 N 个输出端口中的任意一个端口。如图 7.5.4 所示为一个 1×5 的 WSS,输入的波分复用信号 M 个波长经过解复用器成为单波长信号,然后通过一个 1×5 的光开关控制选择输出端口,在端口输出前经波分复用器与其他波长复用后一起输出。

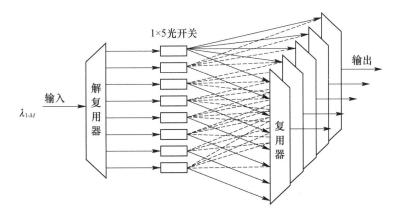

图 7.5.4　1×5 的 WSS 内部结构

　　基于 WSS 的 ROADM 不仅可以满足两方向节点的波长可配置需求,同时可以解决多方向节点的波长可配置需求,并且支持从两方向 ROADM 逐步扩展升级为多方向 ROADM 节点,对于目前已经是多方向波长调度的节点或将来会成为多方向的节点,推荐采用基于 WSS 的 ROADM 方案。

　　图 7.5.5 是基于 WSS 的多维 ROADM 结构示意图,主要包含两个部分:下路解复用及穿通控制部分、上路复用及穿通控制部分,其中每个部分都有其他方向的扩展端口(图 7.5.5 中的 Mesh In 和 Mesh Out)。下路解复用及穿通控制部分既可以完成本地业务的下路,同时还能对穿通波长进行控制;上路复用及穿通控制部分既可以对上路波长信号进行管理,同时也能对穿通信号进行控制。在图 7.5.5(a)结构中单个波长的上下都需要经过复用/解复用器的固定端口,因此该结构的 ROADM 被称为是与波长相关(colored)的。

　　基于 WSS 的 ROADM 还可以进一步扩展成与波长无关(colorless)的更灵活的结构(见图 7.5.5(b)),每个线路方向的 WSS 都有一个或若干个本地上路和下路方向所对应的 WSS 进行互联,之后通过其他 WSS、耦合器或可调滤波器来完成单个波长的复用/解复用,从而实现任意波长可以从任意方向的任意端口上下,即所有上下路端口都与波长无关。利用多维 WSS 的扩展端口构建的四方向 ROADM 节点结构如图 7.5.6 所示,1×9 的 WSS 器件可最大扩展为 8 个方向。多维 ROADM 极大地扩展了 ROADM 设备的应用范围,因此基于 WSS 的方案也逐渐成为目前商用 ROADM 设备的主流形态,但是多维 ROADM 的系统成本和控制复杂度随着方向数的增加而大幅提高。

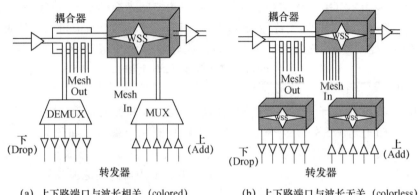

(a) 上下路端口与波长相关 (colored)　　　　(b) 上下路端口与波长无关 (colorless)

图 7.5.5　基于 WSS 的多维 ROADM 内部结构

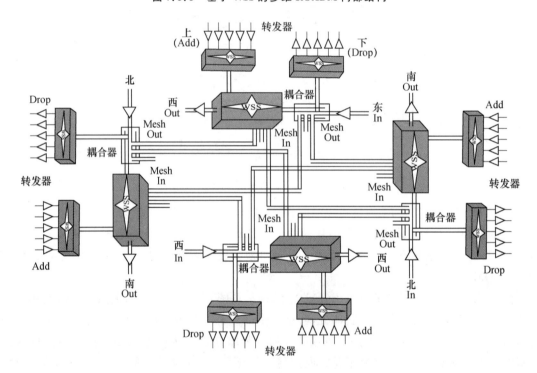

图 7.5.6　四维 ROADM 节点 (colorless) 示意图

7.5.3　ROADM 组网的应用

基于 WB 和 PLC 技术的 ROADM 成本相对较低,主要用于二维站点,因此一般在环形组网中应用,如图 7.5.7 所示。

对于环形组网,所有站点均只有两个光方向,采用二维 ROADM 技术后,波长可以在任意节点间自由调度。这样,相比于传统的 OADM 环网,在开通业务时仅需要在原宿站点人工连纤,其他站点不需要人工干预,仅需要在网管上进行设置,降低了维护工作量,缩短了业务开通

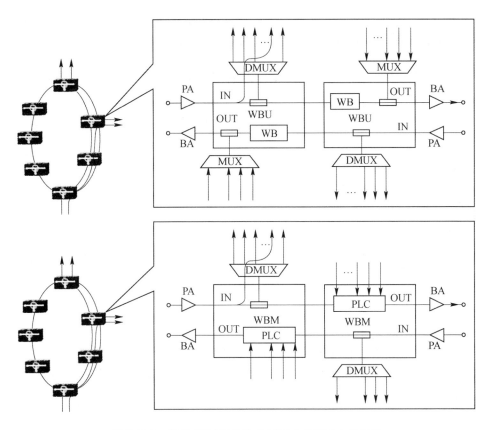

图 7.5.7　基于 WB/PLC 的 ROADM 在环网中的应用

时间。另一方面,二维 ROADM 与 OADM 环网相比,由于上下路波长可重构,也降低了规划难度,增加了规划的灵活性,节省了预留波道资源,提高了网络的利用率。

　　基于 WSS 的 ROADM 具有更高的灵活性,可用于二维到多维站点,因此可以应用于环、多环、网状网等各种复杂组网,图 7.5.8 是四维 WSS ROADM 用于田字形组网的典型例子。

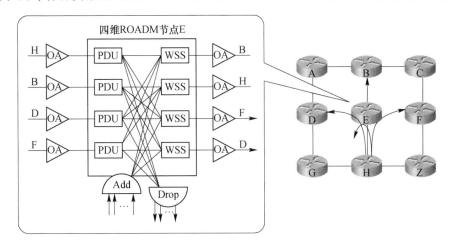

图 7.5.8　基于 WSS 的多维 ROADM 在网状网中的应用

　　在网状网应用中,采用多维 ROADM 可以实现波长在各个方向上的调度,对于核心站点

E 来说,经过它的任何波长均可在远端实现灵活的调度,配合本地上下路单元的灵活设计和上下路资源的规划与预留,就可以在远端实现全网的资源重构。

思 考 与 练 习 题

1. 说明光传送网的复用/映射原则。
2. 光通道净荷单元的帧结构中为什么设置三个 JC?
3. 光通道层(OCH 层)含有哪三个子层?
4. OTUk 与 OTUk[V]有何区别?
5. OTUk 的专用开销包括哪些?
6. OXC 的功能有哪些?
7. OXC 的主要性能有哪些?
8. 简述图 OXC 结构的工作原理。
9. 试说明理想 ROADM 的节点结构组成。
10. ROADM 技术的特点有哪些?
11. ROADM 技术的实现有哪几种?
12. 简述基于波长阻塞器(WB)的 ROADM 工作原理。
13. 采用 PLC 的 ROADM 有哪些特点?
14. 采用基于 WSS 的 ROADM 有什么优点?

参考文献

[1] 马丽华,李云霞,等. 光纤通信系统[M]. 2 版. 北京:北京邮电大学出版社,2015.

[2] 倪延辉,洪华,等. 光纤通信设备[M]. 北京:国防工业出版社,2009.

[3] 李维民,康巧燕,等. 全光通信网技术[M]. 2 版. 北京:北京邮电大学出版社,2015.

[4] 王建,魏贤虎,等. 光传输网(OTN)技术、设备及工程应用[M]. 北京:人民邮电出版社,2015.

[5] 杨靖,代谢寅,等. 分组传送网原理与技术[M]. 北京:北京邮电大学出版社,2015.

[6] 黄晓庆. PTN—IP 化分组传送[M]. 北京:人民邮电出版社,2009.